旋转机械非平稳故障诊断

任国全　康海英　吴定海　郑海起　著

科学出版社

北京

内 容 简 介

本书主要阐述旋转机械非平稳故障诊断的原理、技术、方法及应用，内容包括机械故障诊断技术的应用和发展、齿轮箱动力学建模及变速变载动力学特性分析、机械故障诊断测试与试验因素对诊断结果的影响分析、旋转机械变速变载工况阶次分析诊断原理与非线性拟合阶次分析法、非平稳振动信号降噪方法、非平稳振动信号时频分析与处理方法、基于分形理论的非平稳振动信号分析方法、角域伪稳态振动信号分析与诊断方法、旋转机械故障诊断特征参量提取及模式识别方法等。

本书可供从事机械设备故障诊断领域研究的人员阅读和借鉴，也可作为高等学校从事机械故障诊断研究的高年级本科生和研究生的参考教材。

图书在版编目 (CIP) 数据

旋转机械非平稳故障诊断/任国全等著. —北京：科学出版社，2018.10
ISBN 978-7-03-058229-4

Ⅰ. ①旋⋯ Ⅱ. ①任⋯ Ⅲ. ①旋转机构-故障诊断 Ⅳ. ①TH210.66

中国版本图书馆 CIP 数据核字 (2018) 第 153597 号

责任编辑：余 江 任 俊 / 责任校对：郭瑞芝
责任印制：吴兆东 / 封面设计：迷底书装

科 学 出 版 社 出版
北京东黄城根北街 16 号
邮政编码：100717
http://www.sciencep.com
北京建宏印刷有限公司 印刷
科学出版社发行 各地新华书店经销
*
2018 年 10 月第 一 版 开本：720×1000 B5
2019 年 2 月第二次印刷 印张：15 1/4
字数：304 000
定价：**98.00 元**
（如有印装质量问题，我社负责调换）

前　言

在旋转机械故障诊断领域，广大学者已研究了振动检测法、油液分析、噪声分析、声发射等多种技术和方法，且许多技术和方法已在工程实际中得到广泛应用。其中，由于振动检测法具有信号测量方便、信号处理技术比较成熟、可在线检测等优点，该方法应用最为广泛，也是机械系统常见的、有效的诊断方法。然而，长期以来，受诊断原理和方法所限，人们在对旋转机械如齿轮箱进行故障诊断时要求测取稳态信号，这就需要对设备施加稳态载荷以保证其工作在稳态工况下；当难以满足稳态条件时，往往只能假设机械设备近似处于稳态，而忽略了非稳态因素带来的影响。上述稳态条件的要求给诊断试验和信号处理带来了许多困难。一是在工程实际中，稳态条件是很难满足的，这是因为速度、负载等因素的波动变化无法避免，旋转机械的实际工况特别是启动和停止过程是一种非平稳过程，在此情况下，系统振动响应信号在时域、频域中的变化都是非常复杂和剧烈的。因此，基于稳态条件的信号处理方法和诊断原理会受到一定的限制，导致故障诊断精度降低，影响诊断结果的准确性，有时甚至导致诊断结论误判。二是在基于稳态条件的故障诊断理论中，振动响应信号的变化是表征机械故障的重要指标。许多诊断工作的目的正是将这种变化进行数量化，而在非平稳状态时，即使故障没有发生，其信号的变化也是不可避免的，速度、负载等多种因素的变化都会引起响应信号的变化，而且这些因素的影响往往互相调制、耦合，提高了故障诊断难度。三是对于许多旋转机械，如履带车辆的齿轮箱或变速箱，无法在原位检测条件下施加稳态载荷，因此不能以稳态为前提实施故障诊断。四是机械系统非稳态响应信号中通常包含比稳态响应信号更为丰富的信息，可以使更多的系统特性呈现出来，一些稳态条件下不易显现的故障特征也可能会得到反映，因此非稳态条件下的故障诊断可以突破稳态假设并具有独特的价值。当然，开展非稳态条件下的机械故障诊断研究还面临许多新问题，如故障特征机理、响应信号的遍历性假设、测量与试验技术、非稳态信号特征提取方法、信号降噪及解调技术、信号平稳化技术、模式识别技术和方法等。

本书以齿轮箱非平稳故障诊断为研究对象，开展基于非平稳信号分析的齿轮箱故障诊断研究。通过该研究，希望探索一套旋转机械非平稳工况下的故障诊断理论、技术和方法，以进一步提高机械故障诊断的针对性、准确性及可靠性，从而为预防大型旋转设备发生严重事故和降低维修成本提供一种有效的思路与技术方法。

本书分工如下：任国全撰写第2、6、7章，康海英撰写第4、8、9章，吴定海撰写第2章的部分内容和第5章，郑海起撰写第1、3章。全书由任国全统稿。在本书编写过程中，作者广泛参阅和借鉴了国内外有关著作及研究文献中的精华部分，尽量反映该领域的新理论、新技术、新方法，尽力做到集思广益和取众之长。在此，作者向书中所列参考文献的所有作者表示诚挚的谢意！

　　作者要特别感谢国家自然科学基金项目（编号：50375157、50775219、51305454)对本书的研究和出版给予的资助，还要感谢科学出版社的编辑们为本书顺利出版提供的帮助。

　　由于作者水平有限，书中难免存在疏漏和不足，衷心地希望能得到读者的批评指正。最后，希望本书能为机械故障诊断学科的发展尽些微薄之力。

作　者

2018 年 4 月

目　　录

第1章 机械故障诊断技术概述

关于机械故障诊断的基本概念与术语，如诊断目的、意义、任务等在已出版发行的有关著作和手册中有详细叙述(虞和济，1989；丁玉兰，1994；钟秉林和黄仁，2007；屈梁生，2009)。在此不再重复。

1.1 发 展 历 程

实际上机械的故障诊断自工业生产以来就存在。早期，人们依据对机械的触摸，对声音、振动等状态特征的感受以及工匠的经验，可以判断某些故障的存在，并提出修复的措施。例如，有经验的工人常利用听棒来判断旋转机械轴承及转子的状态。但故障诊断技术作为一门学科，则是从 20 世纪 60 年代发展起来的。最早开展故障诊断技术研究的是美国。美国 1961 年开始执行阿波罗计划后出现一系列设备故障，促使美国机械故障预防小组(Mechanical Fault Prevention Group，MFPG)积极从事故障诊断技术的研究和开发。1971 年，MFPG 划归美国国家标准局领导，成为一个官方领导的组织，下设故障机理研究，检测、诊断和预测技术，可靠性设计，材料耐久性评价四个小组。美国机械工程师学会(American Society of Mechanical Engineers，ASME)领导下的锅炉压力容器监测中心对锅炉压力容器和管道等设备的诊断技术作了大量的研究，制定了一系列有关静态设备设计制造、试验和故障诊断及预防的标准规程。其他如 Johns Mitchell 公司的超低温水泵和空压机监测技术，Spire 公司的用于机械的轴与轴承诊断技术，Vickers Tedeco 公司的润滑油分析诊断技术等都在国际上大放异彩。在航空运输方面，美国在可靠性维修管理的基础上，大规模对飞机进行状态监测，发展了应用计算机的飞行器数据综合系统(aircraft integrated data system，AIDS)，该系统利用飞行中大量的信息来分析飞机各部位的故障原因并能发出消除故障的指令。这些技术已普遍用于波音 747 和 DC9 这一类大型客机，对提高飞行的安全性发挥了重要作用。在旋转机械故障诊断方面，首推美国西屋公司，该公司从 1976 年开始研制，到 1990 年已发展成网络化的汽轮发电机组智能化故障诊断专家系统，其三套人工智能诊断软件(汽轮机 TurbinAID、发电机 GenAID、水化学 ChemAID)共有诊断规则近万条，且已对西屋公司所产机组的安全运行发挥了巨大的作用，取得了很高的经济效益。此外，还有以 Bentley Navada 公司的 DDM（digital diagnosis and monitoring）系统和 ADRE（automated diagnostics for rotating equipment）系统为代表的多种机组在线监测诊断系统。

20世纪60年代末70年代初，以Collacott为首的英国机械健康监测中心(UK Mechanical Health Monitoring Center)开始从事诊断技术的开发研究。1982年，曼彻斯特大学成立了几家公司，负责政府的顾问、协调和教育工作，开展了咨询、制定规划、合同研究、业务诊断、研制诊断仪器、研制监测装置、信号处理技术开发、教育培训、故障分析、应力分析等业务活动。在核发电方面，英国原子能机构(UK Atomic Energy Authority，UKAEA)下设系统可靠性服务站从事诊断技术的研究，包括分析噪声对炉体进行监测，以及对锅炉、压力容器、管道的无损检测等，在当时起到了英国故障数据中心的作用。在钢铁和电力工业方面，英国也有相应机构提供诊断技术服务。

美国的诊断技术在航空、核工业以及军事部门中占有领先地位，而日本的诊断技术在某些民用工业，如钢铁、化工、铁路等部门发展得很快并占有某种优势。它们密切注视世界性动向，积极引进、消化最新技术，努力发展自己的诊断技术，研制自己的诊断仪器。例如，在英国提出设备综合工程学后，日本设备工程协会紧接着开始发展自己的全员生产维修，并每年向欧美派遣"设备综合工程学调查团"，及时了解诊断技术的开发研究工作。日本机械维修学会、计测自动控制学会、电气学会、机械学会也相继设立了自己的专门研究机构。日本国立研究机构中，机械技术研究所与船舶技术研究所重点研究机械基础件的诊断技术。东京大学、东京工业大学、京都大学、早稻田大学等高等学校着重基础性理论研究。其他民办企业，如三菱重工、川崎重工、日立制作所、东京芝浦电气等以企业为中心开展应用水平较高的实用项目。例如，三菱重工的白木万博在旋转机械故障诊断方面开展了系统的工作，其研制的"机械健康系统"在汽轮发电机组监测和诊断方面起到了有效的作用。

设备诊断技术在欧洲其他一些国家也有很大进展，它们在广度上虽不大，但都在某一方面具有特色或占领先地位，如瑞典的SPM(system performance monitor)轴承监测技术、挪威的船舶诊断技术、丹麦的振动和声发射技术等。

1979年以前，我国一些大专院校和科研单位结合教学与有关设备诊断技术的研究课题，尝试进行机械设备状态监测与故障诊断技术的理论研究工作和小范围工程实际应用研究，特别是某些工厂机组的事故频繁发生，促进了对该技术发展的重视。但从维修体制改革或从设备综合管理的观点探求寿命周期费用经济性来研究这一问题，带有一定的局限性和临时性。从1979年开始，有不少工厂在熟悉苏联维修体制的基础上，开始研究美国、日本、德国、瑞典等国的各种维修体制，从中了解到状态监测与诊断维修能改善设备管理的优点，进而开始研究这方面的问题。

1979～1983年，全国有较多的企业对机械故障诊断从初步认识进入初步实践的阶段。1983年初，国家经济贸易委员会和有关部门经过对前一段工作的分析，把开展机械诊断工作的要求纳入《国营工业交通企业设备管理试行条例》之中，明确指出，"要根据生产需要，逐步采用现代故障诊断和状态监测技术，发展以状态监测为基础的预防维修体制"，从而把机械诊断技术工作列入了企业管理法规，并指出了诊断技术要为维修体制改革服务这一方向。

1983 年，中国机械工程学会的设备维修分会在南京召开了首届设备诊断技术专题座谈会，交流了国内外的情况，分析了国内设备现状及开展设备诊断技术的必要性；也看到了我国与国外存在的差距。1985 年，有关部门在郑州聚集了国内有关机械设备状态监测与故障诊断技术方面的众多专家、教授，正式成立了以机械设备故障诊断命名的研究会，并于次年加入中国振动工程学会，更名为机械故障诊断学会，同年在沈阳召开第一届全国机械设备故障诊断学术年会。

1985 年以后，国内在诊断技术研究方面发展十分迅速，专题性会议和技术交流活动十分活跃，国际交往也日渐频繁。在国内举办的故障诊断学术会议上，大批从事设备故障诊断研究的学者和专家进行学术与经验交流，发表了大量的论文，有力地促进了我国设备故障诊断研究的深入发展。此外，还广泛举办了有关设备诊断技术的专题讲座、经验交流会以及各种形式的学习班、培训班。

国内仪器行业和有关企业为适应诊断仪器的需要，积极进行了研制生产和规划工作。监测手段曾经是影响工作开展的关键问题，一批接近先进水平的测试分析仪器与监测诊断系统已开始批量供应。随着设备诊断工作的开展，全国有关部门陆续组建了一些设备诊断技术协会、研究会以及咨询中心等。在一些大企业里还建有课题小组、监测站、诊断中心等，配合行政部门开展机械设备诊断技术工作，对机械设备诊断技术的发展起到了积极作用。

全国各行业都很重视在关键设备上装备故障诊断系统，特别是智能化的故障诊断专家系统，其中突出的有电力系统、石化系统、冶金系统，以及高科技产业中的核动力电站、航空部门和载人航天工程等。针对大型旋转机械故障诊断，我国已经开发了大量的机组故障诊断系统和可用来做现场简易故障诊断的便携式现场数据采集设备。

为适应企业和有关部门对设备诊断技术的学习与培训的需要，一些出版社积极从事设备诊断技术书籍的出版工作，如西安交通大学出版社出版了《机械故障丛书》（16 分册）、冶金工业出版社出版了《机械故障诊断丛书》（10 分册）、科学技术文献出版社出版了《设备状态监测与故障诊断技术》等。国内一些著名期刊，如《振动工程学报》《振动、测试与诊断》等都将故障诊断作为重要内容。另外，一些有关设备管理的期刊，如《中国设备管理》《设备管理与维修》《国外设备工程译文集》《修理科技动态》也都设立了诊断技术专栏。在这些研究工作的基础上，我国一些专家学者先后出版了系列既具有理论性又结合实际工程应用的专著。例如，屈梁生和何正嘉编写的《机械故障诊断学》、邝朴生等编写的《设备诊断工程》、黄文虎等编写的《设备故障诊断原理、技术及应用》、徐敏等编写的《设备故障诊断手册》。

近年来，我国从事机械故障诊断技术研究的队伍越来越大，研究的范围也逐渐扩大，研究工作越来越系统、深入，技术进步的速度越来越快，取得的成果也越来越多。

1.2　技术分类

机械故障诊断技术的分类方法很多，主要有以下几种。

1. 按诊断对象的性质分类

(1)旋转机械故障诊断。其诊断对象为齿轮箱、转子、轴系、叶轮、泵、鼓风机、离心机、蒸汽透平、燃气透平、电机及汽轮发电机组、电机-齿轮增速-轴流压气机组、水轮发电机组等。

(2)往复机械故障诊断。其诊断对象为内燃机、压气机、活塞曲柄和连杆机构、柱塞-转盘机等。

(3)工程结构故障诊断。其诊断对象为金属结构、框架、桥梁、容器、建筑物、地桩等。

(4)机械零件故障诊断。其诊断对象为转轴、轴承、齿轮、连接件等。

(5)液压设备故障诊断。其诊断对象为液压泵、液压马达、液压缸、液压阀、液压管路、液压系统等。

(6)电气设备故障诊断。其诊断对象为发电机、电动机、变压器、开关电器及电路系统等。

(7)生产过程综合故障诊断。其诊断对象为机械加工过程、轧钢生产过程、纺织生产过程、造纸生产过程、铁路运输过程、船舶运输过程、核电站生产过程、发电厂生产过程、石化生产过程等。

2. 按信号检测方法分类

(1)参数检测法。以机械系统或子系统的某些功能或性能特征参量为检测参量，如发动机的转速、缸压、窜气量、喷油压力等，通过对这些特征参量的分析，判断被检机械系统的运行状态，诊断其故障性质和发生部位。

(2)振动检测法。以机械系统工作时所产生的振动信号为检测参量，从而进行故障诊断。

(3)油液分析法。通过从运行设备中所取得的有代表性的润滑油样的检测分析，获得设备在用润滑油性能指标变化、油中磨损物、污染物和变质产物的宏观或微观物态特征信息，并由此评判设备润滑与磨损状态或诊断相关故障的技术过程，包括油品分析和油液中颗粒分析。

(4)声学检测法。以机械系统工作时所产生的声信号为检测参量，进行声压、声级、声强、声源、声场、声谱分析，从而进行故障诊断。为了能验证或获取更多的特征信息，将振动检测法和声学检测法同时应用，能得到更好的效果。

(5)温度检测法。以机械体或其润滑油、冷却液、工作介质的温度为检测参量，进行温度量、温度场、红外热像识别与分析，达到故障诊断的目的。

(6)污染物检测法。以泄漏物、残留物、气体、固体的样本为检测对象，进行液气成分变化、气蚀油蚀、油质及其中所含磨损物质的分析，从而达到故障诊断目的，如油液光谱分析、铁谱分析等。

(7)强度检测法。以力、扭矩、应力、应变信号为检测参量，进行冷热强度变形、结构损伤容限分析，达到故障诊断或寿命估计的目的。

(8)压力流量检测法。以压力或流量为检测参量，进行气流压力场、油膜压力场、流体传动、流量变化分析，实现故障诊断。

(9)电参数检测法。以机械系统工作时所耗用或产生的电压、电流、电功率或电磁信号为检测参量，进行机械系统故障诊断。

(10)光学检测法。以光学信号为检测参量，进行机械系统故障诊断。

(11)表面形貌检测法。检测机械体或其零部件表面的裂纹、变形、斑点、凹坑、色泽等特征，进行结构强度、应力集中、裂纹破损、气蚀化蚀、摩擦磨损等分析，实现机械故障诊断。

3. 按诊断目的、要求和条件分类

(1)定期诊断和连续诊断。定期诊断是每隔一定时间对机械设备的运行状态进行检测和诊断。连续诊断是对机械设备运行状态进行连续监测、分析和诊断。

(2)直接诊断和间接诊断。直接诊断是根据关键零部件的状态信息直接确定其工作状态。直接诊断有时受到机械设备结构和工作条件限制而无法实现，这时就不得不采用间接诊断。间接诊断是通过二次诊断信息来间接判断机械设备中关键部件的状态变化。多数二次诊断信息属于综合信息，因此容易发生误诊断，或出现伪警和漏检的可能。

(3)常规诊断和特殊诊断。在常规情况下，也就是在机械设备正常运行条件下进行的诊断称为常规诊断。大多数诊断均属于此类。但在个别情况下或特殊条件下，需要创造特殊的工况条件来采集检测信号。例如，在动力机组的启动和停车过程中要跨越转子扭转、弯曲的几个临界转速，利用启动和停车过程的振动信号，做出转速特征谱图，常常可以得到常规诊断中所得不到的诊断信息。

特殊诊断中也包括失事诊断。失事诊断是指针对关键机械设备，判断其失事原因，弄清是外因还是内因，是人为损坏、技术性损坏还是受外界强制性突然袭击毁坏。

(4)在线诊断和离线诊断。在线诊断是指对现场正在运行中的机械设备进行实时诊断。这类诊断对象一般都属于关键的机械设备。而离线诊断是通过信号记录仪将现场测取的检测信号采集下来，结合机组状态的历史档案资料做离线分析诊断。

(5) 简易诊断和精密诊断。简易诊断一般是使用便携式检测诊断仪表，由现场作业人员实施，对机械设备的状态迅速有效地做出概括性的评价。精密诊断是对简易诊断难以确诊的机械设备进行专门、细致和更准确的诊断。

还有一些其他的诊断方法，如按照诊断不同阶段所采用的技术分类等，在此不作介绍。

1.3 一般步骤

理想、完整的机械故障诊断过程分为两个大的阶段：诊断技术研究阶段和诊断实施阶段。在诊断技术研究阶段，其主要任务是研究、探索、形成针对该机械系统有效的诊断技术方法，并建立相应的标准状态和故障模式。在诊断实施阶段，根据诊断技术研究阶段所形成的诊断技术方法，实施对被诊断系统的诊断，并对照所建立的标准状态和故障模式进行状态识别与故障诊断。但在工程实际中受各种条件限制，诊断技术研究阶段有时开展得不够充分，有的甚至合并到诊断实施阶段予以考虑。

基于测试分析的现代机械故障诊断，一般是在某种设定的条件下，对机械设备的某些物理量进行测量和分析，根据这些物理量的变化情况，确定机械设备的技术状况，判断其是否发生故障；对故障状态进行更深入的分析，按照一定的推理准则和计算方法，判断故障性质、发生部位及原因，有时还预估被测机械设备的剩余使用寿命。

1.3.1 诊断原理与方案

诊断原理与方案是对整个故障诊断工作的总体设计和规划。例如，为了完成某项诊断任务，应采用什么样的技术途径和方法；当有几种方法可选时，根据已有的经验和条件，采用哪种方法可能得到较好的诊断精度或诊断效益；如何进行试验建立标准状态和暴露被测参量；采用何种测量手段不失真地测取信号；采用哪些信号分析处理技术，提取哪些特征参量；采用何种诊断识别算法进行状态或故障识别分类等。显然，它是整个诊断工作的大纲和灵魂，贯穿于诊断工作的始终，且根据诊断工作的进展和所遇到的问题而不断加以修改与完善。

例如，当进行齿轮箱故障诊断时，首先要根据诊断任务要求、已有的经验和所具备的检测诊断条件确定采用的方法，如选用振动检测法、声学检测法、油液分析法或几种方法综合运用。若确定采用振动检测法，就要进一步根据齿轮箱的结构特征和工作特征，考虑其主要故障模式、对振动信号的影响、怎样进行试验、如何测取振动信号、用什么仪器设备进行信号记录和分析处理、用什么识别技术进行诊断运算、可能达到什么样的诊断效果，以及可能会遇到什么难题等。若估计该种方法尚难满足诊断要求，考虑是否选用其他方法弥补。若故障模式设置困难，考虑能否通过其他模式试验得到弥补等。

1.3.2 理论模型建立

现代机械故障诊断是在理论指导下的诊断。进行理论建模，就是要根据诊断对象的工作原理，分析、建立被诊断机械状态(或故障)与检测信号(或其特征参量集)之间的解析或经验关系式。它是被诊断系统工作特性的客观描述。在诊断过程中，它是根据提取的特征参量进行故障识别的理论基础。正确的理论建模，不仅有利于指导诊断工作的进行，而且可以促进诊断理论的深化和发展，对机械故障诊断学术研究具有重要意义。

例如，当采用振动检测法进行齿轮箱故障诊断时，就要研究被诊断齿轮箱的结构特点和工作特性，尤其是齿轮箱的动力学特性，建立齿轮箱工作状态与振动响应信号的关系，明确齿轮、轴承或轴系发生故障对不同测点振动响应信号的影响，显然，这样的理论分析对诊断测点选择、特征参量提取以及故障模式识别都是十分重要的。

1.3.3 试验设计与测试

测试包括试验和测量两个方面。试验是根据诊断要求，使被诊断机械系统处于某种设定的工作状态，从而反映其内部客观规律性，产生所需的测量信号的工作。当研究某些状态(如正常或某种故障)的标准模式时，还要求在试验中设定相应的状态或故障，或者创造条件使其在运行中产生某种状态或故障，从而使测得的信号中包含相应的状态或故障信息。例如，要进行齿轮箱故障诊断，就要让齿轮箱在一定载荷条件下按照规定的挡位、转速工作，这可以结合齿轮箱的实际工况进行，但当进行某种故障模式研究时(如齿轮故障)，就要在试验前设置相应的故障，或创造条件使齿轮箱在工作中产生相应的齿轮故障。因此，试验工作实际是故障诊断的前提性工作，试验工作做不好，便无法充分反映诊断对象的客观规律性，诊断工作也就无法达到预期目的。在实际工程中，有一些重要的故障诊断研究无法开展或效果不佳就是由试验困难所造成的。

测量就是根据诊断方案要求，对诊断对象在试验中所产生的各种有用信号进行不失真地测取工作。其内容一般包括：测量方案的制定与测量系统的组成、被测参量(主参量和辅助参量)的确定、测点优化选择、传感器安装与仪器调试、测量系统标定、信号显示与记录，有时也包括一些简单的信号处理等。例如，进行齿轮箱故障诊断，首先就要确定采用振动检测法还是声学检测法或是油液分析法进行诊断；若选定振动检测法，就要考虑主要测量的振动参量是什么(加速度、速度、位移、应变)，是否需要测量其他辅助参量(转速等)，需要多少路信号同时测量，用何种方法实现同步；测量系统如何组成，是否需要分批测量；测点选在何处，传感器如何安装，仪器挡位如何设定；采用何种手段进行测量信号的记录与显示；测量系统如何标定等。除浅层次故障诊断专家系统外，现代机械故障诊断都是建立在测量基础上的，因此测量工作是机械故障诊断的基础性工作，只有测量好，获得的有用诊断信号真实、充分，后续的分析诊断工作才能取得理想的效果。否则，若测得的信号信噪比差，就会加重信号分析处理的降噪工作难度；若测量信号失真，就可能得到错误的诊断结论；若测得的有用信号不充分、不完整，就会限制诊断目标的实现。

1.3.4　信号分析处理

由于测得的信号具有数据量大、特征隐蔽和噪声干扰大的特点，如果直接进行诊断运算，不仅其计算量不堪重负，而且难以取得预期诊断效果。信号分析处理，就是运用各种有效的数学工具和技术，在计算机或数据处理器上对测得的信号进行多个领域的变换、分析和处理，去粗取精、去伪存真，从大量被"污染"的信号中提取出与被诊断机械系统性能状态密切相关的特征参量集。其内容一般包括信号采样、预处理、分析处理和特征参量提取等。例如，采用振动检测法进行齿轮箱故障诊断时，要对振动响应信号进行采样及预处理(加窗、去趋势项、抗混淆滤波等)；根据信号的统计特性，进行幅域分析，提取、计算其偏度、峭度、峰值系数等参数；在时域内进行平均、相关分析、消除非周期噪声；在频域内计算轴承、齿轮工作中的各种特征频率以及功率谱、倒频谱等；用调制解调技术提取轴承故障特征参数；用小波或小波包分析技术进行降噪和重构处理，提取相应特征参量等。运用各种信号分析技术所提取的故障诊断特征参量集，是信号分析处理环节的目标函数，也是下一环节即状态识别与故障诊断的输入函数和基础，先进有效的信号分析处理技术可以使提取的特征参量数据量少且蕴含被诊断机械系统性能状态的丰富特征信息。信号分析处理实际是故障诊断工作的关键性环节。

1.3.5　状态识别与故障诊断

状态识别与故障诊断实质上是机械故障诊断的最终环节。状态识别是采用一定的推理准则和识别算法，对所提取的特征参量集进行模式识别运算，从而判断被检测机械系统的性能状态是否正常，即是不是发生了故障。对故障状态进一步进行故障类别与属性的模式识别运算，并给出故障性质、发生部位等结论，称为故障诊断或故障识别。若根据被检测对象的历史资料及检测状态，按照一定规律的算法，估算该机械何时可能出现故障或其剩余寿命是多少，称为寿命预测或故障预测。例如，运用振动检测法诊断齿轮箱故障时，尽管所提取的幅域、时域、频域和时频域特征参量集与齿轮箱故障有着良好的相关性，但要准确地建立起这些特征参量与齿轮、轴承故障间的映射关系仍然困难。尤其是对复杂机械结构实际工况条件下的故障诊断，往往某一项故障可能会引起多项特征参量的不同变化，某一项特征参量的变化又可能是受多个因素的影响，由于测量、分析方法的限制，所提取的特征参量可能并不是某种故障最灵敏的指标，各种噪声的干扰又可能造成特征参量计算的不确定性和误差等。在这种情况下，就需要根据具体诊断问题找到合适有效的模式识别算法，使之既能较准确地建立特征参量与故障间的映射关系，又具有较强的抗干扰能力。

1.4 发 展 方 向

随着传感器技术、现代测试技术、信号分析处理技术、模式识别技术和计算机技术的飞速发展，机械故障诊断理论、技术也获得更快的发展，在此基础上，机械故障诊断也出现了许多新技术和新方法。

1. 理论建模技术

机械故障诊断理论建模技术向"广"和"精"两个方面发展。所谓"广"，主要是指机械故障诊断仅从实用出发，在一定程度上解决问题即可。"广"很少进行甚至不做理论建模工作，这就严重影响诊断的深度，难以从根本上解决问题。现代机械故障诊断是理论指导下的诊断，随着机械故障诊断技术的迅速深入发展，必定有越来越多的诊断工作需要进行理论建模，因此使理论建模工作获得广泛的发展。所谓"精"，是指随着机械故障诊断技术的发展，精确诊断的要求越来越突出。它要求理论建模工作进一步向解析、精确的方向发展，使所建立的数学模型能更准确地描述故障和检测参量间的映射关系，使所建立的力学模型更符合被诊断机械系统的实际工作特性。因此，理论建模对故障诊断工作的指导作用将越来越突出。

2. 测试技术

故障诊断测量与试验技术向"深"和"简"两个方向发展。所谓"深"，就是为适应故障诊断理论与技术的发展以及对故障诊断精度的要求，其试验工作需要做深、做全，不仅正常状态、故障状态试验要做，而且重要的故障标准状态及其分布也要能进行试验，对于一些重要的系统，可能还要进行其故障机理试验。只有试验工作深入进行，才能更好地掌握诊断对象技术状态劣化和故障发生、发展的规律性，从而找到有效的诊断技术，达到准确诊断的目的。所谓"简"，就是要研究简易、快捷、适于现场使用的不解体故障诊断试验技术，尤其是与使用工况相结合的试验技术，使机械系统性能检测与故障诊断工作得到更广泛的开展。

信号测量工作将向全面、综合和提高信噪比的方向发展。所谓全面，就是随着国内外传感器技术、测量仪器与系统、测试技术的快速发展，原来难以或无法检测的参量变得易于或可以检测，使得机械故障诊断所测量的信号越来越丰富、全面，为后续诊断工作打下更坚实的基础。尤其是在某些情况下，原来很难诊断的故障，当采用新的测量手段和方法后，信号变得可以直接测量，这些信号可能蕴含着丰富的被诊断故障信息，在此基础上进行故障诊断，既提高诊断精度又提高诊断效益。其次，被诊断机械是复杂的系统，其故障信息也是复杂而多维的。某一故障会引起多种特征参量的变化，而某一特征参量的变化又可能表征多种故障状态，因此单靠某一个或某一类信号进行故障诊断，其效果往往受到局限。所谓综合，就是针对某一类故障进行多参量的综合测量，使获得的信号数量和种类更多，蕴含的诊断特征信息更丰富，在多信号的基础上进行融合运算、综合分析和互相验证，就可以提高故障诊断的精度，也使诊断方法更丰富。另外，在现代机械故障诊断中，测量信号不仅蕴含待诊断的故障信息，而且混杂干扰噪声，严重时甚至湮没有用信息。测量噪声对故障诊断的影响很大。测量技术和仪器设备的发展，使得所测取的信号信噪比提高，将为后续的信号分析处理和诊断识别运算提供方便。

3. 信号分析处理技术

信号分析处理技术将向综合应用和创新方向发展。综合应用是指针对不同的诊断任务和信号特点，综合应用现有的时域、频域、时频域和小波分析等信号分析处理技术，提高解决实际问题的针对性，充分利用各种分析方法的长处，避免其不足，以提高所提取的特征参量与实际机械系统状态间的相关性。在此基础上创新是指发展新的现代信号处理技术，在诊断应用时更具有普遍性，突破传统信号处理技术的诸多限制，尤其是对非线性、非因果、非最小相位系统，非高斯、非平稳过程，非整数维、非白色加性噪声信号也能进行有效处理，且所提取的特征参量与实际机械系统的技术状态具有更强的相关性。另外，根据信号分析理论和各种工程问题，研究先进的信号降噪技术、有效地剔除信号噪声、提取有用信息也是必不可少的一个重要环节。

4. 模式识别技术

为了使机械系统的状态识别与故障诊断更为准确，模式识别技术会得到进一步发展和运用。模糊模式识别技术由于具有良好的局部容错和全局判别能力，将进一步得到运用，除已有的模糊隶属度算法和模糊 C 均值算法外，还会发展其他的模糊识别算法。由于神经网络识别技术具有良好的非线性映射特性、自学习和智能化特点，神经网络识别技术也将得到进一步发展，在现有 BP(back propagation)神经网络、ART(adaptive resonance theory)网络进一步改进的同时，还会有其他网络技术应用到状态识别和故障诊断运算中，尤其是基于深度学习的卷积神经网络等必将会有更为广泛的发展与应用。模糊神经网络技术在集合上述模糊和神经网络识别技术优点的基础上，模糊神经网络识别技术将进一步发展。信息融合技术能融合各种测量数据、特征参量或独立诊断结论，可以有效提高故障诊断的准确性，因而这种识别技术也将得到广泛应用。

5. 新方法

随着机械故障诊断技术的快速发展，研究的现象和规律性会越来越普遍，而技术层次和解决的问题会越来越深入。在此基础上，一些新颖的故障诊断思路、方法会越来越多地提出和应用。这些新方法不是某种技术环节的创新，而是对整个诊断原理方法的创新，因而也涉及各诊断环节的相应创新。这些新方法所采用的具体技术可能千姿百态，但就其解决问题的性质来说，可能会有以下几类：其一，提高复杂机械系统故障诊断灵敏度与准确度的新方法；其二，针对复杂机械系统实际工况条件下故障诊断问题的方便、快捷、不解体故障诊断新方法；其三，可有效解决非线性、非因果、非最小相位、非高斯、非平稳、非整数维、非白色加性噪声等问题的新诊断方法；其四，基于网络的远程诊断新方法；其五，其他新方法。

6. 新仪器和新系统

先进的测试、分析、诊断仪器设备和系统是进行机械故障诊断的基础条件。随着故障诊断技术的快速发展，这些检测诊断仪器设备和系统也会得到迅速发展。它们包括先进的检测诊断试验台，新型传感器和新型测量系统，功能更强大、使用更方便的信号分析仪，基于虚拟仪器的检测诊断系统，基于先进模式识别理论的状态识别与故障诊断软件，重要机械系统故障的计算机仿真系统，针对具体复杂机械系统的专用、不解体故障诊断系统，重要机械系统的 BITE(built-in test equipment)等。

7. 测试性

积极的更合理的办法是在设备设计时就把故障的少发生、易检测、易维修与性能、经济性等多种因素通盘考虑，并赋予各因素恰当的比例，作为目标的一体化设计(徐敏，1999)。测试性研究就是在机械系统产品研制发展阶段即充分考虑其在使用中的状态检测与故障诊断问题，采取有效的测试性设计措施，使机械系统的状态检测与故障诊断变得方便、易行。

1.5　旋转机械非平稳故障诊断研究

1.5.1　非平稳故障诊断问题的提出

　　长期以来，人们在对齿轮箱进行故障诊断试验时，通常要求测取稳态信号，这就需要对系统施加稳态载荷，以保证其工作在稳态工况。当难以满足稳态条件时，往往只能假设机械设备处于稳态，忽略非稳态因素带来的影响。以上稳态要求给试验设置和信号处理带来了许多困难。在工程实际中，由于速度、负载等因素的波动无法避免，旋转机械的实际工况是一种非平稳过程，很多情况下振动响应信号在时域、频域中的变化都是非常复杂和剧烈的。基于稳态条件的信号处理方法和诊断原理会受到限制，导致诊断精度降低，影响诊断结果的准确性和可靠性，甚至导致诊断结论完全错误。在故障诊断中，振动响应信号的变化是表征零件故障的重要指标，在非稳态时即使无故障状态下信号的变化也是不可避免的，如速度、负载等多种因素的变化都将引起响应信号的变化，而且这些因素的影响往往互相调制、耦合，提高了故障诊断难度；许多大型设备，如履带工程机械的齿轮箱，无法在原位检测条件下施加稳态载荷，所以不能以稳态为前提进行故障诊断。其实，非稳态响应信号中往往包含着比稳态信号更为丰富的状态信息，可以使更多系统特性表现出来，一些稳态条件下不易显现的故障特征也可能会得到反映。但是，开展非稳态条件下的故障诊断研究，还需解决许多新的问题，如故障诊断原理、试验测试技术、非稳态信号分析与特征提取技术、信号平稳化技术等。

1.5.2　齿轮传动系统动力学建模与求解

　　齿轮传动系统动力学研究是齿轮箱故障诊断的基础，其目的是分析相关振动机理，从理论上确定各种故障的信号特征，为信号分析、故障特征提取及试验研究提供理论依据。

1. 动力学建模

　　依据动力学理论进行齿轮传动系统故障诊断一直是齿轮箱故障诊断的研究重点。当前针对齿轮系统动力学的研究主要集中在自由振动和稳态振动等稳态工况，而且定性分析较多，定量分析较少。例如，在基于动力学分析的齿轮传动系统故障诊断研究中，一般只进行定性分析，不进行模型仿真求解和分析。另外，针对稳态工况的研究多，许多研究没有考虑非稳态工况，基于动力学分析的非稳态工况齿轮箱故障诊断研究较少。现有模型均未考虑原动机(内燃机、电动机等)的机械特性，难以仿真分析系统在非稳态工况下的动力学行为。因此，有必要在计入原动机机械特性的前提下，建立齿轮传动系统动力学模型。这样可通过原动机的反馈实现系统对负载、转速等因素变化的自我修正，为研究齿轮传动系统在非稳态工况下的动力学特性及故障特征分析提供理论依据。

2. 模型解法

齿轮系统运行过程中，随着啮合齿的啮入、啮出，啮合数不断变化。当参与啮合的轮齿对数增多时啮合刚度增大，反之则啮合刚度减小，并呈周期性变化。因此，在系统动力学模型中，刚度为时变参数。齿轮传动系统动力学模型在数学形式上是系数周期时变的微分方程，与之相应的解法主要有数值法和解析法。

1) 数值法

Azar 和 Crossley(1977)采用数值计算的方法对直齿轮传动系统进行了间隙非线性问题分析，研究中考虑了时变刚度、齿轮惯性、齿面摩擦等因素。Lida 等(1985)采用数值计算方法研究了齿侧间隙、时变刚度等对齿轮传动系统动态响应的影响。Vinayak 对比分析了时域法、频域法等数值方法，并在此基础上研究了啮合误差和轴不对中对齿轮传动系统振动响应的影响。Padmanabhan 和 Singh(2011)提出了可得到系统任意谐波解的参数连续解法，并将该方法应用于 Duffing 系统，发现了高阶超谐共振和亚谐共振。Theodossiades 和 Natsiavas(2001)采用数值法对齿轮、转子耦合系统进行了动力学研究，分析了多种因素，如滑动轴承参数、啮合状态、外载荷等对系统周期响应、拟周期响应、混沌响应的影响。曾凡灵(2010)在齿轮传动系统动力学方程中考虑了间隙这一随机因素，采用 Runge-Kutta 法进行了仿真求解，分析了齿轮副转配侧隙均值与临界方差，以及转配间隙方差与混沌指数间的关系。卢剑伟等(2009)利用蒙特卡罗法分析了系统参数随机扰动对非线性齿轮系统动态性能的影响，研究了多种随机参数扰动对系统动态特性的影响，如齿侧间隙、阻尼比、激励频率等。

由上可见，随着数值计算方法和计算机技术的发展，数值法成为求解振动系统动力学方程的重要方法。其中，最具代表性的是 Runge-Kutta 法，此算法的优点是可以精确地解算出系统各时刻的响应，包括位移、速度和加速度等，为验证理论分析或试验分析结论提供依据。当然，数值法也存在一定局限性，如无法给出解析解，只能给出数值解，难以直观地反映系统全局特征和性质。

2) 解析法

能够提供解的解析表达式是解析法的优点。人们可以根据解析解方便地研究系统运动规律，分析系统运动特性与系统参数间的关系。同时，解析解的存在也为系统的参数控制提供了方便。若能得到齿轮传动系统动力学方程的解析解，必将为其故障诊断、状态监测提供极大的便利条件。然而，由于齿轮传动系统方程的参数时变特性，绝大多数情况下，其精确的解析解是无法得到的，只能借用近似解法得到满足一定精度要求的解析表达式。

Lau 等(1981)提出的增量谐波平衡法具有一定代表性。其优点是公式易于推导,算法收敛,精度易于控制,可以得到系统响应的全频段近似值,结果直观,易于应用。但是,由于对微分方程进行级数展开是谐波平衡法的基础,无法避免忽略高阶级数的问题,特别是对于齿轮传动系统,啮合刚度瞬间跳变,理论上讲应为无穷阶。因此,该解法的误差是不可避免的。Kahraman 和 Singh(1990)利用谐波平衡法求解直齿轮动力学方程;Ragbothama 和 Narayanan(1999)将增量谐波平衡法应用于转子、轴承系统周期运动研究,证明了增量谐波平衡法所得周期解及亚周期解与数值积分法所得解的一致性。申永军(2005)建立了计入齿侧间隙和时变啮合刚度的齿轮传动系统强非线性动力学模型,并利用增量谐波平衡法解得其周期解的统一形式,研究了不同啮合刚度及静态传递误差对解的影响。

对比数值法和解析法两种解法可见:数值法可以较精确地给出系统各时刻的位移、速度和加速度响应值,但由于解是离散的,难以直观提供系统解的全貌,不便于分析系统全局性质;解析法的优点在于它能给出解析解,利于研究系统响应的规律性,以及系统响应与各参数间的关系,但求解困难,甚至对很多系统往往无法得到解析解。因此,有必要针对齿轮传动系统方程参数时变特点进一步研究优化解法。

1.5.3 非平稳振动信号分析方法

目前机械故障诊断研究多基于稳态或近似稳态条件,基于非平稳过程条件的研究较少。在非稳态信号处理方面,王宏禹和张贤达撰写了非稳态信号处理学术专著,但如何将其理论方法与工程故障诊断有机结合还需要进一步研究。朱利民等(2001)对变速机械的弱时变信号处理技术进行了研究,提出了幅值谱的多点平均校正法。黄秀珍等(2000)研究了速度变化引起的非稳态响应信号的处理技术,发展了变尺度预处理方法。柳亦兵和杨昆(2000)通过提高采样率方法研究了大型发电机组启动停机过程的振动特性。闻邦椿(1999)研究了变速旋转机械转子的故障诊断和状态监测技术。朱继梅(2001)深入研究了非稳态振动信号的分析技术,在非稳态信号处理及其工程实际应用方面具有代表性。李志农等(2003)、童进等(1999a, 1999b)、冯长建等(2001)、丁启全等(2003)对旋转机械升降速过程故障诊断进行了研究。

正当人们急需一种具有后验性的时频分析算法时,经验模态分解(empirical mode decomposition, EMD)算法应运而生(Huang et al., 1998)。该方法构建了 HHT 的基本理论框架,论证了瞬时频率的定义方法,提出了固有模态函数(intrinsic mode function, IMF)这一全新的基函数,给出了 EMD 的步骤和终止准则,提出并论证了 Hilbert 谱和边际谱的概念及含义,研究了 IMF 的完备性和正交性,从基础理论层面阐述了 HHT 理论与其他多种时频算法的根本区别以及性能差异,提出了基于特征波法的边界效应处理方法;Huang 等(1999)与其科研团队合作将 HHT

应用在非线性系统分析、风速分析、水波分析、海啸潮汐分析、地震信号分析和海洋环流分析等研究中，取得了许多成果。此后，HHT 应用在重力波分析、桥梁监测分析、生物医学分析、环境监测等多个领域。余泊(1998)将 HHT 应用于故障诊断，并提出了自适应时变滤波分解经验筛法。盖强(2001)援引积分中值定理研究极值域均值模式分解方法，针对边界问题给出波形匹配预测法。张海勇(2001)研究了将 HHT 与时变参数模型信号分析、方差平稳随机信号分析和 Wigner-Ville分布相结合的信号处理方法。谭善文(2001)研究了多分辨的 HHT 方法。李辉(2005)以单级传动齿轮箱为对象研究了基于 HHT 分析的齿轮箱故障诊断技术，取得了良好的诊断效果。

针对旋转机械故障诊断，阶次分析法能有效克服因转速变化而产生的信号非平稳问题，与频域分析法相比，其主要区别在于分析对象不同。频域分析的对象是时域内等间隔采样的信号，阶次分析的对象是角域内等间隔采样的信号，由于其分析对象为等角度间隔采样信号，可以避免转速变化对频谱图的影响，克服了对转速变化信号作传统频谱分析时的"频率模糊"现象。国内外许多学者分别从理论或工程应用角度对该分析进行了研究，取得了很多有益效果。研究表明，采用阶次分析法既可从频率角度实现信号的准平稳化，又有利于旋转机械故障特征提取，在旋转机械故障诊断领域，该分析方法呈现出明显的优点。

第2章　动力学建模及非平稳工况特性分析

　　建立变速变载非平稳工况下机械系统动力学模型是故障诊断的基础，正确的动力学模型是故障诊断推理的理论依据。目前，在齿轮箱动力学建模中，多采用线性近似的方法，以等效刚度替代时变啮合刚度，将齿轮的啮合关系简化为集中质量-弹簧-阻尼系统，以避免研究箱体与轴系、轴系与轴系间的非线性相互作用对系统动态特性的影响。这种模型由于没有解决系统中实际存在的非线性、时变问题，同时在分析过程中也没有考虑变速变载的影响，齿轮箱的线性近似模型与齿轮箱的实际动力学特性存在着较大的差异。

　　本章在分析齿形误差、质量偏心误差、几何偏心误差、啮合刚度等多种激励因素并结合行变形协调条件分析的基础上，建立可用于速度波动、负载变化等工况分析的齿轮传动系统弹性动力学模型。通过分析输入电机的机械特性，构成齿轮传动系统的闭环动力学模型，并针对模型方程求解，将时变参数离散化得到齿轮动力学模型的离散解析解，该方法既可以为时变系统提供数值解，又能给出时变系统在各离散点上的解析解，兼顾数值法的准确性和解析法的直观性的优点，为参数时变系数的模型求解提供一种有效计算方法。同时，研究基于振动响应分析的变速变载齿轮箱动力学模型，并对各部件发生故障时的动力学特性以及非平稳工况下齿轮箱故障诊断原理进行分析。

2.1　齿轮传动系统动力学建模

2.1.1　基本假设

　　图 2-1 为典型的单级齿轮系统结构简图。该系统由主动轮、被动轮组成。建模时作以下假设：

　　　　（1）在各构件刚度方面，只考虑啮合刚度、轴承支承刚度和齿轮轴的弯曲刚度；

　　　　（2）在弹性变形方面，假设构件体都是刚性的，对齿轮体的变形不予考虑；

　　　　（3）齿轮为渐开线齿轮，啮合力作用在啮合面内，并垂直于齿面接触线，啮合齿轮简化为以阻尼和弹簧相连的刚体，啮合轮齿的啮合刚度为弹簧的刚度；

　　　　（4）啮合副间无脱啮和反向冲击现象；

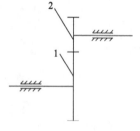

图 2-1　齿轮传动结构简图

1. 主动轮；2. 被动轮

(5) 不计入相互啮合的轮齿间的相互滑动；

(6) 不计入原动机惯量；

(7) 系统的阻尼设为一般黏性阻尼；

(8) 由于是直齿轮啮合，不考虑对系统振动影响较小的轴向误差，重点分析会产生较大作用力的径向几何偏心误差。

2.1.2 激励分析

动态激励是齿轮传动系统产生动态响应的原因，因此研究动态激励原理、确定其性质和规律是研究齿轮传动系统动力学特性的首要问题。

1. 啮合刚度激励

迄今，已有许多研究分析了啮合刚度的计算问题。要计算啮合刚度，首先要算出轮齿的变形量，常见的齿轮弹性变形计算方法有弹性力学法、材料力学法和数值法等。机械故障诊断中，其重点不在于对啮合刚度进行求解，而在于对齿轮动力学特性进行分析，所以没有具体计算刚度，而是假设其为以啮频为基频的矩形波，如图 2-2 所示。

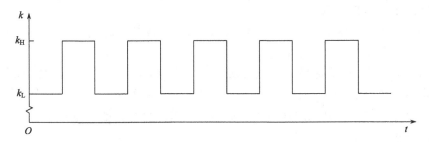

图 2-2　啮合刚度曲线

k_L 和 k_H 依次为单齿啮合和双齿啮合时的啮合刚度

2. 几何偏心误差激励

任何加工或安装工艺都不能保证绝对准确，所以啮合齿廓也不可能完全沿理论位置运行，而是存在一个小的偏离量，从而形成了一种位移激励。经分析，在齿轮传动系统的加工和安装过程中主要存在轮轴位置误差、齿轮构件几何偏心误差、齿形误差、质量偏心误差等，以下对这些因素进行分析并建立其数学模型。

1）轮轴位置误差

如图 2-3 所示，以被动轮为例，设被动轮轴沿两个坐标轴的位置误差依次为 Δx_2 和 Δy_2，将其投影到啮合线方向，可得由此误差形成的啮合线方向上的当量误差 δ_2^A 为

$$\delta_2^A = \Delta x_2 \sin\alpha - \Delta y_2 \cos\alpha \qquad (2\text{-}1)$$

由于主动轮轴位置误差与被动轮相似，其表达式为

$$\delta_1^A = -\Delta x_1 \sin\alpha + \Delta y_1 \cos\alpha \qquad (2\text{-}2)$$

式中，δ_1^A 为由主动轮轴位置误差形成的啮合线方向上的当量啮合误差；Δx_1、Δy_1 分别为主动轮轴沿两个坐标轴的位置误差。

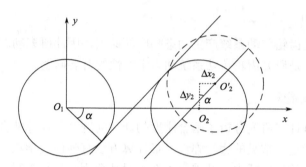

图 2-3　轮轴位置误差示意图

O_2、O_2' 分别为被动轮轴的理想位置和实际位置

2) 齿轮构件几何偏心误差

将构件的几何偏心用极坐标表达为 (E_i, ε_i)。其中，E_i 为矢径，ε_i 为偏心相角。$i = 1, 2$ 依次为主动轮和被动轮。

图 2-4 描述了啮合副的几何偏心误差。其中，O_2 和 O_2' 依次为被动轮的理想位置和实际位置，O_1 和 O_1' 依次为主动轮的理想位置和实际位置。因为齿轮传动系统的几何偏心误差激励为周期变化的啮合力，所以将几何偏心误差向啮合线上投影。由图 2-4 可得

$$\Delta(t) = E_1 \sin(\omega_1 t + \alpha + \varepsilon_1) - E_2 \sin(\omega_2 t + \alpha + \varepsilon_2) \qquad (2\text{-}3)$$

式中，$\Delta(t)$ 为两个齿轮几何偏心误差向啮合线方向上的投影之和；ω_1、ω_2 分别为

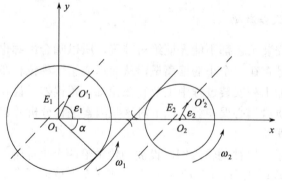

图 2-4　几何偏心误差示意图

输入轴和输出轴的转速；ε_1、ε_2 分别为两个齿轮的偏心初相角。

　　3）齿形误差

　　与几何偏心误差相似，同理能够得到齿形误差在啮合线方向上的投影。将其表达为

$$e(t) = \sum_{l=1}^{R} \overline{e}_l \sin[l(\omega_m + \Gamma) + \phi_l] \qquad (2\text{-}4)$$

式中，Γ 为相角，表示啮合刚度矢量与齿形误差矢量的夹角；$\overline{e}_l$ 为齿形误差第 l 阶谐波的幅值；ω_m 为齿轮副的啮合频率；R 为齿形误差的谐波阶数。

　　4）质量偏心误差

　　令主动轮的质量偏心量为 $(\Delta r_1, \gamma_1)$，其中 Δr_1 为偏心矢径，γ_1 为相对于 x 轴的偏心相角，如图 2-5 所示。

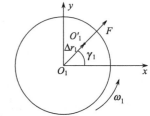

图 2-5　齿轮质量偏心误差示意图

O_1、O_1' 依次为主动轮的理想质心和质量偏心时的实际质心

　　由图 2-5 可知：

$$F_{1x} = \omega_1^2 \Delta r_1 m_1 \cos(\omega_1 t + \gamma_1) \qquad (2\text{-}5)$$

$$F_{1y} = \omega_1^2 \Delta r_1 m_1 \sin(\omega_1 t + \gamma_1) \qquad (2\text{-}6)$$

式中，ω_1 为主动轮的转速；F_{1x}、F_{1y} 分别为主动轮质量偏心产生的惯性力在 x、y 方向上的分量。

　　同理，被动轮质量偏心误差可表示为

$$F_{2x} = \omega_2^2 \Delta r_2 m_2 \cos(\omega_2 t + \gamma_2) \qquad (2\text{-}7)$$

$$F_{2y} = \omega_2^2 \Delta r_2 m_2 \sin(\omega_2 t + \gamma_2) \qquad (2\text{-}8)$$

式中，ω_2 为被动轮的转速；F_{2x}、F_{2y} 分别为被动轮质量偏心产生的惯性力在 x、y 方向上的分量；γ_2 为相对于 x 轴的偏心相角；Δr_2 为偏心矢径。

2.1.3　弹性变形协调条件

　　齿轮传动系统中既有啮合副接触又有轴承支承接触，变形关系复杂，要对其进行弹性动力学分析，必须建立各构件弹性变形间的协调关系。此处分析系统的弹性变形，建立其弹性变形协调关系，并将其表达为数学形式，为后续建立系统的弹性动力学模型提供依据。

　　图 2-6 描述了齿轮副弹性变形时各构件的位置关系。

　　图 2-6 中，实线图形代表构件的理论位置，即系统不发生变形且不存在误差时的位置，虚线图形代表构件工作时的实际位置，即存在变形和误差时的位置。

　　图 2-6 中其他符号含义如下：O 表示齿轮的回转中心，其下角标表示齿轮序号，上角标表示理论位置和实际位置，当回转中心出现误差后，啮合齿的位置也

将发生变化，与两轮相对应分别为 $O_1'A'$ 和 $O_2'B'$；AE 为啮合副综合啮合误差，包含齿形误差等信息；$A'A$、BB' 分别表示由振动所引起的啮合齿位移量；EB 为啮合轮齿相互受力而产生的弹性变形量。

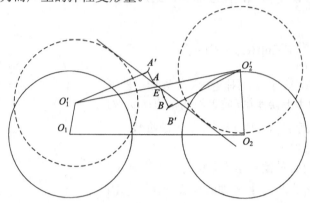

图 2-6　啮合副弹性变形

由于各种变形矢量可以形成一个闭合图形，将其相加便可得到以下方程：

$$\overrightarrow{O_1O_1'} + \overrightarrow{O_1'A} + \overrightarrow{A'A} + \overrightarrow{AE} + \overrightarrow{EB} + \overrightarrow{BB'} + \overrightarrow{B'O_2'} + \overrightarrow{O_2'O_2} + \overrightarrow{O_2O_1} = \mathbf{0} \qquad (2\text{-}9)$$

为了便于分析，再将式 (2-9) 中各变形矢量投影到啮合线方向，可得到该方向上的啮合副弹性变形 EB 的表达式并用 δ 表示：

$$\delta = x_1 \sin\alpha - y_1 \cos\alpha - u_1 - x_2 \sin\alpha + y_2 \cos\alpha - u_2 + e \qquad (2\text{-}10)$$

式中，x_1、x_2 分别为主、被动轮在 x 方向上的弹性变形；y_1、y_2 分别为主、被动轮在 y 方向上的弹性变形；u_1、u_2 分别为主、被动轮在 z 方向上的扭转弹性变形；e 为综合啮合误差；α 为啮合角。

2.1.4　弹性动力学模型

齿轮传动系统弹性动力学模型如图 2-7 所示。设系统各动力学参量(刚度、阻尼等)在 x、y 两个方向上是同性的，根据牛顿运动定律和动量矩定理，结合前述弹性变形协调条件，建立系统的弹性动力学方程。

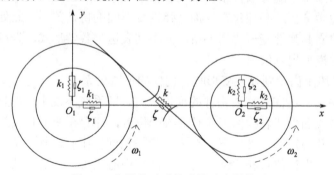

图 2-7　齿轮传动系统弹性动力学模型

$$I_1\ddot\theta_1 = -kr_1[(x_1-x_2)\sin\alpha + (y_1-y_2)\cos\alpha] - \zeta r_1[(\dot x_1-\dot x_2)\sin\alpha + (\dot y_1-\dot y_2)\cos\alpha]$$
$$-kr_1(\theta_1r_1+\theta_2r_2) - \zeta r_1(\dot\theta_1r_1+\dot\theta_2r_2) + T_{in}$$

$$I_2\ddot\theta_2 = -kr_2[(x_1-x_2)\sin\alpha + (y_1-y_2)\cos\alpha] - \zeta r_2[(\dot x_1-\dot x_2)\sin\alpha + (\dot y_1-\dot y_2)\cos\alpha]$$
$$-kr_2(\theta_2r_2+\theta_1r_1) - \zeta r_2(\dot\theta_2r_2+\dot\theta_1r_1) + k_A(-\theta_2+\theta_1)$$

$$m_1\ddot x_1 = -k[(x_1-x_2)\sin\alpha + (y_1-y_2)\cos\alpha]\sin\alpha - \zeta[(\dot x_1-\dot x_2)\sin\alpha + (\dot y_1-\dot y_2)\cos\alpha]\sin\alpha$$
$$-[k(\theta_1r_1+\theta_2r_2)+\zeta(\dot\theta_1r_1+\dot\theta_2r_2)]\sin\alpha - k_1x_1 - \zeta_1\dot x_1$$

$$m_1\ddot y_1 = -k[(x_1-x_2)\sin\alpha + (y_1-y_2)\cos\alpha]\cos\alpha - \zeta[(\dot x_1-\dot x_2)\sin\alpha + (\dot y_1-\dot y_2)\cos\alpha]\cos\alpha$$
$$-[k(\theta_1r_1+\theta_2r_2)+\zeta(\dot\theta_1r_1+\dot\theta_2r_2)]\cos\alpha - k_1y_1 - \zeta_1\dot y_1$$

$$m_2\ddot x_2 = k[(x_1-x_2)\sin\alpha + (y_1-y_2)\cos\alpha]\sin\alpha + \zeta[(\dot x_1-\dot x_2)\sin\alpha + (\dot y_1-\dot y_2)\cos\alpha]\sin\alpha$$
$$+[k(\theta_1r_1+\theta_2r_2)+\zeta(\dot\theta_1r_1+\dot\theta_2r_2)]\sin\alpha - k_2x_2 - \zeta_2\dot x_2$$

$$m_2\ddot y_2 = k[(x_1-x_2)\sin\alpha + (y_1-y_2)\cos\alpha]\cos\alpha + \zeta[(\dot x_1-\dot x_2)\sin\alpha + (\dot y_1-\dot y_2)\cos\alpha]\cos\alpha$$
$$+[k(\theta_1r_1+\theta_2r_2)+\zeta(\dot\theta_1r_1+\dot\theta_2r_2)]\cos\alpha - k_2y_2 - \zeta_2\dot y_2$$

$$(2-11)$$

式中，m、I、T 分别表示质量、转动惯量和力矩；x、y、θ 分别表示沿 x、y 轴的线位移和沿 z 轴的角位移；r 为半径，下角标 1、2 表示主动轮、被动轮；ζ、k 分别为啮合阻尼和啮合刚度；T_{in} 为输入力矩；$\zeta_i(i=1,2)$ 为第 i 个齿轮轴承的阻尼；k_A 为输出轴扭转刚度；$k_i(i=1,2)$ 为第 i 个齿轮轴承的支承刚度。

2.1.5 驱动电机模型

为了能模拟系统在速度和负载变化时的动力学行为，采用三相异步电机作为驱动源，以实现对负载变化的动态响应。图 2-8 为电机机械特性图。其中 n 为电机转速，n_1 为电机同步转速，s 为转差率，s_m 为临界转差率，T_{st} 为启动转矩，T_m 为最大输出转矩。

根据电机机械特性可得

$$T = 2T_m /(s/s_m + s_m/s) \qquad (2-12)$$

式中，$s = 1-n/n_1$。该式表达了输出转矩和电机转速间的关系。

2.1.6 闭环模型

工程实际中，启动、停机、速度变化等均会产生较大的惯性负载，从而影响系统的动力学状态。在模型中引入惯性轮作为惯性负载，以实现对以上工况的模拟分析。另外，引入可变的外负载力矩 T_Z 来实现变载工况动力学分析。

根据电机机械特性，运转过程中，出现动力学参量(如转矩、转速等)变化时，系统会自我反馈修正，因此，该模型是闭环的。系统模型示意图如图 2-9 所示。

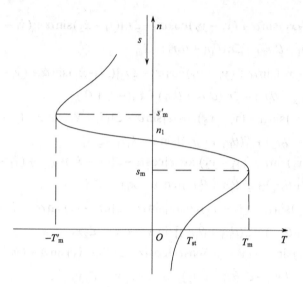

图 2-8　电机机械特性图

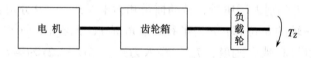

图 2-9　系统模型示意图

令负载轮回转角位移为 θ_l，转动惯量为 I_l，输出轴刚度为 k_A，则负载轮动力学方程为

$$I_l\ddot{\theta}_l = T_Z - k_A(\theta_l - \theta_2) \tag{2-13}$$

式 (2-12) 和式 (2-13) 与式 (2-11) 联立，构成系统弹性动力学模型为

$$I_1\ddot{\theta}_1 = -kr_1[(x_1-x_2)\sin\alpha + (y_1-y_2)\cos\alpha] - \zeta r_1[(\dot{x}_1-\dot{x}_2)\sin\alpha + (\dot{y}_1-\dot{y}_2)\cos\alpha]$$
$$\quad - kr_1(\theta_1 r_1 + \theta_2 r_2) - \zeta r_1(\dot{\theta}_1 r_1 + \dot{\theta}_2 r_2) + T_{in}$$

$$I_2\ddot{\theta}_2 = -kr_2[(x_1-x_2)\sin\alpha + (y_1-y_2)\cos\alpha] - \zeta r_2[(\dot{x}_1-\dot{x}_2)\sin\alpha + (\dot{y}_1-\dot{y}_2)\cos\alpha]$$
$$\quad - kr_2(\theta_2 r_2 + \theta_1 r_1) - \zeta r_2(\dot{\theta}_2 r_2 + \dot{\theta}_1 r_1) + k_A(-\theta_2 + \theta_l)$$

$$m_1\ddot{x}_1 = -k[(x_1-x_2)\sin\alpha + (y_1-y_2)\cos\alpha]\sin\alpha - \zeta[(\dot{x}_1-\dot{x}_2)\sin\alpha + (\dot{y}_1-\dot{y}_2)\cos\alpha]\sin\alpha$$
$$\quad - [k(\theta_1 r_1 + \theta_2 r_2) + \zeta(\dot{\theta}_1 r_1 + \dot{\theta}_2 r_2)]\sin\alpha - k_1 x_1 - \zeta_1 \dot{x}_1$$

$$m_1\ddot{y}_1 = -k[(x_1-x_2)\sin\alpha + (y_1-y_2)\cos\alpha]\cos\alpha - \zeta[(\dot{x}_1-\dot{x}_2)\sin\alpha + (\dot{y}_1-\dot{y}_2)\cos\alpha]\cos\alpha$$
$$\quad - [k(\theta_1 r_1 + \theta_2 r_2) + \zeta(\dot{\theta}_1 r_1 + \dot{\theta}_2 r_2)]\cos\alpha - k_1 y_1 - \zeta_1 \dot{y}_1$$

$$m_2\ddot{x}_2 = k[(x_1-x_2)\sin\alpha + (y_1-y_2)\cos\alpha]\sin\alpha + \zeta[(\dot{x}_1-\dot{x}_2)\sin\alpha + (\dot{y}_1-\dot{y}_2)\cos\alpha]\sin\alpha$$
$$\quad + [k(\theta_1 r_1 + \theta_2 r_2) + \zeta(\dot{\theta}_1 r_1 + \dot{\theta}_2 r_2)]\sin\alpha - k_2 x_2 - \zeta_2 \dot{x}_2$$

$$m_2\ddot{y}_2 = k[(x_1-x_2)\sin\alpha + (y_1-y_2)\cos\alpha]\cos\alpha + \zeta[(\dot{x}_1-\dot{x}_2)\sin\alpha + (\dot{y}_1-\dot{y}_2)\cos\alpha]\cos\alpha$$
$$+[k(\theta_1 r_1 + \theta_2 r_2) + \zeta(\dot{\theta}_1 r_1 + \dot{\theta}_2 r_2)]\cos\alpha - k_2 y_2 - \zeta_2 \dot{y}_2$$

$$T = 2T_m / (s/s_m + s_m/s)$$

$$I_l\ddot{\theta}_l = T_Z - k_A(\theta_l - \theta_2) \tag{2-14}$$

2.2 时变参数动力学模型的离散解析法

由于运转过程中啮合刚度等参数是随时间变化的，所以齿轮传动系统动力学方程为参数时变方程。针对此类方程，欲得到其精确的解析解几乎是不可能的。大多数情况下，人们只能采用一些非线性解法来获取达到一定精度要求的解析解。此类方法中增量谐波平衡法具有代表性。该算法假设微分方程均具有周期解，并将其展开为傅里叶级数形式，再通过比较系数法进行求解。齿轮传动系统运转过程中，啮合刚度的变化往往是瞬间完成的，理论上其系统解析解应为无穷多阶，因此在利用谐波平衡法进行求解时就不得不忽略高阶级数，造成该解法误差较大。此外，当谐波数选择不合适时，该类方法还往往要面对不收敛及计算时间过长等问题。

数值法一般对微分方程直接采用时间积分，其中最为常见的是 Runge-Kutta 法，它能较准确地计算出系统各时间点的位移、速度以及加速度值。该类方法的结果往往用作检验理论分析结论的标准，但同时存在自身局限性，只能计算出系统的离散数值解，不能给出解析解，因而难以直观地反映系统解的全貌，不利于研究者快速准确地了解系统的全局性质和特征。

受啮合刚度等时变参数的影响，齿轮系统动力学模型在数学形式上是变系数线性微分方程组，同时在利用动力学理论解决工程实际时，该类方程应用广泛，具有一定代表性。与常系数线性微分方程组不同，变系数线性微分方程组难以通过代数运算求解。该类方程中，除一些特例具有解析解外，绝大多数不具有精确解析解。因此，为了更直观地反映方程所描述的系统性质，该类方程的解法研究一直是学术界的热点之一。此处通过将变系数离散化的方法，把变系数线性微分方程组转化为常系数线性微分方程组，进一步求出方程在各离散点上的解析解，再逐点递推解出全局数值解。

2.2.1 变系数线性微分方程解法

在数学、力学、物理学和工程技术等多个学科中，变系数线性微分方程组应用非常广泛，地位重要。虽然人们对其通解结构已完全掌握，但却始终未找到相应普适解法。依据线性常微分方程理论，求解变系数方程是十分困难的，除一些已知的特殊方程外，绝大多数变系数方程无法找到解析解。当前，针对变系数线性微分方程组的类解析法主要有两种：级数解法和系数定常化法。其中，级数解法应用较为普遍。但是该方法只能得到某点领域的局域解，同时存在运算繁杂、计算量大、解是无穷级数解或近似解、不利于进行物理分析的缺点。系数定常化法是利用数学变换将变系数方程的系数变成常数。然而，并不是所有的变系数方程都可变换为常系数方程，系数定常化法仅能解决变系数线性常微分方程组中的一小部分问题；即便可以变换，也存在变换种类多样和计算困难的缺点。

2.2.2 离散解析法原理

变系数微分方程及方程组在工程实际中应用广泛，除数值法以外，却没有方便易行的其他的普适解法，给工程计算和分析带来了困难。此处提出了一种新的求解方式，将变系数离散化后再采用解析法求解，简称离散解析法。离散解析法为变系数微分方程的求解提供一种半解析的数值求解方法。

不失一般性，将待求解方程组表达为以下形式

$$\begin{cases} \dot{x}_1 = a_{11}(t)x_1 + a_{12}(t)x_2 + \cdots + a_{1n}(t)x_n + f_1(t) \\ \dot{x}_2 = a_{21}(t)x_1 + a_{22}(t)x_2 + \cdots + a_{2n}(t)x_n + f_2(t) \\ \qquad\qquad \cdots\cdots \\ \dot{x}_n = a_{n1}(t)x_1 + a_{n2}(t)x_2 + \cdots + a_{nn}(t)x_n + f_n(t) \end{cases} \tag{2-15}$$

该式为一阶线性微分方程组，式中，$a_{ij}(t)$，$i,j = 1,2,\cdots,n$；$f_i(t)$，$i = 1,2,\cdots,n$ 是 t 的已知函数，代表变系数信息；$x_i = x_i(t)$，$i = 1,2,\cdots,n$ 是 t 的未知函数。

为表达简便，引入以下矩阵

$$A(t) = \begin{bmatrix} a_{11}(t) & a_{12}(t) & \cdots & a_{1n}(t) \\ a_{21}(t) & a_{22}(t) & \cdots & a_{2n}(t) \\ \vdots & \vdots & & \vdots \\ a_{n1}(t) & a_{n2}(t) & \cdots & a_{nn}(t) \end{bmatrix} \tag{2-16}$$

$$f(t) = \begin{bmatrix} f_1(t) \\ f_2(t) \\ \vdots \\ f_n(t) \end{bmatrix}, \quad X = \begin{bmatrix} x_1 \\ x_2 \\ \vdots \\ x_n \end{bmatrix}, \quad \dot{X} = \begin{bmatrix} \dot{x}_1 \\ \dot{x}_2 \\ \vdots \\ \dot{x}_n \end{bmatrix} \tag{2-17}$$

因此，方程组 (2-15) 可以简化为

$$\dot{X} = A(t)X + f(t) \tag{2-18}$$

当 $f(t) \equiv 0$ 时，方程为齐次线性微分方程组，否则为非齐次线性微分方程组。当 $A(t) = [a_{ij}(t)]$ 中各项全部为常值时，方程组为常系数线性微分方程组，否则为变系数线性微分方程组。针对常系数线性微分方程组，系数矩阵可表示为

$$A = \begin{bmatrix} a_{11} & a_{12} & \cdots & a_{1n} \\ a_{21} & a_{22} & \cdots & a_{2n} \\ \vdots & \vdots & & \vdots \\ a_{n1} & a_{n2} & \cdots & a_{nn} \end{bmatrix} \tag{2-19}$$

$A = [a_{ij}]$，$i, j = 1, 2, \cdots, n$ 是 $n \times n$ 常值矩阵。

根据微分方程理论，对于形如

$$\dot{X}(t) = AX(t) + f(t) \tag{2-20}$$

其常系数线性微分方程组的通解表达式为

$$X(t) = \mathrm{e}^{At} c + \int_{t_0}^{t} \mathrm{e}^{A(t-s)} f(s) \mathrm{d}s \tag{2-21}$$

式中，c 为任意常值向量。方程 (2-20) 满足初始条件 $X(t_0) = X_{0,0}$ 的特解为

$$X(t) = \mathrm{e}^{A(t-t_0)} X_{0,0} + \int_{t_0}^{t} \mathrm{e}^{A(t-s)} f(s) \mathrm{d}s \tag{2-22}$$

当 $A(t)$ 随时间 t 的变化而变化时，式 (2-18) 为变系数线性微分方程组。变系数矩阵的存在，导致式 (2-18) 求解困难。若能将变系数矩阵转化为常系数矩阵，则可根据方程 (2-20) 所给通解形式得到其解析解。

为此，将变系数矩阵 $A(t) = [a_{ij}(t)]$ 离散化为

$$A_0 = A(t_0) = \begin{bmatrix} a_{11}(t_0) & a_{12}(t_0) & \cdots & a_{1n}(t_0) \\ a_{21}(t_0) & a_{22}(t_0) & \cdots & a_{2n}(t_0) \\ \vdots & \vdots & & \vdots \\ a_{n1}(t_0) & a_{n2}(t_0) & \cdots & a_{nn}(t_0) \end{bmatrix}$$

$$A_1 = A(t_1) = \begin{bmatrix} a_{11}(t_1) & a_{12}(t_1) & \cdots & a_{1n}(t_1) \\ a_{21}(t_1) & a_{22}(t_1) & \cdots & a_{2n}(t_1) \\ \vdots & \vdots & & \vdots \\ a_{n1}(t_1) & a_{n2}(t_1) & \cdots & a_{nn}(t_1) \end{bmatrix}$$

$$A_2 = A(t_2) = \begin{bmatrix} a_{11}(t_2) & a_{12}(t_2) & \cdots & a_{1n}(t_2) \\ a_{21}(t_2) & a_{22}(t_2) & \cdots & a_{2n}(t_2) \\ \vdots & \vdots & & \vdots \\ a_{n1}(t_2) & a_{n2}(t_2) & \cdots & a_{nn}(t_2) \end{bmatrix}$$

$$\cdots\cdots$$

$$A_k = A(t_k) = \begin{bmatrix} a_{11}(t_k) & a_{12}(t_k) & \cdots & a_{1n}(t_k) \\ a_{21}(t_k) & a_{22}(t_k) & \cdots & a_{2n}(t_k) \\ \vdots & \vdots & & \vdots \\ a_{n1}(t_k) & a_{n2}(t_k) & \cdots & a_{nn}(t_k) \end{bmatrix} \tag{2-23}$$

从而得到一系列常系数矩阵 A_k，$k = 0, 1, 2, 3, \cdots$。且常系数矩阵 A_k 与离散时刻

点 t_k 一一对应。同样，非齐次项 $f(t)$ 也可离散成与 t_k 时刻点对应的 f_k，$k = 0,1,2,3,\cdots$，如式(2-24)所示。

$$\boldsymbol{f}_0 = \boldsymbol{f}(t_0) = \begin{bmatrix} f_1(t_0) \\ f_2(t_0) \\ \vdots \\ f_n(t_0) \end{bmatrix}, \quad \boldsymbol{f}_1 = \boldsymbol{f}(t_1) = \begin{bmatrix} f_1(t_1) \\ f_2(t_1) \\ \vdots \\ f_n(t_1) \end{bmatrix}, \quad \boldsymbol{f}_2 = \boldsymbol{f}(t_2) = \begin{bmatrix} f_1(t_2) \\ f_2(t_2) \\ \vdots \\ f_n(t_2) \end{bmatrix}, \quad \cdots,$$

$$(2\text{-}24)$$

$$\boldsymbol{f}_k = \boldsymbol{f}(t_k) = \begin{bmatrix} f_1(t_k) \\ f_2(t_k) \\ \vdots \\ f_n(t_k) \end{bmatrix}, \cdots$$

这样，前述变系数线性微分方程组(2-18)被离散成与各个 t_k 时刻点对应的常系数线性微分方程组形式：

$$\dot{\boldsymbol{X}}_0 = \boldsymbol{A}_0 \boldsymbol{X}_0 + \boldsymbol{f}_0$$
$$\dot{\boldsymbol{X}}_1 = \boldsymbol{A}_1 \boldsymbol{X}_1 + \boldsymbol{f}_1$$
$$\dot{\boldsymbol{X}}_2 = \boldsymbol{A}_2 \boldsymbol{X}_2 + \boldsymbol{f}_2$$
$$\cdots\cdots$$
$$\dot{\boldsymbol{X}}_k = \boldsymbol{A}_k \boldsymbol{X}_k + \boldsymbol{f}_k$$
$$\cdots\cdots$$

$$(2\text{-}25)$$

由式(2-22)，可得微分方程组(2-25)有如下形式的解析解：

$$\boldsymbol{X}_0 = \mathrm{e}^{\boldsymbol{A}_0 t} \boldsymbol{c}_0 + \int_{t_0}^{t} \mathrm{e}^{\boldsymbol{A}_0 (t-s)} \boldsymbol{f}_0 \mathrm{d}s$$

$$\boldsymbol{X}_1 = \mathrm{e}^{\boldsymbol{A}_1 t} \boldsymbol{c}_1 + \int_{t_0}^{t} \mathrm{e}^{\boldsymbol{A}_1 (t-s)} \boldsymbol{f}_1 \mathrm{d}s$$

$$\boldsymbol{X}_2 = \mathrm{e}^{\boldsymbol{A}_2 t} \boldsymbol{c}_2 + \int_{t_0}^{t} \mathrm{e}^{\boldsymbol{A}_2 (t-s)} \boldsymbol{f}_2 \mathrm{d}s$$

$$\cdots\cdots$$

$$\boldsymbol{X}_k = \mathrm{e}^{\boldsymbol{A}_k t} \boldsymbol{c}_k + \int_{t_0}^{t} \mathrm{e}^{\boldsymbol{A}_k (t-s)} \boldsymbol{f}_k \mathrm{d}s$$

$$\cdots\cdots$$

$$(2\text{-}26)$$

式中，$\boldsymbol{X}_0, \boldsymbol{X}_1, \boldsymbol{X}_2, \cdots, \boldsymbol{X}_k, \cdots$ 为与时刻点 $t_0, t_1, t_2, \cdots, t_k, \cdots$ 相对应的通解，在满足初始条件 $\boldsymbol{X}(t_0) = \boldsymbol{X}_{0,0}$ 时，$\boldsymbol{X}_0$ 的特解为

$$\boldsymbol{X}_0 = \mathrm{e}^{\boldsymbol{A}_0 (t-t_0)} \boldsymbol{X}_{0,0} + \int_{t_0}^{t} \mathrm{e}^{\boldsymbol{A}_0 (t-s)} \boldsymbol{f}_0 \mathrm{d}s \qquad (2\text{-}27)$$

显然，当 $t = t_0$ 时，式(2-27)可得 $\boldsymbol{X}_0(t_0)$ 在该时刻的解为 $\boldsymbol{X}(t_0) = \boldsymbol{X}_{0,0}$。根据系统因果关系，把 t_0 时刻的方程的解作为 t_1 时刻初始条件，代入方程便可得到在 t_1 时

刻的特解为

$$X_1 = e^{A_1(t-t_0)} X_{0,0} + \int_{t_0}^{t} e^{A_1(t-s)} f_1 ds \qquad (2-28)$$

将 $t = t_1$ 代入式 (2-28) 得 $X_1(t_1) = X_{1,1}$，即在 t_1 时刻的数值解为 $X_{1,1}$。以此类推，只需把 t_{k-1} 时刻的结果 $X_{k-1,k-1}$ 作为初始条件代入与 t_k 时刻相对应的通解表达式中，便可得到 t_k 时刻的特解，从而也就得到了各点的特解间的递推公式为

$$X_k = e^{A_k(t-t_{k-1})} X_{k-1,k-1} + \int_{t_{k-1}}^{t} e^{A_k(t-s)} f_k ds , \qquad k = 1,2,3,\cdots \qquad (2-29)$$

显然，只需将 t_k 代入式 (2-29) 便可得到该点数值解 $X_{k,k}$。

因此通过式 (2-29) 即可求出与各时刻点 $t_0, t_1, t_2, \cdots, t_k, \cdots$ 相对应的数值解序列 $X_{0,0}, X_{1,1}, X_{2,2}, \cdots, X_{k,k}, \cdots$。

综上所述，通过把时变系数进行离散，能够较为方便地求得各时刻点对应的解析解。既方便了分析系统在各时刻点上的运动规律和系统参数与运动特性的关系，还可通过改变参数值来达到系统控制分析的目的。

2.2.3 离散解析法求解过程

2.2.2 节重点分析了变系数线性微分方程离散解析法的原理，这里对其具体步骤进行总结。

(1) 确定时变系数的离散时间点，等间隔离散或不等间隔离散均可；

(2) 把各离散点值代入系数函数 (若有非齐次项，也需代入)，得到常系数 (及非齐次项) 序列，再将此序列代入原方程或方程组，将其转化为一系列常系数线性微分方程或方程组；

(3) 根据常系数线性微分方程组的理论求解离散后的方程或方程组的解析解，得到各离散点上的通解；

(4) 把初始条件代入第一个离散方程得到第一个特解，将时刻值代入特解表达式得到该点数值解；把该结果作为下一时刻的初始条件，解得下一个点的特解，把时刻值代入特解得相应数值解；依此类推，逐点解得方程的数值解序列。

2.2.4 改进的离散解析法

为了验证离散解析法的有效性，以四阶 Runge-Kutta 法为参照，用两者求解典型方程进行对照分析。结果表明，步长相同时，在计算精度方面，离散解析法存在一定差距。为了提高计算精度，需对其进行改进。

在前面的离散解析法中，各离散点上的常系数线性微分方程组是通过对变系数的离散得到的，且下一系统以上一系统的解为初值，所以初值的精度将直接影响计算精度。初值越准确，得到的结果精度就越高。在递推公式 (2-29) 中仅利用

了前一个系统 X_{k-1} 在前一个时刻点 t_{k-1} 的信息，没有用到前一个系统 X_{k-1} 在时刻点 t_k 的信息，以及后一系统 X_{k+1} 在时刻点 t_k 的信息，所利用的信息量较少。因此为了更好地综合利用各离散系统的信息，需把前一系统 X_{k-1} 在时刻点 t_k 的信息，以及后一系统 X_{k+1} 在时刻点 t_k 的信息加以综合利用，确定初始值。

根据以上分析，对前、后两个系统的信息进行平均，用此结果作为初值，即

$$X'_{k,k} = \frac{X_{k-1,k} + X_{k,k} + X_{k+1,k}}{3} \tag{2-30}$$

式中，$X_{k,k}$ 为第 k 点离散系统在时刻点 t_k 的值；$X_{k-1,k}$ 为第 $k-1$ 点离散系统在时刻点 t_k 的值；$X_{k+1,k}$ 为第 $k+1$ 点离散系统在时刻点 t_k 的值。

不难看出，仅根据系统的初始条件和式(2-30)是难以求出 $X_{k+1,k}$ 的，所以为了首次求得 $X_{k+1,k}$，需先以计算结果：

$$\frac{X_{k-1,k} + X_{k,k}}{2} \tag{2-31}$$

为初值代入系统 X_{k+1} 求得特解，再得到 t_k 时的值，然后将其代入式(2-30)求得 $X'_{k,k}$。

为减少误差，再次将 $X_{k,k}$ 作为初值代入系统 X_{k+1} 解得 t_k 时的特解 $X_{k+1,k}$，将 $X_{k,k}$ 重复代入式(2-30)得到新的 $X'_{k,k}$。

2.2.5 算法对比与分析

采用实例计算的方法将改进的离散解析法与四阶 Runge-Kutta 法进行了比较分析，以验证其改进效果。结果表明，改进的离散解析法有效降低了计算误差，计算精度高于后者。考虑到对比分析中需知道各算法的误差，所选算例均有解析解，即解的真值是可知的。

【算例 1】

$$\dot{X}(t) = A(t)X(t) + f(t) \tag{2-32}$$

式中

$$\dot{X}(t) = \begin{bmatrix} \dot{x}_1(t) \\ \dot{x}_2(t) \end{bmatrix}, \quad A(t) = \begin{bmatrix} \dfrac{1}{t} & \dfrac{1}{t} \\ \dfrac{2}{t} & \dfrac{1}{t} \end{bmatrix}, \quad X(t) = \begin{bmatrix} x_1(t) \\ x_2(t) \end{bmatrix}, \quad f(t) = \begin{bmatrix} \dfrac{t^2}{2} \\ 3 - t^2 + \dfrac{1}{t} \end{bmatrix}$$

不难导出式(2-32)有通解：

$$x_1(t) = c_1 t^{1+\sqrt{2}} + c_2 t^{1-\sqrt{2}} - \frac{3}{2}t - 1$$

$$x_2(t) = \sqrt{2}c_1 t^{1+\sqrt{2}} - \sqrt{2}c_2 t^{1-\sqrt{2}} - \frac{t^3}{2} + 1$$

设原式的初始条件为 $\boldsymbol{X}(t=1) = \begin{bmatrix} \dfrac{3}{2} \\ \dfrac{1}{2} \end{bmatrix}$, 则可得相应特解为

$$x_1(t) = 2t^{1+\sqrt{2}} + 2t^{1-\sqrt{2}} - \frac{3}{2}t - 1$$

$$x_2(t) = 2\sqrt{2}t^{1+\sqrt{2}} - 2\sqrt{2}t^{1-\sqrt{2}} - \frac{t^3}{2} + 1$$

$$(2\text{-}33)$$

依次采用解析法、四阶 Runge-Kutta 法、离散解析法和改进的离散解析法对方程(2-33)进行求解。图 2-10 为步长 $h = 0.5$ 时的计算结果。

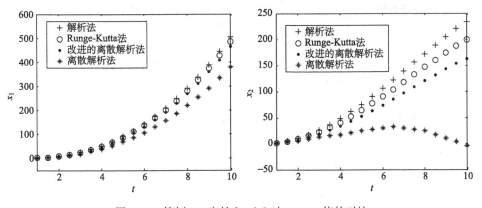

图 2-10　算例 1, 步长 $h = 0.5$ 时 x_1、x_2 值的对比

由图 2-10 可见, 改进的离散解析法显著提高了计算精度, 其结果比离散解析法更逼近解析解, 说明了改进的离散解析法的有效性。将三种算法与解析解相比可得到各自的误差曲线, 如图 2-11 所示。图 2-11 中改进的离散解析法的误差明显比离散解析法的误差要小, 但与四阶 Runge-Kutta 法相比还存在一定差距。考虑到计算步长可能是影响因素之一, 又采用步长 $h = 0.8$ 进行了验证计算, 计算结果和误差曲线分别为图 2-12 和图 2-13; 由图可见, 此时改进的离散解析法的计算结果不仅比离散解析法准确, 而且比四阶 Runge-Kutta 法的计算结果更接近解析解。误差曲线图同样说明改进的离散解析法效果非常明显。

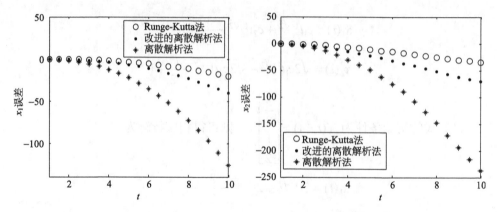

图 2-11　算例 1，步长 $h=0.5$ 时三种计算方法的误差曲线

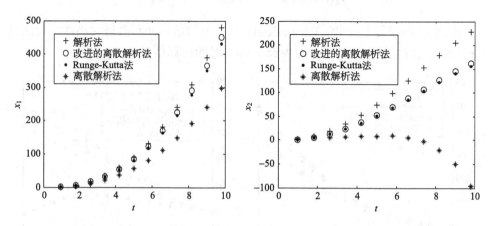

图 2-12　算例 1，步长 $h=0.8$ 时 x_1、x_2 值的对比

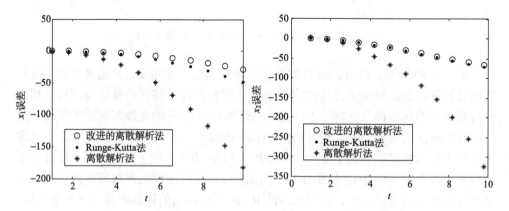

图 2-13　算例 1，步长 $h=0.8$ 时三种计算方法的误差曲线

【算例2】设变系数非齐次线性微分方程

$$\ddot{x} + \frac{2}{t}\dot{x} + x = \frac{1}{t}\cos t \tag{2-34}$$

的初始条件为 $x\left(t=\dfrac{\pi}{2}\right)=\dfrac{1}{2}$，$\dot{x}\left(t=\dfrac{\pi}{2}\right)=0$，则可得到其通解为

$$x = \frac{\sin t}{2} - \frac{c_1}{t}\cos t + \frac{c_2}{t}\sin t \tag{2-35}$$

特解为

$$x = \frac{\sin t}{2} \tag{2-36}$$

依次采用前述算法对方程(2-34)进行计算。当步长为 $h=0.5$ 时，计算结果及误差曲线如图 2-14 所示，由图可见，在几种算法中，改进的离散解析法的计算精度最好，其误差明显比离散解析法以及四阶 Runge-Kutta 法小。与算例 1 相同，算例 2 同样采用了步长 $h=0.8$ 进行计算，结果如图 2-15 所示，该图同样说明改进的离散解析法比其他算法更为精确。

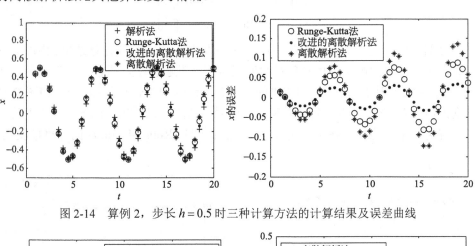

图 2-14　算例 2，步长 $h=0.5$ 时三种计算方法的计算结果及误差曲线

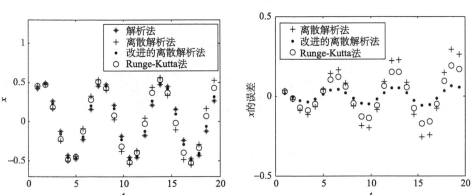

图 2-15　算例 2，步长 $h=0.8$ 时三种计算方法的计算结果及误差曲线

以上算例均为非齐次方程，为了更为全面地进行验证分析，下面以两个齐次方程为例，将改进的离散解析法与离散解析法以及四阶 Runge-Kutta 法进行对比。

【算例 3】设系数周期时变方程如下：

$$\dot{\boldsymbol{X}}(t) = \boldsymbol{A}(t)\boldsymbol{X}(t) \tag{2-37}$$

式中

$$\dot{\boldsymbol{X}}(t) = \begin{bmatrix} \dot{x}_1(t) \\ \dot{x}_2(t) \end{bmatrix}, \quad \boldsymbol{A}(t) = \begin{bmatrix} \cos^2 t & \sin t \cos t - 1 \\ 1 + \sin t \cos t & \sin^2 t \end{bmatrix}, \quad \boldsymbol{X} = \begin{bmatrix} x_1(t) \\ x_2(t) \end{bmatrix}$$

初始条件为 $\boldsymbol{X}(t=0) = \begin{bmatrix} 1 \\ 1 \end{bmatrix}$，不难导出其通解为

$$\begin{bmatrix} x_1 \\ x_2 \end{bmatrix} = \begin{bmatrix} \mathrm{e}^t \cos t & -\sin t \\ \mathrm{e}^t \sin t & \cos t \end{bmatrix} \begin{bmatrix} c_1 \\ c_2 \end{bmatrix} \tag{2-38}$$

式中，c_1、c_2 是任意常数。

满足初始条件的特解为

$$\begin{bmatrix} x_1 \\ x_2 \end{bmatrix} = \begin{bmatrix} \mathrm{e}^t \cos t & -\sin t \\ \mathrm{e}^t \sin t & \cos t \end{bmatrix} \begin{bmatrix} 1 \\ 1 \end{bmatrix} \tag{2-39}$$

分别采用上述三种方法求解，图 2-16 为步长 $h = 0.5$ 时的计算结果。由图 2-16 可见，改进的离散解析法的计算精度明显优于离散解析法，更接近于解析解。图 2-17 为误差曲线图，同样表明改进的离散解析法的误差较小。图 2-18 和图 2-19 分别为步长 $h = 0.8$ 时的计算结果和误差曲线，从图可以看出，在该步长下改进的离散解析法不但比离散解析法精度高，而且比四阶 Runge-Kutta 法的计算精度高。

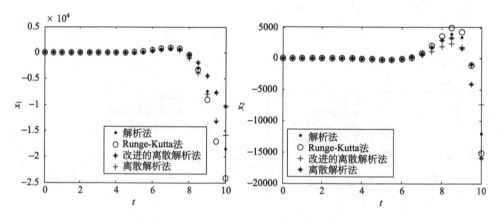

图 2-16　算例 3，步长 $h = 0.5$ 时 x_1、x_2 值的对比

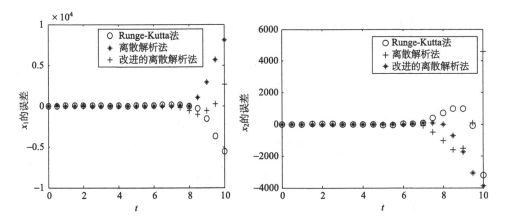

图 2-17　算例 3，步长 $h = 0.5$ 时三种计算方法的误差曲线

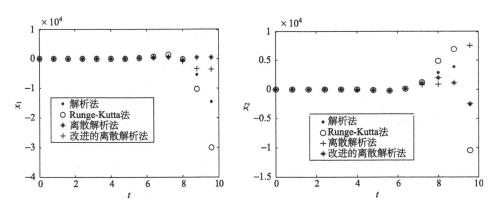

图 2-18　算例 3，步长 $h = 0.8$ 时 x_1、x_2 值的对比

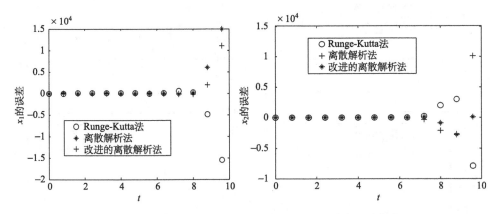

图 2-19　算例 3，步长 $h = 0.8$ 时三种计算方法的误差曲线

【算例4】 将式(2-38)的系数改变为以下形式:

$$A(t) = \begin{bmatrix} \dfrac{1}{t} & t \\ -\dfrac{1}{t^3} & -\dfrac{1}{t} \end{bmatrix} \tag{2-40}$$

则方程组由周期时变方程变为非周期时变方程,其通解为

$$\begin{bmatrix} x_1 \\ x_2 \end{bmatrix} = \begin{bmatrix} t\cos(\ln|t|) & t\sin(\ln|t|) \\ \dfrac{1}{t}\cos(\ln|t|) & -\dfrac{1}{t}\sin(\ln|t|) \end{bmatrix}\begin{bmatrix} c_1 \\ c_2 \end{bmatrix} \tag{2-41}$$

式中,c_1、c_2 是任意常数。

满足初始条件 $X(t=1) = \begin{bmatrix} 1 \\ 1 \end{bmatrix}$ 的特解为

$$\begin{bmatrix} x_1 \\ x_2 \end{bmatrix} = \begin{bmatrix} t\cos(\ln|t|) & t\sin(\ln|t|) \\ \dfrac{1}{t}\cos(\ln|t|) & -\dfrac{1}{t}\sin(\ln|t|) \end{bmatrix}\begin{bmatrix} 1 \\ 1 \end{bmatrix} \tag{2-42}$$

对算例4进行求解时,同样采用了前述两种步长。图2-20～图2-23分别为不同步长下的计算结果和误差曲线。由图2-20～图2-23可知,改进的离散解析法效

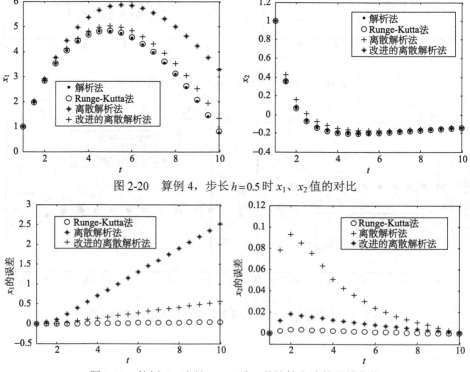

图2-20　算例4,步长 $h=0.5$ 时 x_1、x_2 值的对比

图2-21　算例4,步长 $h=0.5$ 时三种计算方法的误差曲线

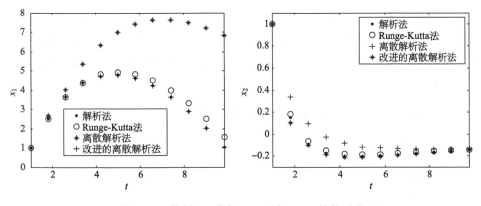

图 2-22　算例 4，步长 $h=0.8$ 时 x_1、x_2 值的对比

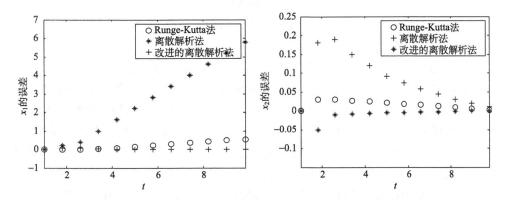

图 2-23　算例 4，步长 $h=0.8$ 时三种计算方法的误差曲线

果明显优于离散解析法，且在步长较大时改进的离散解析法的计算精度比四阶 Runge-Kutta 法好。

算例 1～算例 4 分别采用时变周期非齐次方程、非时变周期非齐次方程、时变周期齐次方程和非时变周期齐次方程对改进的离散解析法的效果进行了验证分析。结果表明，改进的离散解析法与离散解析法相比，改进的离散解析法增加利用了邻近离散点信息，提高了计算准确性，说明了改进的离散解析法的有效性。

2.3　非平稳故障箱体动力学分析

2.1 节建立了齿轮箱系统的动力学模型，但工程实际中由于存在不确定因素及系统非线性等因素的影响，常常使得所求数值解与实际工况相去甚远。因此，在工程实际中，通常不直接求解运动微分方程，而是利用运动微分方程对零部件故障与箱体振动信号之间的关系进行定性分析，从而确定相应的信号分析与处理的方法。

本节通过对齿轮、轴承和轴的典型故障进行故障机理及动力特性分析，研究零部件的常见失效形式及其故障特征，建立典型故障的力学模型，从理论上分析典型故障与动态激励之间的关系，为信号处理与故障特征参量的提取提供理论依据。

2.3.1 变速变载工况下齿轮故障动力特性分析

1. 齿轮啮合力分析

1）运动参量

啮合角频率 ω_g：

$$\omega_g = 2\pi z_i n_i(t) / 60 \tag{2-43}$$

式中，z_i 为齿轮的齿数；$n_i(t)$ 为齿轮所在轴的瞬时转速，r/min。

2）齿轮瞬时啮合力分析

齿轮箱是一种参量激励的非线性系统，在轮齿瞬时啮合过程中，因啮合齿数和啮合点的变化导致啮合综合刚度随时间周期变化，这种非线性、时变参量引起齿轮轮齿啮合力周期变化，使啮合力成为齿轮箱内部的动态激励；同时，由于所研究的齿轮箱工作于变速变载工况下，当转速变化时，加速度会产生瞬时激励力；当转矩变化时，作用于齿轮啮合处也会产生一个激励，因此当齿轮箱工作于变速变载工况下时，其内部的动态激励更加复杂。

一对齿轮啮合时，啮合力可分为两部分，一部分是作用于齿面法向的静载荷，另一部分是与齿轮副合成齿轮误差及与轮齿刚度成正比的动载荷 $F(t)$。变速变载工况下齿轮箱内部齿轮啮合时的动载荷的变化更加复杂。直齿轮轮齿刚度在单齿啮合和双齿啮合的情况下差别很大，几乎是矩形周期函数，它以啮合周期 T_z 为周期。因此齿轮的啮合力也是以 T_z 为周期变化的。图 2-24 是直齿轮啮合时啮合刚度的变化。

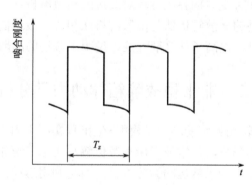

图 2-24　直齿轮啮合刚度变化示意图

变刚度特性决定了齿轮振动的周期性特点，因而齿轮振动包含啮合频率及啮合频率的倍频分量，特别适宜采用级数分析方法进行研究。将齿轮瞬时啮合力展开为傅里叶级数：

$$f_G(t) = \sum_{m=1}^{\infty} F_m \sin\left[2\pi m f_z(t)t + \theta_m\right] \tag{2-44}$$

式中，$f_z(t) = Z f_s(t)$ 为齿轮啮合频率，Z 为齿轮齿数，$f_s(t)$ 为齿轮轴转频，由于研究的是变速变载齿轮箱，因此 $f_s(t)$ 是一个瞬时量；F_m 为第 m 阶啮合频率的啮合力幅值；θ_m 为第 m 阶啮合频率啮合力的初相位。

齿轮啮合力 $f_G(t)$ 中既包含齿轮正常啮合时产生的啮合力，也包含由于变速变载而产生的瞬时啮合力。$f_G(t)$ 一方面通过本级轴的轴承传递到箱体上，另一方面通过啮合力传递到其他轴上，再通过该轴上的轴承传递到箱体上，如图 2-25 所示。

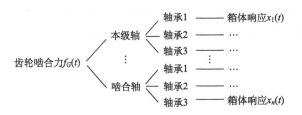

图 2-25 齿轮啮合力传递路径示意图

知道齿轮的瞬时啮合力 $f_G(t)$ 后，就可以求出相应的 $F(\omega)$，根据上述建立的传递模型，就可以得到箱体的振动响应 $X(\omega)$。

2. 齿轮故障时箱体的振动响应

当齿轮存在制造与安装误差、齿根疲劳裂纹、齿面剥落、断齿、点蚀、擦伤等局部故障时，会导致以齿轮轴的回转周期为特征的啮合力变化，从而使啮合力产生幅值调制和相位调制。同时，由于所研究的齿轮箱工作于变速变载工况下，也增加了幅值及相位调制的复杂性。

在一对齿轮啮合过程中，其啮合频率及其各次谐波可以看作一个高频振荡，即把它看作载波。而在每周呈现一次或二次的振动信号，如齿面上的点蚀、剥落所引起的振动信号可视为缓变信号，即调制信号。两种信号同时出现时，就会产生调制效应。调制效应从数学的观点上看，是两个函数（信号）的相乘，而在频域中则表现为两个函数的卷积。在频谱图中，两频线间的间隔为其调制信号的频率，这是非常有价值的诊断信号，找出调制信号的频率即可判断故障所在。

设齿轮存在单齿局部故障，则齿轮每旋转一周，啮合力发生一次明显的突变，表现为啮合力受到周期函数的调制，故式 (2-44) 可写为

$$f_G(t) = \sum_{m=1}^{\infty} F_m \left[1 + a'_m(t) \right] \sin \left[2\pi m f_z(t)t + \theta_m \right] \tag{2-45}$$

式中，$a'_m(t)$ 为对第 m 阶啮合频率啮合力的幅值调制函数。

相应地，由故障齿轮啮合力引起幅值调制的箱体振动响应信号为

$$x_p(t) = \sum_{m=1}^{M} X_m \left[1 + a_m(t) \right] \sin \left[2\pi m f_z(t)t + \varphi_m \right] \tag{2-46}$$

式中，$a_m(t)$ 为对第 m 阶啮合频率谐波分量的幅值调制函数，且

$$a_m(t) = \sum_{n=1}^{N} A_{mn} \cos \left[2\pi n f_s(t)t + \alpha_{mn} \right] \tag{2-47}$$

式中，A_{mn} 为调制指数，即幅值调制函数的第 n 阶分量的幅值；α_{mn} 为幅值调制函数的第 n 阶分量的初相位。

另外，由于啮合力的突变以及变速变载的影响，齿轮每转一周，响应信号也会发生一次相位滞后，表现为箱体振动响应信号的相位受到周期函数的调制，故式 (2-47) 进一步改写为

$$x_p(t) = \sum_{m=1}^{M} X_m \left[1 + a_m(t) \right] \sin \left[2\pi m f_z(t)t + \varphi_m + b_m(t) \right] \tag{2-48}$$

式中，$b_m(t)$ 为对第 m 阶啮合频率谐波分量的相位调制函数，且

$$b_m(t) = \sum_{n=1}^{N} B_{mn} \sin \left[2\pi n f_s(t)t + \beta_{mn} \right] \tag{2-49}$$

式中，B_{mn} 为调制指数，即相位调制函数的第 n 阶分量的幅值；β_{mn} 为相位调制函数的第 n 阶分量的初相位。

如果某齿轮上有一个齿存在局部缺陷（齿轮裂纹或齿面磨损），则该齿啮合时所产生的啮合力就会比其他正常齿啮合时产生的啮合力大得多，即齿轮每旋转一周，啮合力的波形会有一个附加脉冲。从这个周期性的脉冲激励即可判断出该齿轮的工作状态，具体表现为啮合力受到周期函数的调制，可用式 (2-50) 表示为

$$f_5(t) = \sum_{m=1}^{\infty} F_m \left[1 + a'_m(t) \right] \sin \left(m\omega_g t + \theta_m \right) \tag{2-50}$$

式中，$a'_m(t)$ 为对第 m 阶啮合频率啮合力的幅值调制函数。

幅值调制相当于两个信号在时域上相乘，在频域上求卷积，单一频率的幅值调制如图 2-26 所示。

调制后啮合力为

$$f_5(t) = X\left[1 + A\cos\left(\omega_g t + \alpha\right)\right]\sin\left(\omega_g t + \varphi\right)$$

$$= X\sin\left(\omega_g t + \varphi\right) + \frac{1}{2}XA\sin\left[\left(\omega_g + \omega_s\right)t + \varphi + \alpha\right] \tag{2-51}$$

$$+ \frac{1}{2}XA\sin\left[2\pi\left(\omega_g - \omega_s\right)t + \varphi - \alpha\right]$$

其频域可表示为

$$\left|F_5(\omega)\right| = X\delta\left(\omega - \omega_g\right) + \frac{1}{2}XA\delta\left(\omega - \omega_g - \omega_s\right) + \frac{1}{2}XA\delta\left(\omega - \omega_g + \omega_s\right) \tag{2-52}$$

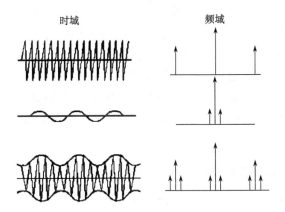

图 2-26　单一频率的幅值调制

信号经调制后，在原来啮合频率的基础上叠加了一对分量，它们以 ω_g 为中心、以 ω_s 为间距对称分布于两侧，所以称为边频带。

齿轮啮合力调幅前的总能量为 $X^2/2$，调幅后的总能量为

$$\frac{1}{2}\left[X^2 + \left(\frac{1}{2}XA\right)^2 + \left(\frac{1}{2}XA\right)^2\right] = \frac{1}{2}X^2\left(1 + \frac{1}{2}A^2\right) \tag{2-53}$$

显然，调幅作用使信号能量增加了 $A^2X^2/4$，它恰好反映了齿轮故障的程度；边频带的间距可给故障定位，确定故障所在齿轮副。实际齿轮啮合力、载波信号和调制信号都不是单一频率的，而一般为周期函数。调幅效果近似于一组频率间隔较大的脉冲函数和一组频率间隔较小的脉冲函数的卷积，从而在频谱上形成若干组围绕啮合频率及其倍频两侧的边频带，如图 2-27 所示。

此外，由于调幅效应与调相效应同时存在，边频成分相互叠加，由于边频成分具有不同的相位，叠加后有的边频值增加，有的反而下降，频谱图中的边频成分不会如此规则和对称。由于所研究的对象是变速变载工况下齿轮箱的故障诊断，其运行工况比稳态条件下要复杂得多，其在频谱图上的边频带分布与图 2-27 相比，规律性要差得多。

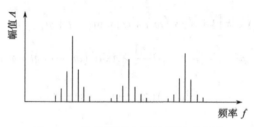

图 2-27　齿轮频谱上的边频带示意图

综上所述，稳态条件下故障齿轮的激励信号往往表现为回转频率对啮合频率及其倍频的调制，在谱图上形成以啮合频率为中心、两个等间隔分布的边频带。由于研究对象是变速变载工况下齿轮箱的振动信号，调频和调幅不仅共同存在，而且由于转速和转矩的变化，测得的振动信号要比稳态条件下复杂得多。在各种瞬时力的共同作用下，最后形成的频谱表现为以啮合频率及其各次谐波为中心的一系列边频带群，但是，由于转速的波动会造成谱线的不断移动，从而会产生"频率模糊"现象，仅仅依靠传统的稳态信号处理方法难以有效地进行诊断。

2.3.2　轴承故障引起的箱体振动分析

当齿轮箱工作时，轴承处在动载荷的作用下。由于变速变载的影响而产生的瞬时激励通过齿轮传递到轴承上，同时由于轴的回转和滚动表面的凸凹不平，在滚动表面产生瞬时激励，并通过轴承外圈对箱体产生动态作用力。轴承对箱体产生的激励由齿轮啮合力和轴承本身在运转过程中产生的动态激励力组成，该激励是一个瞬态力，与齿轮箱的变速变载有直接的关系。

1. 轴承典型故障的特征频率

滚动轴承由内圈、外圈、滚动体和保持架等元件组成。内圈、外圈分别与轴颈及轴承座孔装配在一起。在大多数情况下，外圈不动，而内圈随轴回转。滚动体是滚动轴承的核心元件，它使相对运动表面间的滑动摩擦变为滚动摩擦。滚动体的形式有球形、圆柱形、锥形和鼓形等。滚动体可在内圈、外圈滚道上滚动。

滚动轴承失效形式较多，故障种类有磨损、剥落、压痕、胶合和裂纹等，其中典型故障是由疲劳剥落引起的损伤。从实践中可知，滚动轴承的故障大部分可归结为表面的劣化，进而使振动加剧。这些故障引起的振动特征表现在振动信号中存在着冲击脉冲。在时域中，冲击使信号的均值、方差和高阶矩等发生变化；在频域中，信号高频成分明显增多，信号的能量分布发生变化。如果轴承元件的工作表面有损伤，当滚子通过损伤部位时所产生的冲击会远超过滚子通过其他正常部位时所产生的微弱冲击，冲击脉冲的重复周期与损伤的部位相对应。轴承元件的故障特征频率与故障具体部位、滚动轴承零件几何尺寸、轴承工作转速等因素有关。

下面以单列向心滚珠轴承为例，建立轴承在内圈、外圈或滚动体损伤时的冲击脉冲的重复周期频率表达式。如果不考虑轴承各元件的弹性变形，并认为滚动体与滚道之间为纯滚动，则各故障特征频率如下。

外圈剥落（一点）：

$$f_{\text{outer}} = \frac{z}{2} f_r(t) \left(1 - \frac{d}{D} \cos\alpha \right) \tag{2-54}$$

内圈剥落（一点）：

$$f_{\text{inner}} = \frac{z}{2} f_r(t) \left(1 + \frac{d}{D} \cos\alpha \right) \tag{2-55}$$

滚动体剥落（一点）：

$$f_{\text{roller}} = \frac{D}{2d} f_r(t) \left[1 - \left(\frac{d}{D} \cos\alpha \right)^2 \right] \tag{2-56}$$

保持架碰外圈：

$$f_{\text{case}} = \frac{1}{2} f_r(t) \left(1 - \frac{d}{D} \cos\alpha \right) \tag{2-57}$$

保持架碰内圈：

$$f_{\text{case}} = \frac{1}{2} f_r(t) \left(1 + \frac{d}{D} \cos\alpha \right) \tag{2-58}$$

式中，D 为滚动轴承滚道节径；d 为滚动体直径；α 为接触角；z 为滚动体数目；$f_r(t)$ 为轴的瞬时转速。$f_r(t)$ 是时间的函数，在某一时刻的值难以确定，因此需要对这些特征频率进行处理。

2. 轴承故障引起的箱体振动信号

在齿轮箱工作过程中，滚动轴承的故障产生周期性脉冲力，其作用时间短、形状陡峭。轴承故障产生的周期性脉冲力可以表示为

$$f_{bi}(t) = f_0 \sum_{k=1}^{\infty} \left(t - kT_f \right) \tag{2-59}$$

式中，f_0 为脉冲力的幅值，反映了故障的程度；T_f 为故障特征频率的倒数，反映了脉冲力系列的时间间隔。

根据齿轮的啮合力 $f_{bi}(t)$，可以由前面建立的模型求出相应的 $F(\omega)$，然后，利用 $H(\omega)$，得到箱体的振动响应 $X(\omega)$。

轴承故障产生的周期性激励脉宽非常窄，因而具有十分宽阔的频谱，由低频

一直到数百千赫兹的频谱几乎是等幅度。由于脉冲力是宽带信号，其中必有一部分能量位于压电加速度计的谐振范围内，引起压电加速度计的谐振，表现为对振动信号的幅度和相位调制。

滚动轴承故障产生的周期性脉冲力主要通过如图 2-28 所示的路径传递，脉冲力产生高频共振信号。其中，通过轴传到其他轴承再到箱体的力和直接传到箱体的力相比要小得多。

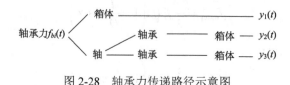

图 2-28　轴承力传递路径示意图

2.3.3　轴故障引起的箱体振动分析

传动轴故障主要表现为轴不平衡和轴不对中。

齿轮箱中轴不平衡的主要原因是轴弯曲，其对轴系的作用力是以轴频为频率的周期振动信号，可以表示为

$$f_{S1}(t) = F_{S1} \cos\left(2\pi f_s t + \theta_{S1}\right) \tag{2-60}$$

式中，F_{S1} 为作用力的幅值；θ_{S1} 为作用力的初相位。

轴不对中主要出现在齿轮箱与其他部件相连接的联轴器部位。轴不对中分为平行不对中和角度不对中。

当轴出现平行不对中时，轴主要受径向交变力的作用，径向力是以 2 倍轴频为频率的周期振动信号，表达式为

$$f_{S2}(t) = \frac{Ke}{4}\left(1 + \cos 4\pi f_s t\right) \tag{2-61}$$

式中，K 为联轴器径向刚度；e 为两轴偏心距。由式（2-61）知，轴每转一周，径向力交变两次。

当轴出现角度不对中时，主要产生轴向振动。激励力表现为以转频为频率的周期交变力：

$$f_{S3}(t) = K_x\left(1 + \cos 2\pi f_s t\right) \tag{2-62}$$

式中，K_x 为轴向激励力幅值。

理论上讲，角度不对中会激起与转速同频的振动，实际上往往会出现轴频的多倍频振动分量，而且角度不对中往往伴随着平行不对中，因此即使是角度不对中，也会如平行不对中，轴频的二倍频振动分量能量较大。

传动轴故障时的激励力 $f_{Si}(t)$ 主要通过该轴上的轴承传递到箱体上，如图 2-29 所示，同时通过啮合轴上的轴承传递到箱体上。

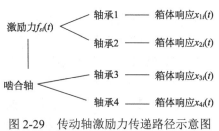

图 2-29　传动轴激励力传递路径示意图

同样，可以根据齿轮箱的动力学模型求得在 $f_{Si}(t)$ 的激励下箱体上某点的振动响应 $x(t)$。

2.3.4　齿轮箱箱体的振动响应信号分析

齿轮箱箱体上的传感器拾取的振动信号是上述各零部件工作时激励的振动信号的叠加。设齿轮箱中有 I 个齿轮、J 个轴承、K 根轴参与工作，则箱体故障振动信号模型为

$$u(t) = \sum_{i=1}^{I} x_{pi}(t) + \sum_{i=1}^{J} y_{pi}(t) + \sum_{i=1}^{K} \left[z_{p1i}(t) + z_{p2i}(t) + z_{p3i}(t) \right] + n(t) \tag{2-63}$$

式中，$x_{pi}(t)$ 为第 i 个齿轮的激励（正常和故障）引起的箱体振动信号；$y_{pi}(t)$ 为第 i 个轴承的激励（正常和故障）引起的箱体振动信号；$z_{p1i}(t)$、$z_{p2i}(t)$ 和 $z_{p3i}(t)$ 分别为第 i 根轴不平衡、平行不对中和角度不对中引起的箱体振动信号；$n(t)$ 为各种误差及外界环境噪声等引起的箱体振动信号。

齿轮箱箱体上的传感器拾取的振动响应信号包含齿轮、轴承、轴在正常和故障情况下的振动信号。通过进一步的信号分析与处理，可以进行信号分离、特征提取，从而进行齿轮箱系统的状态检测与故障诊断。

2.4　基于周期循环平稳理论的非平稳故障诊断原理

齿轮箱在工作过程中，当齿轮箱发生故障时，其非稳态的复杂多激励特性、时变系统特性以及典型故障时振动信号的多成分结构，使得信号分析非常困难。但是，这些信号并不是没有规律可循，从前面的分析中可以看出，当齿轮箱发生故障时，其产生的振动信号大多表现为调制（调幅、调频和调相）形式，这类形式的信号是分析和研究的重点。

2.4.1　随机过程和振动信号的分类

把以时间为参变量的随机函数称为随机过程，随机过程通常分为严平稳随机过程和广义平稳随机过程。由于严平稳随机过程的要求过于严格，在工程实际中，人们常常研究广义平稳随机过程。而在研究平稳随机过程时，根据研究对象和研

究目的的不同，平稳随机过程又可分为各态历经过程和非各态历经过程。各态历经过程是这样定义的：在具备一定的补充条件下，对平稳随机过程的一个样本函数取时间均值，当观察的时间足够长时，将从概率意义上趋近于它的均值，这样的平稳随机过程就是各态历经过程。平稳随机过程的各态历经性有着重要的意义，它使得平稳过程的均值和自相关函数的计算有了实际可能，而在工程实际问题中，人们常常不去验证各态历经过程定义的条件，而是根据过程的实际意义加以判断。

在机械设备故障诊断领域，由于各种机械系统的机构、参数不同以及系统所受的激励不同，系统所产生的振动规律也不相同，具体表现在其振动波形上的差异。根据振动规律的不同，振动信号分为确定振动信号(确定信号)和随机振动信号(随机信号)，随机信号又分为平稳随机信号(平稳信号)和非平稳随机信号(非平稳信号)。图 2-30 显示了振动信号的分类。

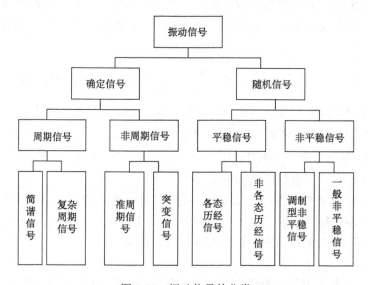

图 2-30　振动信号的分类

2.4.2　齿轮箱加速过程振动信号循环平稳特性分析

许多物理现象由于本身具有周期性，所产生的随机数据的概率模型具有周期变化的时变参数。例如，在大气科学中，由于地球的自转和公转形成了季节，从而具有周期性变化，所观测的数据明显具有周期性；在通信、遥感测量、雷达和声呐中，由于采样、扫描、调制、倍增及编码的处理而有周期性。此外，在社会、经济领域中也可以见到周期性变化的现象。人们把这一类非平稳随机信号称为循环平稳随机信号，其数学描述如下。

若二阶连续非平稳随机信号 $\{x(t), t \in (-\infty, \infty)\}$ 的均值和自相关函数呈现以 T 为周期的周期性，即

$$\begin{cases} m_x(t) = E\left[x(t)\right] = m_x(t+T) \\ R_{xx}(t,u) = E\left[x(t)x^*(u)\right] = R_{xx}(t+T,u+T) \end{cases} \tag{2-64}$$

则称其为周期性平稳的。

在信号处理中，将这种信号视为平稳随机的，并将统计参数函数 $m_x(t)$ 和 $R_{xx}(t,u)$ 简单地表示为一个周期内的平均量，即

$$\begin{cases} \overline{m}_x = \dfrac{1}{T} \int_{-\frac{T}{2}}^{\frac{T}{2}} m_x(t)\mathrm{d}t \\ \overline{R}_{xx}(\tau) = \dfrac{1}{T} \int_{-\frac{T}{2}}^{\frac{T}{2}} R_{xx}(t+\tau,t)\mathrm{d}t \end{cases} \tag{2-65}$$

循环平稳信号作为一类特殊的非平稳信号，其统计参量，如均值和自相关函数等，随时间呈现出周期或多周期的变化规律。对于循环平稳信号的研究始于20世纪50年代，但由于当时缺少有效的分析工具和数学处理手段，所以取得的研究成果寥寥无几。直到20世纪80年代中后期，循环平稳信号的研究才迎来了发展的高潮，并在通信、水文气象、雷达和模式识别等领域取得了一些重要研究成果。在机械设备故障诊断领域中，由于齿轮、皮带、链条、轴、推进器及活塞的转动、旋转与往复运动，观测数据产生周期性的变化。

工程实际中，考虑到齿轮箱自身结构的大多数零部件具有对称或近似对称结构，加上其独特的工作方式，其振动信号必将具有循环平稳特征。不妨设变速箱每次从零转速启动到确定的稳定转速所经历的时间为一个周期 T，当然，从确定的稳定转速到零转速其分析原理是相同的。那么，在外界工况基本不变的条件下，变速箱下一次从零转速启动到确定的稳定转速所经历的时间同样近似为周期 T，基于这种分析，变速箱每次启动时记录下来的振动信号将表现为具有一定的周期性，即振动信号表现为周期循环信号。当然，在齿轮不工作时，其相应的停机滞留时间不在分析的范围内。图 2-31 为变速箱每次启动时的振动信号的理论变化规律示意图。

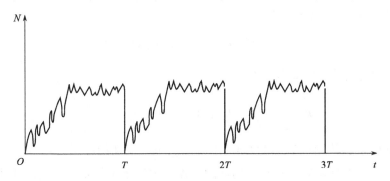

图 2-31　变速箱每次启动时振动信号的理论变化规律示意图

2.4.3　振动信号周期循环平稳特性的数学描述

按照现代随机过程理论，只有在稳态过程的条件下才具有各态历经性。就应用理论而言，只有符合各态历经性的故障诊断理论与方法才具有普遍意义，用于指导解决类似的故障诊断工程实践。否则，在非稳态条件下，理论上是不具有各态历经性的，不具备各态历经条件的诊断特征信号便不能用某个样本的时间统计特性来代替该随机过程的总体统计特性。因而按照这种理论，A 时刻的试验不能代表 B 时刻的试验，在 A 时刻试验中所得到的诊断理论、方法和结论也就不能用到 B 时刻的机械故障诊断实践。如此的故障诊断试验研究也便失去了意义。然而在工程实践中并非完全如此。许多经验证明，在某些试验参数变化过程中所研究得到的故障诊断理论与方法仍然具有普遍意义，并可用于指导该被试机械系统的故障诊断工作。这说明，在特定条件下，某些非稳态信号仍具有各态历经的特性。这就需要进行更深入的研究，探索非稳态条件下故障诊断的规律性，从中找到非稳态条件下其诊断特征信号具有各态历经特征的特定条件及其处理技术，并用它解决故障诊断问题。

由于各类故障发生时所衍生出的冲击、摩擦等因素的作用，齿轮箱的零部件，如轴、齿轮、轴承的振动信号普遍存在调制现象，并且常常以调幅、调频和调相的形式表现出来，而且幅值调制形式是最常见的调制形式。

对于非平稳随机信号 $x(t)$，其时变自相关函数 $R_{xx}(t,\tau)$ 常用 $x(t)$ 的对称延迟积的期望值来定义：

$$R_{xx}(t,\tau) = E\left[x(t+\tau/2)x^*(t-\tau/2) \right] \tag{2-66}$$

若非平稳随机信号 $x(t)$ 的非平稳性仅表现为自相关函数的周期性时间变化，则式 (2-66) 的时变自相关函数也可以表示为

$$R_{xx}(t+\tau/2,t-\tau/2) = R_{xx}(t+T+\tau/2,t+T-\tau/2) \tag{2-67}$$

自相关函数 $R_{xx}(t+\tau/2,t-\tau/2)$ 是两个独立变量 t 和 τ 的函数，且对于每一个 τ 值，$R_{xx}(t+\tau/2,t-\tau/2)$ 在 t 上以 T 为周期。如果这个周期函数的傅里叶级数的表示式收敛，则 $R_{xx}(t,\tau)$ 可以表示为

$$R_{xx}(t+\tau/2,t-\tau/2) = \sum_{\alpha} R_{xx}^{\alpha}(\tau)\mathrm{e}^{\mathrm{j}2\pi\alpha t} \tag{2-68}$$

式中，$R_{xx}^{\alpha}(\tau)$ 为傅里叶系数，有

$$R_{xx}^{\alpha}(\tau) = \frac{1}{T}\int_{\frac{T}{2}}^{\frac{T}{2}} R_{xx}(t+\tau/2,t-\tau/2)\mathrm{e}^{-\mathrm{j}2\pi\alpha t}\mathrm{d}t \tag{2-69}$$

式中，α 取所有基频 $1/T$ 的整数倍。对于只有单一周期的现象，$R_{xx}(t,\tau)$ 的这种模型是合适的。但是，对于具有多周期的现象，上述模型需要广义化，即让 α 取所

有基频的整数倍，则式(2-69)修正为

$$R_{xx}^{\alpha}(\tau) = \lim_{Z \to \infty} \frac{1}{Z} \int_{\frac{Z}{2}}^{\frac{Z}{2}} R_{xx}(t + \tau/2, t - \tau/2) \mathrm{e}^{-\mathrm{j}2\pi\alpha t} \mathrm{d}t \tag{2-70}$$

函数 $R_{xx}(t, \tau)$ 为几乎周期函数，这样的随机过程称为广义周期平稳随机过程。一般来说，对一个非平稳随机过程 $x(t)$，如果存在一个周期频率 α，使式(2-70)所定义的傅里叶系数不恒等于零，则称 $x(t)$ 为周期循环平稳过程。$R_{xx}^{\alpha}(\tau)$ 也称为具有 α 循环频率的循环自相关函数，其傅里叶变换为

$$S_{xx}^{\alpha}(f) = \int R_{xx}^{\alpha}(\tau) \mathrm{e}^{-\mathrm{j}2\pi f \tau} \mathrm{d}\tau \tag{2-71}$$

称为循环功率谱。因此，只要循环自相关函数不恒等于零，则称 $x(t)$ 具有周期平稳特性。

【定理】 随机过程 $x(t)$ 具有非零循环自相关函数的充分必要条件是它存在一个二次时不变的变换，使变换后的随机过程的均值中含有正弦分量。

对一个调幅正弦信号：

$$x(t) = y(t) \cos(2\pi f_0 t) = \frac{1}{2} y(t) \mathrm{e}^{\mathrm{i}2\pi f_0 t} + \frac{1}{2} y(t) \mathrm{e}^{-\mathrm{i}2\pi f_0 t} \tag{2-72}$$

式中，$y(t)$ 为零均值平稳随机过程。所以，非平稳过程 $x(t)$ 的自相关函数为

$$\begin{aligned}
R_{xx}(t + \tau/2, t - \tau/2) &= R_{yy}(\tau) \cos[2\pi f_0(t + \tau/2)] \cos[2\pi f_0(t - \tau/2)] \\
&= 1/2 R_{yy}(\tau)(\cos 2\pi f_0 \tau + \cos 4\pi f_0 \tau)
\end{aligned} \tag{2-73}$$

将式(2-73)代入式(2-70)得

$$\begin{aligned}
R_{xx}^{\alpha}(\tau) &= \lim_{Z \to \infty} \frac{1}{Z} \int_{\frac{Z}{2}}^{\frac{Z}{2}} 1/2 R_{yy}(\tau)(\cos 2\pi f_0 \tau + \cos 4\pi f_0 \tau) \mathrm{e}^{-\mathrm{j}2\pi\alpha t} \mathrm{d}t \\
&= 1/4 R_{yy}(\tau), \quad \alpha = 2f_0
\end{aligned} \tag{2-74}$$

对其进行傅里叶变换得

$$S_{xx}^{\alpha}(f) = 1/4 S_{yy}^{\alpha}(f), \quad \alpha = 2f_0 \tag{2-75}$$

因此，$y(t)$ 乘以一个余弦函数的作用是在频域将其每一个频谱分量由 f 上移到 $f + f_0$ 和下移到 $f - f_0$ 处，这明显地说明以 f 为中心而间隔为 $\alpha = 2f_0$ 的一对频率分量之间存在谱相关，故 $x(t)$ 为周期循环平稳随机过程。

另外，将 $x(t)$ 做平方变换并求其均值，得

$$E\{x(t)^2\} = E\{1/2 y^2(t)[1 + \cos(4\pi f_0 t)]\} = 1/2 R_{yy}(0)[1 + \cos(4\pi f_0 t)] \tag{2-76}$$

由式(2-77)可见，$x(t)$ 经二次时不变变换后的均值含有余弦，而变换前的均值为 0，即

$$E[x(t)] = E[y(t) \cos(2\pi f_0 t)] = m_y \cos(4\pi f_0 t) = 0 \tag{2-77}$$

对于循环平稳过程，如果以一个循环周期内采集的数据为分析对象，即采样时刻为

$$\cdots, t - nT_0, \cdots, t - 2T_0, t - T_0, t, t + T_0, t + 2T_0, \cdots, t + nT_0, \cdots$$

其中，t 为任意值，则这样的采样值显然满足遍历性。

基于上述分析，借助信号的循环平稳特性，对单次振动采样数据进行参数估计和特征识别时，理论上满足分析数据具备周期各态历经的性质，使研究更加贴近于工程实际，为旋转机械非平稳振动信号特征提取和故障诊断奠定了理论基础。

第3章　诊断测试与试验因素影响分析

在机械故障诊断中，只有采用先进有效的试验技术才能使预期的工作状态得以实现、才能充分反映其客观规律性、才能产生所需的设备状态信号。试验工作的任务是根据诊断要求，创造或设定条件，使被诊断的机械系统处于某种需要的工作状态，从而反映其内部客观规律，产生所需要测量的信号。在具体诊断工作中采用何种试验方式，应根据诊断任务需求以及所具备的试验条件和经验来决定。本章主要研究测试对诊断方法、诊断效果和诊断效益的影响，分析机械故障诊断常用的试验方法，对变速变载测试技术尤其是试验技术进行深入分析；采用弹性动力学模型研究典型故障模型在不同转速、负载情况下的信号质量，给出转速、负载对信号质量的影响规律，为齿轮箱非平稳工况故障诊断奠定基础。

3.1　测试对诊断工作的影响

测试包括试验和测量两个方面，在故障诊断的整个实践过程中，它是第一个环节，也是最基础的环节。第一，试验工作的目的是使被试机械系统处于预期的工作状态，充分反映其客观规律性，产生所需的状态信号。第二，测量的任务是准确、有效地获取用于故障诊断的有用状态信号。由此所测取的机械系统状态信号是后续信号分析处理、状态识别和诊断运算的基础。只有采用先进有效的测量技术和测量仪器，才能不失真地测得高信噪比的机械系统状态信号，且使所测得信号中蕴含丰富的状态和故障特征信息。因此，测试对诊断工作的影响不仅是重大的，在某些情况下甚至是决定性的。

3.1.1　测试对诊断方法的影响

诊断方法是指用于完成某项诊断工作所采用的试验技术、信号测量技术、信号分析处理技术和模式识别技术等所形成的总体系统的统称。显然，所采用的测试技术是确定诊断方法的基础和重要组成因素。无论采用何种诊断方法，首先要考虑测量哪些信号，如何产生和测取这些信号。只有这些问题得到较好解决，诊断工作才能顺利进行，否则就必须考虑采用其他弥补措施或采用基于其他测试技术的诊断方法。例如，当进行履带车辆传动系统故障诊断研究时，如果在专用试验台上进行诊断试验，就可以对被试系统施加稳定负载，使其在稳态条件下运转，使诊断工作在较理想的稳态理论基础上进行，易于高质量完成诊断工作；但若不具备专用试验台条件，而必须在原装备不解体条件下进行该项诊断研究，就无法获得稳定负载和稳态运转的条件。使该项诊断研究工作由稳态条件变为非稳态条件。其诊断理论、信号分析技术和模式识别技术都必须符合非稳态的特点。又如，同样采用振动检测法进行齿轮箱故障诊断，在专用试验台或车间机床上测得的振动响应加速度信号的信噪比较高，其信号分析处理就容易获得良好效果；但在履带车辆不解体故障诊断中，由于背景噪声太强，测得的加速度信号的信噪比较差，在后续的信号分析处理中就必须采用有效的信号降噪技术。

3.1.2　测试对诊断效果的影响

机械故障诊断工作是测试、信号分析处理和故障识别运算等多环节的串联系统，只有各个环节都是成功的，才能取得良好的诊断效果。否则，无论哪个环节发生问题，都会影响整个诊断效果。尤其测试是诊断工作的基础性环节，后续的信号分析处理和模式识别运算都要在测得信号的基础上进行，只有试验进行得充分、有效，测得的信号数量、类型足够且质量良好(不失真)，才能使诊断工作达到预期的目的。例如，只有在诊断试验中设置类型足够多的故障状态，在后续的故障模式识别时才能建立起相应的标准故障模式向量并诊断出该类故障。再如，当被测信号动态特性强、频带宽时，若测量仪器或仪器挡位选用不当，造成测量信号失真，在这种失真信号基础上进行故障诊断就有可能造成误诊或漏诊。

3.1.3　测试对诊断效益的影响

在机械故障诊断消耗费用中，测试费用占有很大比例。尤其是在诊断技术研究阶段，测试费用可能会成为关键因素而制约该项诊断工作的进行，特别是对大型、重要设备的故障诊断，可能会因为巨大的故障设置费用而使其故障诊断工作无法开展。这是因为在诊断技术研究阶段，不仅需要对一定数量正常工作状态的机械系统进行测试，以建立正常状态的标准模式，而且需要对重要典型故障的机械系统进行测试，从而建立相应的故障标准模式，且这种故障标准模式建立得越全面、研究工作越深入，其后在使用阶段进行的诊断工作中才会越顺利、越准确。然而，对大型重要设备来说，设置故障或产生相应故障的费用将是巨大的，有些情况下甚至是不可能实现的。例如，美军进行的 OH-58A 直升机主旋翼传动装置故障诊断试验先后进行了 5 组，每组试验耗时 9～15d，共耗资 2200 万美元。像这样规模的试验，一般情况下是很难实现的。在这种情况下，研究先进、有效的测试方法和技术，降低测试费用实乃提高诊断效益的当务之急。

3.2 机械故障诊断试验类型

3.2.1 基于试验台的故障诊断试验

基于试验台的故障诊断试验是将正常或故障的被试机械系统(整机或部件)固定在专用的试验台上,由试验系统对其施加动力或负载,使其按照所设定的规程进行运转工作,产生检测诊断所需要的信号,之后,由测量系统进行信号的测量、记录、显示和分析处理,从而进行被试系统的故障诊断研究。这种试验环境条件好,被试系统的故障设置较易实施,有关工作参数易于调整和控制,其试验规程可以根据试验目的和试验任务制定,试验台系统的有关试验参数也可以根据试验需要进行调控,且系统测试性好、传感器安装方便、背景噪声可以得到有效控制、能得到理想的检测诊断试验效果。先进完善的试验台系统耗资较多(尤其是大功率、高精度试验台),且其技术要求高,对环境要求也较严格,许多单位不具备这样的试验台条件;但为达到较好的机械系统检测诊断目的,常针对具体检测诊断任务要求研制安装简易适用的专用试验台系统。虽然这些简易试验台的试验功能尚不够全面,其功率和精度也可能尚存欠缺,但由于其针对性好,环境条件也优于实际工况条件,仍能得到较好的试验效果,也能解决许多急需处理的检测诊断试验问题。

1. 典型试验台系统的组成

图 3-1 是某类履带车辆传动系统试验台。该试验台用于某类履带车辆的传动箱、变速箱、转向机、侧减速机等部件的状态检测、故障诊断和修理磨合试验。其动力控制单元对驱动电机有关参数进行控制,使之按照试验规程所需的转速和扭矩进行工作。其动力装置是 30kW 直流电机,用以对被试传动系统提供驱动力,使被试机械系统运转工作。扭矩转速传感器及其测量装置用于对试验转速、扭矩等参数进行监测和显示,使试验操作者能及时了解试验状态;该测量信号还可反馈给动力控制单元进行控制操作。摩擦式负载装置在负载控制单元的调控下用于对被试机械系统施加负载,使其在足够的工作载荷条件下运转,以反映被试机械系统真实的性能与故障状态。为适应不同试验的需要,该负载功率可在一定范围内变化,由液压式负载控制系统进行调控实现。定位装置将被试齿轮箱安装固定在试验台上,要求定位准确、轴线对中、与动力和负载装置连接可靠。由于该试验台用于多种齿轮箱试验,因而该定位装置必须能适应不同被试齿轮箱的试验要求,做到对不同被试齿轮箱进行试验时,转换操作方便快速、定位准确、连接可靠。被试齿轮箱的操纵装置用于对被试齿轮箱进行调控操纵,以使其处于预期的工作状态,按照试验规程所要求的挡位和条件进行运转工作,达到试验目的。测量系统对被试传动系统所产生的信号进行测量、显示、记录和分析处理,从而进行故障诊断。

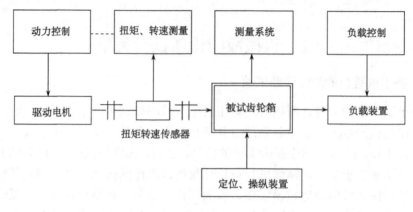

图 3-1 传动系统试验台

2. 故障设置

在台架试验条件下，由于已对机械系统进行必要的拆装分解，仅有被试部分安装在试验台上，其操作性良好，因而便于进行故障设置。常用的故障设置有以下四种方法。

(1)零部件本身故障的设置。

对于零部件本身的故障，如齿轮的齿面磨损、齿根裂纹、轴承的滚珠磨损、滚道裂纹、齿轮轴弯曲等，可通过收集各次维修中拆除报废的零部件，再对其进行进一步的故障处理后得到。若无法收集到足够的报废件，也可利用堪用的零部件或新品进行人工模拟故障处理而得到。例如，在做 NGW-1110 型行星轮系故障诊断研究时，由于该产品零件易于购置，即利用人工模拟的办法，在新购零部件上分别设置了太阳轮齿面磨损(单齿、多齿)、行星轮齿根裂纹/断齿、输入轴轴承内圈/外圈裂纹、输出轴轴承内圈/外圈裂纹等故障。

(2)结构装配类故障的设置。

对于装配类故障，即机械系统各零部件之间由于相对结构装配位置或关系错乱而形成的故障，可通过调整其装配结构的相互配合关系来实现。例如，在做行星轮系故障诊断研究时，即利用装配调整的办法设置驱动电机与行星减速机轴线不对中的故障和输出轴轴承外圈裂纹处于不同安装位置的故障。

(3)设置条件产生故障。

由于在试验台上进行试验时，其试验条件易于控制，也可通过设置较严酷的试验条件来使被试系统产生故障。例如，美军为研究 OH-58A 直升机主旋翼传动装置的故障规律及其诊断技术，花费 2200 万美元，在 NASA 基地的500hp(372.85kW)试验台上进行了为时 57d 的故障试验。该试验作为 NASA 海军/陆军先进的润滑剂联合计划的一个组成部分，共分 5 组进行，通过调控润滑剂促其产生故障，各组试验时间及所发生的故障如表 3-1 所示。

表 3-1　OH-58A 直升机主旋翼传动装置故障试验表

试验组别	试验时间/d	发生的故障
1 组	9	中心齿轮凹痕，螺旋伞齿轮划痕、严重磨损
2 组	9	无
3 组	13	2 号行星轴承内圈裂纹、顶盖裂纹，主轴承细微划痕
4 组	15	3 号行星轴承内圈裂纹，中心齿轮凹痕
5 组	11	中心齿轮裂纹，行星齿轮裂纹，轴承顶盖裂纹

设置严酷条件促使被试系统产生故障的方法在试验过程中会发生破坏性故障的可能，因而在试验过程中必须采取严密的监控措施，一旦发现危险性故障征兆应立即停止试验。

(4)模拟故障的设置。

对于某些昂贵的大型机械系统，直接对其设置故障的风险性太大，且耗费大，但又迫切需要研究其故障机理和诊断原理，此时可在模拟试验装置上进行模拟故障试验。例如，在图 3-2 所示的模拟试验台上设置转子平衡与对中良好和转子偏心等试验状态，在图 3-3 所示的模拟试验台上设置转子无径向摩擦和转子存在径向摩擦等试验状态，上述试验均取得较好的研究效果。

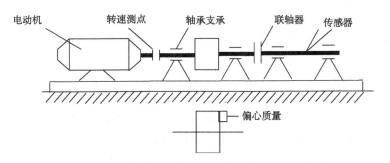

图 3-2　不平衡故障转子模拟试验台简图

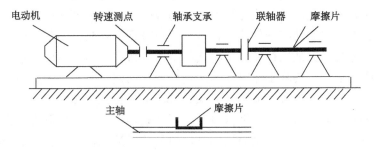

图 3-3　摩擦故障转子模拟试验台简图

上述故障设置方法各有优缺点，在故障诊断实践中应根据研究目的、要求的不同，以及所具备的条件和经验等情况具体分析并运用。但无论采用何种故障设置方法，下述问题都是应该予以考虑的。第一，从故障诊断研究的效果来看，为建立完整配套的标准故障模式以及进行诊断原理和诊断效果的研究，应将被试系统可能出现的各种故障状态都呈现出来，而且每种故障严重程度的分布也应予以考虑。但由于其试验工作量和耗费太大，所以在工程上难以实现。在实际工程中，往往只做出典型的故障状态，其他情况则采用理论分析的方法来实现。第二，为使所研究的故障诊断技术有效地解决实际工程问题，除检测诊断任务已有明确要求的故障状态试验外，故障诊断试验中所设置的故障状态应具有典型性和代表性。为此，应对被试机械系统可能发生的故障状态进行分析，在诸多故障状态中，尽量选择故障发生率高的故障状态进行试验。第三，为保证实际工程使用时的诊断精度，当进行人工设置故障时，应尽量使所设置的故障特征符合或接近实际工况所产生的故障特征。从被试系统的综合特性来说，利用新品设置的故障状态与机械系统在实际工况条件下从运行到发生故障状态是不同的，这应该在故障诊断研究中予以考虑，并采取必要的修正措施。第四，从故障诊断试验的经济性和可行性考虑，试验中所设置的故障应尽量是易于做到和工程上能够实现的，尤其是对贵重设备的故障以及可能引起设备系统故障或可能造成事故的故障设置，必须慎之又慎。

3. 试验参数及其调控

试验参数及其调控问题既是试验台系统设计的基本问题，又是故障诊断试验过程中应该选择和处理好的问题。

1) 试验功率

试验功率是指试验过程中对被试机械系统所施加的驱动功率和/或施加于被试系统的负载功率。无论在何种试验情况下，被试机械系统只有在足够强的负载功率条件下，其真实的性能和故障状态才能得到充分暴露；若试验功率过小，某些轻微故障就可能不会暴露出来，也就无从对其进行故障诊断。若试验功率过大，又可能造成被试机械系统的损坏，也应注意。在以稳态理论为基础的故障诊断工作中，为使处理问题简化和确保状态检测与故障诊断的精度，在条件允许的情况下，应尽量在稳定的功率条件下进行试验。在进行某项具体的故障诊断试验时，其试验规程都会根据被试机械系统的实际工作载荷和具体试验要求对该项试验功率提出具体要求。对实际工作时有固定功率要求的被试机械，一般情况下应尽量达到其规定的功率。当进行加速寿命试验时，可能超过其额定功率。在实际工作时，功率在某一范围内变化的被试机械，其试验功率一般可选取为最常用的功率或额定功率。考虑到大功率试验较困难，但又要使被试机械的轻微故障状态能得以充分暴露，至少也应达到其额定功率的1/2。试验功率的变化会引起被试机械的工作特征及其用于故障诊断的特征信号的相应变化。

从信号分析处理技术来说，非稳态信号的分析处理比稳态信号分析处理要困难得多，因为前者可能产生较大的分析误差，影响故障诊断的精度。因此，在故障诊断试验中，应尽量施加稳定的负载功率，而且其功率波动变化越小、与稳态过程的假设越符合，其诊断精度也就越高。在试验台系统设计时，第一，保证试验台的驱动和负载功率足够大，能达到试验要求；第二，试验台的负载功率应能在一定范围内进行调整，以使试验台适应多种试验需要；第三，试验台的驱动和负载功率要稳定，尽量减小波动；第四，采用先进的功率调控技术，具有较高的调控精度。一般大功率试验台结构复杂、技术要求高、对配套控制与辅助系统要求高、对环境条件要求严格、使用维护难度大、造价昂贵、使用维护费用高，只有少数条件好的单位才能做得到。因此，在能够暴露被试机械系统性能与故障状态的前提下，尽量减小试验功率是制定试验规程时应该予以考虑的。

2) 试验转速(扭矩)

多数机械系统都是在旋转条件下工作的，转速或扭矩是这些机械系统工作过程中的重要状态指标。进行故障诊断试验，就要对被试机械系统的试验转速或扭矩提出具体要求。为使处理问题简化和确保状态检测与故障诊断的精度，在条件允许的情况下，应尽量在稳定的转速(扭矩)条件下进行试验。为此，应解决好下述问题。

第一，试验转速的确定。某些机械系统具有固定的输入与输出工作转速，在进行故障诊断试验时也应该在其规定的工作转速条件下运转。另外，为考核某些机械系统的性能状态，还要求其进行超速试验(如发电机组)，此时就需要在工作转速和超速运转两种条件下进行试验。某些机械系统的工作转速是在某一范围内变化的，在进行这类机械系统的故障诊断试验时，可选其最常用的工作转速或便于测试分析的工作转速作为试验转速。当然，若能多选择几种转速进行试验，以便互相验证、提高故障诊断的可靠性更好。对试验台系统的试验转速要求是必须达到足够高的转速能力，以符合试验转速的要求。

第二，试验转速的调控变化范围要求。某些机械系统具有较宽的工作转速范围和较多的工作挡位变化，在故障诊断试验中，就需要多进行几种转速条件的试验，尤其是在进行变速箱故障诊断试验时，各个挡位都必须进行试验，如果哪个挡位的试验漏做，就无法对该挡位的工作性能状态或故障进行判断与诊断。为此，要求试验台系统必须具有较宽的试验转速调控变化范围，以适应不同试验转速的要求。

第三，转速稳定性的要求。基于稳态过程的机械故障诊断理论要求试验应在所选定的试验转速下稳定地运行，因此在具体试验过程中保持转速稳定性是很重要的。图3-4是某履带车辆变速箱由静止到1000r/min转速的过程中，其箱体振动加速度响应波形。

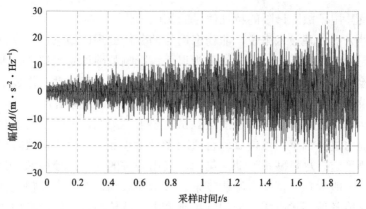

图 3-4　某变速箱升速过程的箱体振动加速度响应信号

由图 3-4 可见，试验转速的变化对该变速箱故障诊断振动响应加速度信号的影响是很大的，既造成信号幅值的巨大变化又造成信号频谱的明显变化。因此，试验过程中的试验转速稳定与否，对故障诊断的效果会产生很大的影响，其转速稳定性越好、与稳态过程故障诊断的假设越符合、信号处理越容易，故障诊断的精度就越高。

第四，调控精度的要求。试验转速是由试验台的驱动控制部分实施调控的，为达到较高的试验转速调控精度和转速稳定性，就要求试验台的监测部分具有较高的转速信号测量灵敏度和测量精度，控制部分也应有高分辨率的调控能力和符合实时控制需要的反馈控制响应能力。

第五，扭矩的要求。对具体的试验系统，其输入、输出的功率等于转速和扭矩的乘积，在功率、转速和扭矩这三个参量间，只要确定两个，第三个也就确定了。但有的试验更多地关注试验扭矩，对试验扭矩的量值和稳定性提出较高的要求。此时就应将试验扭矩作为主要控制参量，根据试验任务要求选择合适的试验扭矩值、调控范围、稳定性和调控精度。

上述这些被设定、调整和控制的试验参量的调控任务，由试验台系统的操纵控制部分来完成。为圆满完成试验参数的调控任务，要求操纵控制部分应达到如下要求。①功能全。对试验过程中可能用到的参量，都要能根据试验需要进行设定、调整和控制，一个都不能少。②范围宽。各项调整参量要能达到足够宽的调整范围，以适应不同试验的要求。③精度高。各项参量的设定值要准确，与实际试验值一致，各监测参量的测量精度要足够高，调整控制的分辨率要足够精细。④显示清。对试验过程中所设置或监测的参量，如转速、扭矩、功率等予以清楚地显示，以便及时了解试验过程是否正常。有时还需对重要的测量信号进行监视和记录，以便了解测量系统工作是否正常。⑤响应快。测量调控系统要具有良好的动态响应特性，当被控参量出现偏差时，系统应能予以及时调整。⑥稳定性好。在某个状态试验的信号测量记录过程中，各项试验参量一定要稳定，这样的试验结果才能符合稳态诊断条件的前提，达到较好的诊断效果。

若在试验过程中试验的功率、转速(扭矩)等试验参数是明显或剧烈变化的，该过程为非平稳过程，此时诊断问题将变得复杂，应根据故障诊断的具体实际，研究非稳态条件信号分析与处理技术，这也是本书的主要研究内容。

4. 试验规程的制定

为达到预期的故障诊断试验目的，应对诊断试验的内容、程序和要求进行优化设计。制定科学可行的试验规程，再按照该试验规程对试验参数以及被试机械系统的运行参数进行调控，完成预期试验工作。例如，进行变速箱故障诊断的台架试验时，其试验规程应考虑：试验内容有哪些，试验分几步进行，其先后顺序如何排列，各步试验时被试系统处于何种技术状态，需设置哪些典型故障、如何设置，是否需要变速，应在何时进行调挡变速，如何对被试系统驱动与加载，其试验工作转速、负载功率或扭矩应取多少，如何进行调控，如何进行信号测量与记录，各项试验持续时间和信号记录时间该有多长等。试验规程是整个试验工作的大纲，一般应按照试验规程进行该项试验工作。当然，在试验过程中也要对试验的进展情况进行及时观察和分析，若发现问题应对试验规程进行适当调整。在制定试验规程时，首先考虑的因素是如何充分暴露和测取被试机械系统的有关故障特征信号，其次考虑被试机械系统的故障诊断实施阶段或实际工况条件，最好使诊断技术研究阶段的试验规程接近于实际工况，这样在研究阶段所建立的诊断技术方法可方便地应用到实际工程中。

图 3-5 是在专用试验台上，某履带车辆变速箱稳态条件下故障诊断研究时的试验规程。

该项试验是在专门研制的某类履带车辆底盘传动系统试验台上进行的。图 3-5 中各项操作中括号内的内容为相应操作项目的操作要求。由图 3-5 可见，该项试验主要包括两大部分：第一部分是被试变速箱的原始状态检测与故障诊断，其目的是获取被试变速箱的原始技术状态与故障信息；第二部分是被试变速箱的典型故障诊断试验，其目的是研究该类变速箱状态检测与故障诊断的技术方法。为使检测诊断技术方法研究得深入、系统、有效，这种典型故障诊断试验又可多次进行，每次设置某一种典型故障，待其单故障诊断技术方法形成后，还可设置综合故障，进行综合检测诊断技术方法研究，或对已形成的技术方法进行验证和修改。

5. 具体应用

由于基于试验台的故障诊断试验具有良好的诊断试验条件，能得到较准确有效的检测诊断技术方法，在进行故障诊断技术研究中，一般都希望能在该条件下进行。尽管所需试验台的建设要花费相当多的资金，许多研究者还是在所不惜。因此，基于试验台条件的故障诊断试验应用得很多。现以某类履带车辆变速箱稳态过程故障诊断试验为例，介绍基于试验台故障诊断试验的应用。

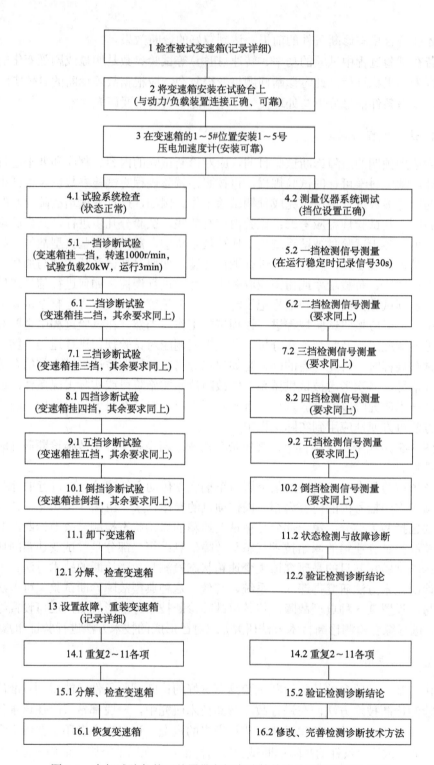

图 3-5　台架试验条件下某履带车辆变速箱故障诊断研究试验规程

某类履带车辆变速箱稳态过程故障诊断试验是在可移动式履带车辆传动系统试验台上进行的。该试验台既可用于该类履带车辆传动系统中修后的磨合试验，又可用于传动系统的状态检测与故障诊断试验。被试部件包括该类履带车辆的传动箱、变速箱、转向机和侧减速机等。该试验台系统的组成如图3-1所示，其试验规程如图3-5所示。由于该项试验是结合某类履带车辆传动系统中维修后的磨合试验而进行的，根据磨合试验要求，其输入转速需在低速(500r/min)或高速(1850r/min)两种转速条件下进行，只要满足在故障诊断方法研究时采用何种工况，在进行正式的诊断试验时也应保持相同的工况。由于试验台系统的能力所限，该项试验的功率取为20kW。从状态检测和故障诊断研究的充分性与可靠性来说，由于基于试验台架的故障诊断试验具有良好的诊断试验条件，能得到较准确有效的检测诊断技术方法，一般用于故障诊断技术方法的研究中。当然，故障诊断研究的最终目的，是要用研究形成的技术方法去解决实际工况条件下运行中的机械系统的故障诊断问题。值得注意的是，被试机械系统在试验台上的试验环境条件要比其实际工况条件好得多。因此，若欲将台架试验条件下所得到的故障诊断技术方法用到该机械系统实际工况条件下的故障诊断实践，还需对试验条件变化使诊断技术方法(尤其是对诊断准确度)所产生的影响进行具体分析，并有针对性地对原技术方法进行适当修正，必要时还应在实际工况条件下进行验证性的试验，使所采用的检测诊断技术方法较好地适合被检测诊断机械系统的实际工况，才能得到较好的诊断效果。

3.2.2　实际工况条件下的故障诊断试验

　　诊断技术研究阶段的试验最好能在试验台上进行，但在许多情况下，实验室不具备试验台的条件，而且某些设备在使用中不允许拆装，甚至不允许停机，因而只能进行实际工况条件下的不解体检测诊断。这样，实际工况条件下的故障诊断试验就成为唯一途径。

　　实际工况条件试验是指被试机械系统在实际工况运行过程中，或在不解体条件下按照某种实际工作参数进行运转工作，从而产生所需的被测信号，进行故障诊断。这种试验的优点是能保持被试机械系统的完整状态、无须进行拆装分解、无须专用试验台、耗费较低廉、易于实施。因此这种试验适于对正常运行中的一定批量的同类机械进行试验，而后根据统计特性进行状态识别和故障诊断技术研究，这对于状态识别来说是十分适宜的。实际工况条件试验的缺点如下。首先，难以人工设置故障(有时根本不允许设置故障)，而实际工况条件下又很难发现或遇到故障。在非实时监测的情况下，有时即使机械系统发生故障，由于其历史数据记录不全或未作记录，发现故障后又恐怕引起连带故障或事故而立即停止工作，因而缺少完整、系统的故障状态检测数据。此外，这种偶发故障数量很少，还具有很大的随机性，这样就很难建立起典型故障状态的标准模式，难以探讨和形成有效的故障诊断技术方法。其次，在实际工况条件下，某些信号难以测取，且背景噪声较大、信噪比差，给故障诊断研究造成困难。再次，由于不解体的限制，当某些安装在机体内部的部件发生故障时，无法或难以对其实施直接的检测，只能改用某些间接的方法进行检测，不仅影响检测诊断精度，有时甚至找不到可以替代的间接检测方法，使该部件的故障诊断无法实施。最后，对于大型机械系统，往往有多个部件同时运转工作。当需要对某一部分进行检测时，其他部分的运转将对被测部分造成严重的背景噪声，影响测量信号的信噪比，这也给检测诊断带来困难。由于上述缺点的限制，实际工况条件下的试验多限于进行机械系统的状态识别，只在某些条件具备的情况下才进行故障诊断识别。

1. 用于状态识别的试验

状态识别是指通过试验、测量和分析，识别被试机械系统的工作处于正常状态还是故障状态。在某些情况下为起警示作用，把正常状态中接近故障的一定范围设为警告状态。在实际工况条件下进行状态识别试验，一般是根据被试机械系统的总体数量和实际使用情况，选择一定样本量的机械系统作为被试对象，使其在不解体检测条件下工作，从而产生被测信号，并依此建立相应的状态识别标准。

1) 试验样本的选取

考虑被试机械系统某一状态(一般是正常状态)的特征参量可能具有较大的分布范围以及测量误差的影响，试验样本量应适当大些，所建立的状态标准与实际情况符合较好，对状态识别的精度有益，但却造成试验费用的增加。因此，在进行试验计划时应综合考虑精度和费用因素的影响，应该在保证精度要求的基础上尽量减少试验样本量。如果能将这种状态识别试验与被试系统的日常工作和例行检查结合起来，则可以有效降低试验费用，样本量就可适当增大。

2) 技术状态分布的考虑

被试样本技术状态的分布问题，是这种试验应着重解决的问题之一。从试验的完备性考虑，进行此类试验既要对正常状态进行试验又要对故障状态进行试验，而且每种状态的轻重程度都应有一定的分布范围。但在实际工况条件下的故障状态很难做到，有些贵重机械系统根本不允许在故障情况下工作，因此，通常只在正常状态下进行试验，而后根据正常状态试验结果进行理论外推，建立故障状态的识别阈值，最后根据验证性的试验结果对所建立的状态识别模型进行验证和修正。正常状态试验样本的选取是根据该机械系统的主要运行指标参量进行的。例如，进行履带式车辆正常状态试验，其选择的试验样本所依据的指标参量是运行摩托小时和行驶里程，可在新品及规定修理的运行摩托小时或行驶里程之间进行试验样本的抽选。考虑到机械系统状态变化和故障发生的规律性，在可选取样本的区间内，可不按等间隔选样，在机械系统运行的稳定区间适当少选，而在接近修理期则适当多选。另外，操作者所掌握的机械系统实际工作状况，也可作为试验选样的参考条件。

3) 试验参数

在实际工况条件下进行机械系统状态识别，一般不需要复杂的专用试验装置，靠机械系统本身的动力装置进行驱动运转，其负载一般情况下也是机械系统的典型工作负载。负载工作的稳定性对状态识别和故障诊断的精度影响很大。对于一般的故障诊断，在试验中应尽量使工作负载稳定。对某些机械系统，其实际工作负载不可避免地产生变化，这与故障诊断理论中的"稳态"假设产生矛盾，会引起状态参量的相应变化，造成状态识别和故障诊断的误差，必须在后续的信号处理和识别运算中予以考虑解决。对履带或轮式车辆系统，由于在原位检测条件下无法施加稳态负载，其状态识别与故障诊断变得困难。解决的办法之一，是断开履带或将车顶起，利用传动系统转动惯量在升速或降速过程中所产生的动态载荷进行诊断。该方法存在两方面的问题：一是对某些系统，所产生的动态载荷较小，不足以暴露系统的真实状态，一些轻微故障表现不出；二是利用升降速过程施加动态载荷不仅背景噪声增大，更重要的是这样的过程与传统故障诊断理论"稳态"的前提相矛盾，在稳态载荷条件下所形成的信号分析与状态识别技术方法可能不再适用，而必须研究适合非稳态条件的新技术方法。解决的办法之二，是让车体在一定路段上运行，从而形成实际工况条件下的负载进行状态识别与故障诊断。这种办法所产生的问题是由于车体运行，适合原位检测条件的信号测量系统无法正常工作，而必须采用无线检测或使测量系统随行的办法，因此造成测量系统的复杂化。

4) 试验规程的制定

在制定实际工况条件下状态检测的试验规程时，应考虑解决下述问题。

(1) 明确试验目的。明确该项试验是要进行哪个部位的状态检测，其技术深度如何，应达到什么样的检测精度等。

(2) 规划试验内容。根据试验目的和要求，确定该项试验包含哪些内容，检测哪些性能参量，并将其细化分类。

(3) 选定检测原理与方法。根据被试系统的工作原理，将需检测的性能参量转化成若干测量参量，再根据已有的测量条件和经验，选定各测量参量的检测方法。

(4) 制定试验规程。①根据试验目的、内容和检测参量确定机械系统的哪些部分进行工作，哪些部分不参加工作，尽量减少同时工作的部件数量，并采取相应的隔离措施。②对被试机械系统进行尽可能详细的技术检查，并予以记录。③对需要并允许进行故障或某种状态设置的，进行其故障或该状态设置。④根据各被测参量间及其与被试机械系统的关系，排列各项试验操作程序，并确定各项试验参数。⑤使被试机械系统处于预期工作状态，并操纵、监测各项试验参数，使之符合规定要求。⑥记录测量信号及有关试验说明。⑦对试验后的机械系统进行技术检查，验证试验状态，并予以记录。⑧恢复被试机械系统的状态。

（5）状态与故障设置。尽管在实际工况条件下进行状态检测一般无须对被试机械系统做复杂的分解拆装，但在方便和可行的前提下，根据试验需要对被试机械系统的某种状态或故障进行设置，可以提高状态检测的准确度和试验效果。这些工作包括：摘除或隔离不需进行试验部分的工作，通过简单操作即可实现模拟某种典型工作状态和简单的故障。

（6）试验参量及其调控。在确定试验动力、负载、转速（确定工作转速与工作转速范围）、挡位、试验时间、信号记录时间等试验参量时，既要考虑被试机械系统各种需检状态与故障能充分暴露，又要考虑操作、实现的可行性和方便性，最好是采用被试机械系统的常用参量。在稳态过程故障诊断的参数控制时，应尽量使其在信号测量记录时段内平稳、准确。

5）验证性故障的设置

主要设置不同的故障加以验证。

2. 用于故障诊断研究的试验

从技术层次讲，故障诊断是状态识别的深化和发展，即当检测结果属于故障状态时，还需进行更深层次的分析与处理，判断所存在故障的数量、性质和发生部位。故障诊断试验与状态识别试验有许多相同之处，但故障诊断试验要求更深、更细，其测量信号也更多。进行故障诊断试验最重要、也是最难做到的就是对被试机械系统设置故障或获得被试机械的典型故障状态。作为理想的故障诊断试验，应能做出完备齐全的故障类别，而且每种故障最好有程度不同的状态分布，这样就可以在诊断研究中建立完善的故障诊断标准模式向量集。但在实际工况条件下，这种理想的试验根本无法做到。这不仅因为复杂机械系统故障类型多、设置困难、耗费太多，而且对许多大型、重要机械系统来说，根本不允许设置可能产生安全问题的任何故障。在国内外机械故障诊断的实践中，由于不能设置故障而不得不放弃该项诊断研究计划或采用其他替代措施的事例是经常遇到的。因此，根据实际情况，采取适当措施，在设备运行管理允许的条件下，设置或获取尽可能多的故障状态，将是故障诊断研究取得成功的关键问题。在实际工况条件下设置试验故障，常采用下列措施。

1）人工设置故障

在故障诊断试验中，人为地制造被试系统零部件故障或装配故障，以及选用在历次修理中检查替换下的故障零部件进行试验。例如，对轴承内、外套圈进行线切割，将滚珠磨损，将齿面磨损等，而后用这些故障件进行试验。设置此类故障时应注意：一是所设置的故障应尽量与实际工况下产生的故障相一致或接近，以保证所建立的标准故障模式向量符合实际工作中的故障状态；二是试验者要对所设置故障对整个机械系统产生的影响有明确的估计，如果该故障可能对整个机械系统的寿命或安全性有严重影响，则应谨慎对待。

2）选择运行中的故障状态

这种试验就是对已知存在某些故障的机械系统进行诊断试验，或者虽已知被试机械系统存在故障，但当时仍不明确是何种具体故障，有待事后拆机检查验证的情况。用运行中发现故障的机械系统进行故障诊断试验，最大的优点是故障状态真实客观，由此建立的故障模式向量准确可靠，且这种试验无须人工设置故障，既省事又经济。这种试验方法的最大问题是很难找到所需的故障状态。尤其是对新型、重大设备，其总数量较少，运行时间较短，能够发现故障已属少见，完整得到所需研究的故障更是难上加难。另外，即使实际运行中遇到某种故障发生，在其初期可能由于故障轻微而易被忽略，当其发展较明显时又唯恐引起更大的故障或事故，不得不马上停机修理。这样就很难找到适于故障诊断研究的运行故障。

3）设置工况条件产生故障

当某些故障诊断试验意义特别重大，不惜使被试部分破坏时，可以人为设置严酷的工况条件，使被试系统在监测过程中产生故障，从而进行故障诊断研究工作。例如，美军为研究 OH-58A 直升机主旋翼传动装置的故障规律及其诊断技术，在 NASA 基地进行了为时 57d 的故障试验。这种试验方法的优点是所产生的故障真实，符合常见故障发生概率，且在各种故障状态下检测记录的信号全面、完整、准确，便于建立标准故障模式，有利于研究故障诊断规律。这种试验方法的缺点是试验周期较长，对试验环境条件和试验技术要求高，由于基本属于破坏性试验，其风险较大、费用昂贵，只有在特别重要的情况下才考虑采用。就技术而言，进行这种试验的关键是要掌握试验技术条件的设定。用什么技术方法、设置什么样的试验条件、这些条件如何控制、可能产生哪些故障、产生故障时如何检测报警和控制等，必须在试验前进行认真周密的设计。另外，被试部分的故障可能对全系统产生一定的风险，对此也要有足够的估计，并采取必要的防范和控制措施。在试验过程中，对试验条件严酷程度的控制也是重要的。程度太轻，难以产生预期故障，使试验周期过长；程度太重，又可能产生意外破坏。这种试验完成后，要对被试系统进行拆解检测，以对试验中的故障进行验证。

3.3　试验因素的影响分析

3.3.1　转速变化对故障信号的影响分析

1. 齿面磨损故障

为了分析转速对齿轮箱齿面磨损故障信号的影响规律，依次采用 600 r/min、900 r/min、1200 r/min 的同步转速，对系统振动响应进行了仿真。图 3-6 为主动轮在 x 轴方向的振动加速度信号。特别说明，考虑到实际工况中不可避免地存在各种误差，而且它们产生的振动响应也可能受转速的影响。在分析时计入了质量偏心误差、几何偏心误差、轴位误差和齿形误差等的影响。

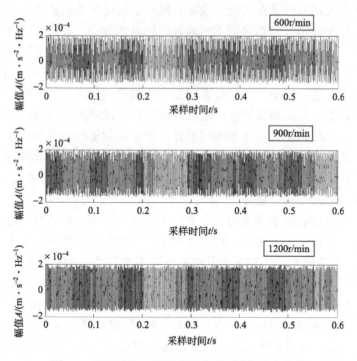

图 3-6　不同转速下齿面磨损故障振动加速度信号

图 3-6 中，在不同转速下信号的疏密程度存在明显差异，这是由于这些信号为仿真结果、背景噪声少、波形变化仅与几个主要的特征频率相关，如啮频、轴频等，所以转速越高信号频率越高，信号就越稠密，不能表征信号信噪比。仔细分析各信号可见，无法将故障信号和噪声成分有效区分，难以直接对比信号的优劣。研究表明，啮频信息是齿轮传动系统频谱中的主要峰值，而系统一旦出现故障均会引起啮频的边频带能量的变化，对于仿真信号，由于不受实际工况中众多影响因素干扰，这一现象尤为明显。因此对该信号进行了频域分析，频谱如图 3-7 所示。为了使图形表达更为清晰，这里仅绘出了局部频谱分布图。

由图 3-7 可见，在转速较低时故障边频带能量较大，说明此时所采集的信号信噪比较高。

为了将此对比工作量化，使之更为准确，同时为了方便以下多个故障的分析，定义无量纲信噪比指标如下：

$$R = \frac{\mathrm{mean}\left(\sum_{i=1}^{4} p_i\right)}{p_{\mathrm{m}}} \tag{3-1}$$

式中，p_i 为第 i 阶边频带峰值；p_{m} 为啮频峰值。

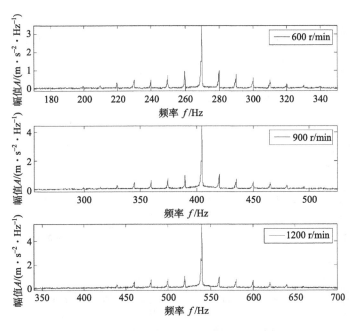

图 3-7　不同转速下齿面磨损故障信号频谱

由于研究中采用的是仿真信号，与实际工况相比噪声较少，该定义中将啮频信息视为噪声。

根据式（3-1），算得不同转速下信号的信噪比如表 3-2 所示。

表 3-2　不同转速下齿面磨损故障信噪比

转速/(r/min)	600	900	1200
R	0.2913	0.2056	0.1673

由表 3-2 可见，转速越低信噪比越大，说明在低转速下采集的信号更利于诊断单齿齿面磨损故障。

2. 齿根裂纹故障

同样，分别采用同步转速为 600 r/min、900 r/min、1200 r/min，得到齿根裂纹故障信号频谱如图 3-8 所示。

图 3-8 中难以直接观察到转速变化对边频带的影响。分别计算三种转速下频域信号信噪比，如表 3-3 所示。由表 3-3 可见，三种工况下信噪比变化不明显，说明转速对该故障信号质量影响不大。

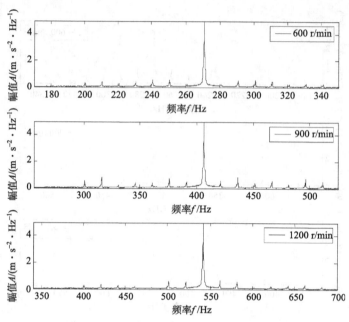

图 3-8　不同转速下齿根裂纹故障信号频谱

表 3-3　不同转速下齿根裂纹故障信号信噪比

转速/(r/min)	600	900	1200
R	0.1419	0.1428	0.1416

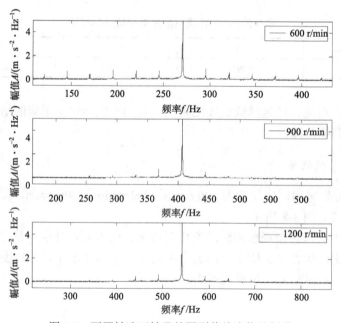

图 3-9　不同转速下轴承外圈剥落故障信号频谱

3. 轴承外圈剥落故障

同步转速分别为 600 r/min、900 r/min、1200 r/min，得到轴承外圈剥落故障信号频谱如图 3-9 所示。由图 3-9 可见，边频带峰值在低转速工况下较高。表 3-4 为与三种转速相对应的信号信噪比结果。表 3-4 中信噪比变化趋势与转速成反比，说明若进行轴承外圈故障诊断，需在较低转速下进行信号采集。

表 3-4　不同转速下轴承外圈剥落故障信号信噪比

转速/(r/min)	600	900	1200
R	0.0653	0.0566	0.0495

4. 轴承外圈裂纹故障

仍以上述三种转速为假设工况，得到轴承外圈裂纹故障信号频谱，如图 3-10 所示。由该图难以明显观察到边频带峰值随转速变化的规律。表 3-5 为与三种转速相对应的信号信噪比结果。

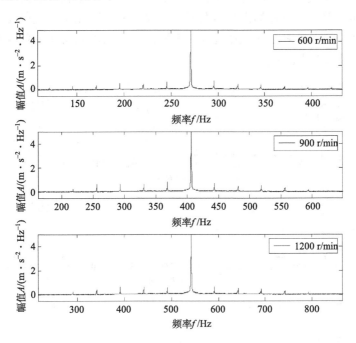

图 3-10　不同转速下轴承外圈裂纹故障信号频谱

表 3-5 不同转速下轴承外圈裂纹故障信号信噪比

转速/(r/min)	600	900	1200
R	0.0478	0.0469	0.0472

3.3.2 负载变化对故障信号的影响分析

在旋转机械故障诊断试验中除转速外，另一种常见可控参量为负载。人们常依经验进行加载，且往往认为负载越大信噪比越高。关于怎样施加负载，以及在何种负载下更容易暴露故障信息等相关研究却未见报道。为进一步研究负载对信号信噪比的影响，本节利用弹性动力学模型进行仿真分析研究。结果表明，不同故障信号对负载的敏感度不同。负载增大仅有利于提高部分类型故障信号的信噪比，而对其他故障作用不甚明显。

1. 齿面磨损故障

为研究不同负载对齿面磨损故障信号信噪比的影响，分别采用三个不同负载作为系统输入加载到模型中进行分析，它们分别为 $10\,\mathrm{N\cdot m}$、$30\,\mathrm{N\cdot m}$ 和 $50\,\mathrm{N\cdot m}$，图 3-11 为系统主动轮沿 x 轴方向的振动加速度信号，与之相应的信噪比指标计算结果如表 3-6 所示。两者都说明齿面磨损故障信号信噪比与负载成反比。因此试验中常采用增大负载来提高信号质量的方法是欠妥的，应该在小负载工况下进行此类故障信号的采集。

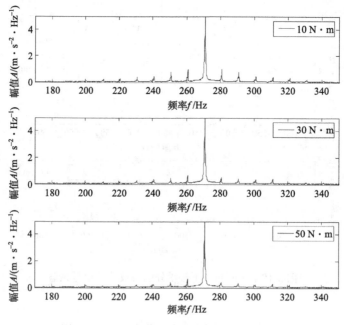

图 3-11 不同负载时齿面磨损故障信号频谱

表 3-6 不同负载时齿面磨损故障信噪比

负载/(N·m)	10	30	50
R	0.3235	0.2814	0.2433

2. 齿根裂纹故障

以 10 N·m、30 N·m 和 50 N·m 三种负载作为系统输入，加载到含齿根裂纹故障的系统模型中进行分析，得到三种工况下故障信号频谱，如图 3-12 所示。图 3-12 中，随着负载增大，边频带能量也有相应增大趋势，说明在大负载工况下故障特征更明显。表 3-7 为与三种负载对应的信号信噪比，由数据变化规律可看出，负载越大，故障特征越明显。

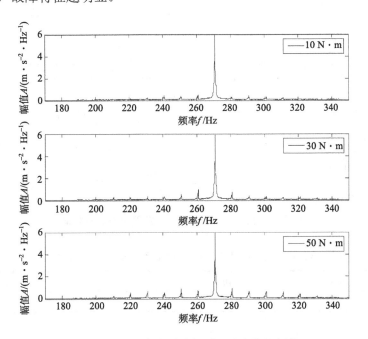

图 3-12 不同负载时齿根裂纹故障信号频谱

表 3-7 不同负载时齿根裂纹故障信号信噪比

负载/(N·m)	10	30	50
R	0.2469	0.2705	0.2923

3. 轴承外圈剥落故障

以 10 N·m、30 N·m 和 50 N·m 三种负载作为系统输入，加载到含轴承外圈剥落故障的系统模型中进行分析,得到三种工况下故障信号频谱,如图 3-13 所示。图 3-13 中,虽然边频带能量有随着负载增加而增大的趋势,但啮频峰值增大更为显著,使其在总能量中所占比例反而减小,说明在小负载工况下故障特征更显著。表 3-8 为与三种负载对应的信号信噪比,该指标的变化规律也可看出,负载越小,信号的信噪比越大,说明应该在小负载工况下进行轴承外圈剥落故障试验。

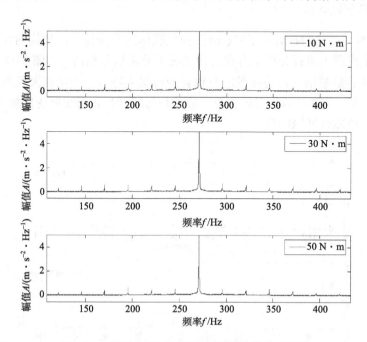

图 3-13　不同负载时轴承外圈剥落故障信号频谱

表 3-8　不同负载时轴承外圈剥落故障信号信噪比

负载/(N·m)	10	30	50
R	0.0901	0.0723	0.0611

4. 轴承外圈裂纹故障

以 10 N·m、30 N·m 和 50 N·m 三种负载作为系统输入,加载到含轴承外圈裂纹故障的系统模型中进行分析,得到三种工况下故障信号频谱,如图 3-14 所示。

图 3-14 中,边频带能量随着负载增加而增大,说明故障特征在大负载工况下更显著。表 3-9 为与三种负载对应的信号信噪比,该指标的变化规律也可看出,负载越大,信噪比越大,说明应在大负载工况下进行轴承外圈裂纹故障试验。

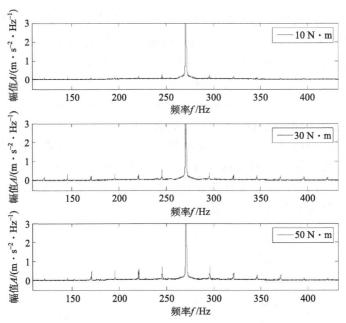

图 3-14　不同负载时轴承外圈裂纹故障信号频谱

表 3-9　不同负载时轴承外圈裂纹故障信号信噪比

负载/(N·m)	10	30	50
R	0.0452	0.0561	0.0668

3.3.3　惯性负载有效性分析

由 3.3.2 节分析可知,增大负载有利于提高齿根裂纹和轴承外圈裂纹故障信号的信噪比。但改变负载往往只能在试验台情况下实现,却不适于许多装备(如履带车辆)的在线测试。这是因为实装工作中难以施加可控载荷。因此,为了获取有效载荷,在试验中,人们凭经验采用急加(减)速的方式来产生惯性负载。从动力学角度讲,这种惯性加载和前述稳定加载是存在一定区别的,能否提高信号质量必须加以研究。

1. 齿根裂纹故障

旋转机械的各种振动频率是与转速严格相关的,所以在利用加(减)速工况下的信号对其进行故障诊断时,必须先将随转速变化而变化的故障特征"同一化"。否则会由于"谱涂抹"现象,无法有效识别故障。因此,对变转速工况下的采样信号进行频域分析前,先利用阶次分析法对其重采样使其准平稳化,再以故障特征阶次指标对比分析(阶次分析法相关内容见第 4 章)。

为了分析惯性负载是否能够提高对响应信号的信噪比，设置两种基本工况进行对比。工况1：不施加外载荷，从600 r/min加速到1200 r/min。工况2：负载为5 N·m，转速为600 r/min。工况1的转速信号如图3-15所示，图中反映出了速度上升过程，还可看出由于振动的影响，系统转速出现了波动。相应的振动加速度采样信号如图3-16所示，对照图3-15可见：振动响应幅值较大时转速波动也比较大。将信号重采样后进行阶次分析，阶次谱如图3-17所示。图3-17中27阶处的峰值表征了啮合信息，该峰值的边频带的间隔与故障特征阶次相对应，较为清晰地反映出了故障信息。图3-18为工况2信号的阶次谱。对比可见，图3-17中故障边频带更为清晰，说明惯性负载有利于提高信号质量，即通过急加(减)速方式进行故障诊断试验是可行和有效的。

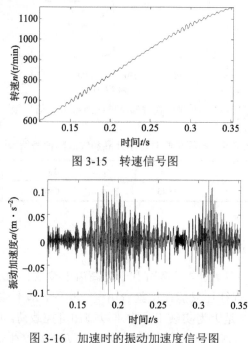

图3-15　转速信号图

图3-16　加速时的振动加速度信号图

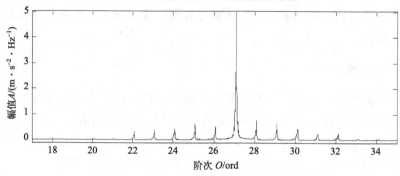

图3-17　工况1下齿根裂纹故障信号阶次谱

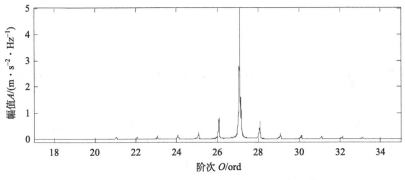

图 3-18　工况 2 下齿根裂纹故障信号阶次谱

2. 轴承外圈裂纹故障

根据前述结论，在施加恒定大负载时轴承外圈裂纹故障信号信噪比将得到提高。为验证惯性负载是否可以起到同样作用，仍采用以上两个基本工况进行对比分析。图 3-19 和图 3-20 给出了两种工况下的阶次谱图，可以看出工况 1 边频带能量明显比工况 2 大，说明此时故障特征更明显，即通过急加(减)速方式进行该类故障诊断试验是可行的。

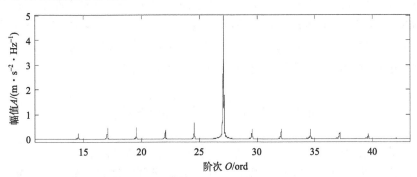

图 3-19　工况 1 下轴承外圈裂纹故障信号阶次谱

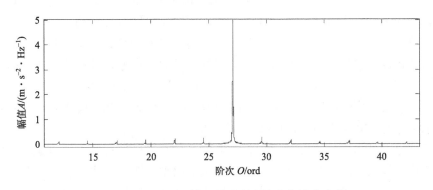

图 3-20　工况 2 下轴承外圈裂纹故障信号阶次谱

第4章　阶次分析与非线性拟合阶次分析法

对于转速稳定的旋转机械，一般可以直接利用基于快速傅里叶变换（fast Fourier transformation，FFT）的频谱分析法有效地提取特征频率，从而诊断出其常见故障；对于匀变速运动且转矩没有变化的齿轮箱，可以直接利用阶次分析法对其进行故障诊断。但对于变速变载工况下的齿轮箱振动信号，由于转速和转矩的波动非常复杂且剧烈，并且转速曲线已由单一的匀加速运动过渡为复杂的变加速运动，该曲线已经由简单的线性变化转变为复杂的非线性变化，同时转速波形中出现了许多纹波现象，已经不满足传统计算阶次分析法对转速线性匀加速条件的假设，如果直接对其进行角域重采样，由于计算阶次分析法的假设前提已经改变，诊断结果会出现较大的误差。

本章在介绍计算阶次分析法的基础上，对频域分析和阶次域分析的结果进行对比。针对变速变载工况下测得的转速信号的非线性和变加速特性及波形中出现的纹波现象，将非线性曲线拟合方法应用于阶次分析，提出非线性拟合阶次分析法（nonlinearity fitting order analysis arithmetic，NFOAA），利用该方法将测得的变速变载工况下时域非平稳信号转换为角域伪稳态信号；基于角域采样定理，对角域采样率进行讨论，为非平稳信号处理提供有效的方法。

4.1　变速变载测试试验台

在试验台搭建中，为了实现负载可以随时变化，使用直流稳流电源控制的磁粉负载，通过改变电源来实现负载的变化。为满足同时测量齿轮箱输入轴和输出轴的转速与转矩信号的要求，在电机和齿轮箱的输入轴之间以及齿轮箱的输出轴和磁粉负载之间均安装了转矩转速测量仪，用来对比输入轴和输出轴测得的转速及转矩信号。在试验过程中，有一部分机械能经过磁粉负载转换为热能，通过与磁粉负载相连的水循环冷却装置对其进行散热，因此在输入轴和输出轴测得的机械功率存在一个差值。变速变载齿轮箱故障诊断试验台如图 4-1 所示。在该齿轮箱中，输入轴齿轮的齿数 $Z_1=30$，输出轴齿轮的齿数 $Z_2=50$，模数 $m=2.5$；输入轴轴承型号是 6206，输出轴轴承型号是 7207。

该试验台具体部件详细情况如表 4-1 所示。在试验过程中，通过直流稳流电源的变化来控制磁粉负载的变化，进而控制输出轴转矩的变化，转速随着转矩的变化而改变，由转矩转速传感器测量电机的旋转脉冲信号和转矩信号以及齿轮箱输出轴的旋转脉冲信号和转矩信号，由安装在轴承座上的振动加速度传感器拾取齿轮箱箱体上的振动信号，这些信号经 LMS 信号分析仪采集到计算机中，然后对采集到计算机中的数据进行分析和处理。

图 4-1　齿轮箱故障诊断试验台

表 4-1　试验台的组成

名称	型号	数量	单位	产地
电磁调速电机	YCT180-4A	1	个	乳山市峰山调速电机厂
转矩转速测量仪	JN338 型	2	个	北京三晶创业科技集团有限公司
齿轮箱	ZD10	1	个	山东淄博博山益杰机械有限公司
故障部件	—	若干	个	机械加工
联轴器	—	8	个	机械加工
磁粉负载	FZJ-5	1	个	江苏省海安县前卫机电有限公司
直流稳流电源	WLY-1A	1	个	江苏省海安县前卫机电有限公司
LMS 信号分析仪	LMS	1	套	比利时 LMS 公司
振动加速度传感器	B&K4508	4	个	丹麦 B&K 公司

试验测试系统组成示意图如图 4-2 所示。

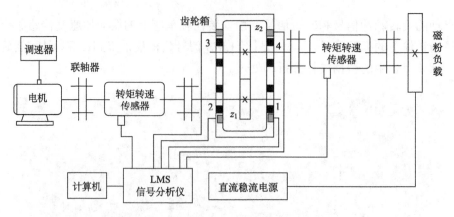

图 4-2　齿轮箱振动测试系统组成示意图

4.2　计算阶次分析法

阶次分析法本质是将时域里的非稳态信号通过恒定的角增量重采样转变为角域伪稳态信号，使其能更好地反映与转速相关的振动信息，再采用传统的信号分析方法对其进行处理。阶次分析法是针对转频不稳定机械的一种专门的振动测量技术，它可将机械变负载过程中产生的与转速有关的振动信号有效地分离出来，同时对与转速无关的信息起到一定的抑制作用，对于转速变化的机械，该方法的优点是非常明显的。由于它是按转角位置分配采样间隔的，所以剔除了转速变化对频谱图的影响。另外，其随转速升高而提高采样频率的特性也保证了对振动幅值测量的精确性。因为转速越高，振动波形的变化越剧烈，这时提高采样频率就加密了采样点，从而避免了振动信号中一些特征点的丢失。精确的阶次分析法要求对振动信号进行同步采样，监测系统的精确度和可靠性取决于同步采样的质量。

常用的阶次分析法有以下几种：硬件阶次分析法、计算阶次分析法和基于瞬时频率估计的阶次分析法等。其中硬件阶次分析法需通过硬件实现同步采样，但容易受到安装条件的限制，且硬件的成本较高；基于瞬时频率估计的阶次分析法不需要转速信号，人们又将其称为伪转速跟踪分析法，由于其技术还不完全成熟，所以应用较少。计算阶次分析法通过数值计算方法实现信号重采样，具有成本低、传感器安装方便等优点，应用较多。

4.2.1　计算阶次分析法简介

一般振动信号采样集中在时域里进行，如何从异步采样数据中提取出同步采样信号成为旋转机械信号处理的一个重要内容。振动信号和转速信号在相同的时间间隔（Δt）被异步采样，利用这些信号，通过数字信号处理算法，用软件的形式合成同步采样振动数据，这个过程就是计算阶次分析法（computed order analysis，COA）。该方法比传统的硬件阶次分析法更加灵活，并可产生相同或更好的精度，其最大的优点在于它不需要特定的硬件，这对许多旋转机械的状态监测是非常重要的。计算阶次分析系统的组织框图如图4-3所示。

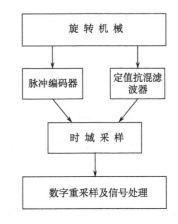

图4-3 计算阶次分析系统的组织框图

在计算阶次分析中最关键的技术是准确获得阶次（或角域等角度）采样的时刻及相应的基准转速（或频率），即阶次分析，计算阶次分析法的精度主要由插值计算精度和脉冲提供的合成同步采样精度所决定。研究表明，选用适当的算法，计算阶次分析法可获得相当高的精度。

4.2.2 频谱分析与阶次谱分析的对比

传统的频谱分析法是对测得的振动响应信号以等时间间隔采样，并对采样后的数据进行的分析处理。对于稳定旋转的机械，该方法能够清晰地描述它的工作状态，但对于变速机械则无法奏效。阶次分析法正是基于这一问题提出的，它是在对振动响应信号以等角度采样的基础上进行的，确保了每一个转动周期内有相同的采样点数，从而避免了信息点的丢失，较好地解决了传统的频谱分析法所难以克服的困难。

图4-4说明了传统的频谱分析法与阶次分析法的区别。由图4-4可以明显看出，传统的频谱分析法是基于等时间间隔采样的，对于转速变化的旋转机械来说，每一个周期内的采样点数是不等的，随着转速的增加，单个周期内的采样点数逐渐减少，这样就导致了一些振动信息的丢失，直接对其进行频谱分析，由于谱线的不断移动会导致"谱涂抹"现象。而阶次分析法是基于等角度间隔采样的，无论

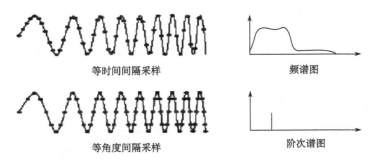

图4-4 阶次谱图与频谱图的区别

转速如何变化，每个转动周期内的采样点数是不变的，而且随着转速的增加，采样频率自动提高，因此该方法能够避免信息的大量丢失并解决了传统的频谱分析法难以克服的"频率模糊"现象。对于变速旋转机械来说，阶次分析法能更有效地反映出其特点，弥补了传统频谱分析法的缺陷。

4.2.3　阶次谱应用的仿真分析

下面用例子仿真旋转机械启动升速过程。

仿真信号为

$$x_1(t) = \sin(2\pi t^2 - \pi / 6)$$

式中，频率 $f(t) = 2t$ Hz；转速 $n(t) = 60 f(t)$ r/min。对这个信号进行常规的频谱分析和阶次谱分析，并比较所得到的结果。

图 4-5 是对仿真信号进行分析的结果。其中图 4-5(a) 为时域信号波形，图 4-5(b) 为时域信号的频谱，图 4-5(c) 为角域信号波形，图 4-5(d) 为角域信号的阶次谱。由图 4-5 可以发现，对该信号用常规的频频分析法分析时，会产生明显的"频率模糊"现象，原因是该时域信号是非平稳信号。由图 4-5(a) 可清晰地看出在波形中频率是逐渐增加的，而用傅里叶变换时，由于假设窗内的信号是稳定的，得到的谱线反映的是在窗内信号所有的频率成分，于是窗中信号频率变化造成了"频率模糊"，如图 4-5(b) 所示。显然这一假设对此类信号是不成立的，由此可见，用常规频频分析法不适合分析变速机械的振动信号。与此形成鲜明对比的是基于等角度采样的阶次谱分析，它可以得到很好的结果；在角域里信号变成了正弦信号，如图 4-5(c) 所示；其阶次谱清楚地反映了信号随转速变化的情况，如图 4-5(d) 所示，一个与 1 阶(倍)转速有关的信号清晰地显示了出来。

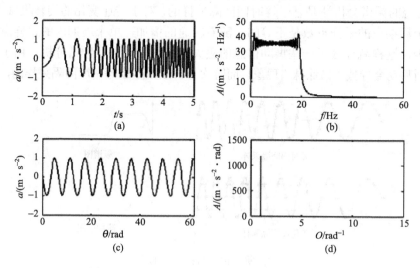

图 4-5　仿真信号的频谱分析与阶次谱分析对比

4.2.4 阶次域单位的讨论

针对目前机械故障诊断领域对阶次谱的单位使用得比较混乱、缺少一个统一的概念，作者根据时域和频域里单位之间的对应关系，对阶次域里阶次谱的单位进行了探讨。

在时域里，直接对振动信号进行 FFT，可以得到频域信号，其单位由时域里的时间单位"s"转换为频域里的频率单位"Hz"，即 1s=1/1Hz，也就是"频率等于倒时间"。

由于阶次谱是对角域里的振动信号进行 FFT，对照时域和频域里单位之间的关系，角域对应着时域，阶次域对应着频域，则角度对应着时间，阶次谱对应着频率谱；对角域信号进行 FFT，其单位由角域里的"弧度"转换为阶次域里的"阶次"，因此阶次谱的单位应是角度单位的倒数，也就是阶次谱的单位是倒弧度，即"阶次等于倒角度"。

4.3 非线性拟合阶次分析法

计算阶次分析法的假设前提是线性匀变速运动，对于所研究的变速变载齿轮箱振动信号来说，由于负载和转速同时变化，很难保证齿轮箱的转速曲线严格地按照线性匀变速运动。一旦该假设前提发生变化，则不符合计算阶次分析法的应用条件，此时再直接应用该方法对非平稳信号进行处理，结果很容易发生较大的误差。因此，针对所研究的变速变载齿轮箱振动信号的特点，提出了非线性拟合阶次分析法，将阶次分析法的应用范围从计算阶次分析法的线性匀变速运动扩展到各种工况下的非线性变加速运动中。

对时域信号进行角域重采样时，欲求插值时间点必须先求得可供参考的角度 θ 和时间 t 序列。因此，在求插值时间点前需根据转速信号先行求得这两个变量。常用的方法为"过零点法"，即利用脉冲编码器栅格角间距相等的特点，算出转速信号中每个脉冲所代表的转角，作为角度 θ 序列；根据转速信号求得各脉冲的过零点的时间点，作为时间 t 序列。一旦过零点值出现误差，必然会影响重采样时插值时间点的精度。

在实际中所研究的对象是变速变载工况下测得的齿轮箱箱体上的振动信号。齿轮箱的负载和转速的波动比较复杂且剧烈，同时由于不对中，可能存在转矩转速传感器的安装误差、外界电磁信号的干扰以及机械振动干扰等，往往会造成转速信号的测试误差，这种误差常表现为转速信号被干扰信号的调幅调制，波形上出现纹波现象，并且该曲线由单一的线性变化转变为复杂的非线性变化。从理论上讲，可以通过信号解调来消除误差，但是，调制源复杂且未知而难以实施；另一方面，齿轮箱的转速是变化的，相应的信号属非平稳信号范畴，也使得解调计算十分困难。

注意到，这种调制只影响短时间内过零点的疏密程度，在一个较长的时间段内不会影响总时长和总转角的对应关系。因此，根据传统的计算阶次分析法的假设前提，即在一个小的时间段内，参考轴做线性的匀角加速运动，根据转角、时间与转速间的关系，提出非线性拟合阶次分析法。在角域重采样的过程中，采用曲线拟合方法来消除插值采样时的误差，并将该假设条件由计算阶次分析法中的线性匀加速运动拓展到非线性的变加速运动，通过实测信号对算法进行验证。结果显示，非线性拟合阶次分析法在角域重采样时比传统的计算阶次分析法的采样精度更高，重采样后的插值点更准确。

4.3.1 多项式拟合原理

给定一组数据 $\{(x_i, y_i), i = 1, 2, \cdots, N\}$，若希望采用多项式模型对数据进行描述，且拟合目标是形如 $y(x) = f(a, x) = a_1 x^n + a_2 x^{n-1} + \cdots + a_n x + a_{n+1}$ 的 n 阶多项式模型，求取参数 $a_1, a_2, \cdots, a_n, a_{n+1}$ 使下列 χ^2 最小。

$$\chi^2(a) = \sum_{i=1}^{N} \left[\frac{y_i - f(a, x_i)}{\Delta y_i} \right]^2 = \sum_{i=1}^{N} \left[\frac{y_i - (a_1 x_i^n + a_2 x_i^{n-1} + \cdots + a_n x_i + a_{n+1})}{\Delta y_i} \right]^2 \quad (4-1)$$

在 $\Delta y_i = \Delta y$ 不变的假设下，使式(4-1)达最小的解是

$$\hat{a} = V \setminus y \quad (4-2)$$

式中，$\hat{a} = \begin{bmatrix} \hat{a}_1 \\ \hat{a}_2 \\ \hat{a}_3 \end{bmatrix}$，$V = \begin{bmatrix} x_1^2 & x_1 & 1 \\ x_2^2 & x_2 & 1 \\ \vdots & \vdots & \vdots \\ x_N^2 & x_N & 1 \end{bmatrix}$，$y = \begin{bmatrix} y_1 \\ y_2 \\ \vdots \\ y_N \end{bmatrix}$。这里，$V$ 是 Vandermonde 矩阵。

$\hat{a}$ 的不确定性(离差)为

$$\sigma(\hat{a}) = \text{diag}[(V^{\mathrm{T}} V)^{-1}]^{\frac{1}{2}} \cdot \begin{bmatrix} \Delta\gamma \\ \Delta\gamma \\ \Delta\gamma \end{bmatrix} \quad (4-3)$$

4.3.2 拟合多项式阶数的确定

模型多项式的阶次取得太低，拟合就粗糙，容易产生误差；阶次太高，拟合就会"过头"，使数据噪声也纳入模型。判断拟合是否恰当的方法很多，在此介绍两种方法。

(1)如果估计参数下的 χ^2 与其自由度相近，认为阶次适当把所得的参数估计代入式(4-1)计算 χ^2。一个合适的阶次，应使其 χ^2 以自由度 $(N - n - 1)$ 为其期望

值。这里的 N 是原数据的长度，$(n+1)$ 是其多项式系数的数目。

(2) 如果 $Q(\chi^2, N-n-1) = 1 - P(\chi^2 < (N-n-1))$ 的值与 0.5 接近，认为阶次适当。$P(\chi^2 < (N-n-1))$ 根据 χ^2 分布的累计概率指令 chi2cdf(chi2, $(N-n-1)$) 算出。

4.3.3 算法与步骤

参照计算阶次分析法的具体算法，齿轮箱参考轴的转角 θ 可以通过式(4-4)来求得

$$\theta(t) = b_0 + b_1 t + b_2 t^2 \tag{4-4}$$

式中，b_0、b_1、b_2 为待定系数。

在时域中，设一个鉴相脉冲对应的轴转角增量为 $\Delta\varphi$，则式(4-4)中待定系数 b_0、b_1、b_2 可以通过拟合三个连续的鉴相脉冲到达时间 t_1、t_2、t_3 得到，将 t_1、t_2、t_3 代入式(4-4)，即

$$\begin{cases} \theta(t_1) = 0 \\ \theta(t_2) = \Delta\varphi \\ \theta(t_3) = 2\Delta\varphi \end{cases} \tag{4-5}$$

在此，由于所分析的是变速变载工况下测得的齿轮箱的振动信号，直接得到的转速信号是一个非线性曲线，同时转速电压信号中存在明显的调制现象，计算出的转速瞬时信号中存在纹波干扰，并且该齿轮箱是一个非线性系统，因此需要对测得的转速电压信号的过零点进行曲线啮合，以更好地减小重采样时插值时间点的误差。

$$y(t) = f(a, t) = \alpha(a_1 t^n + a_2 t^{n-1} + \cdots + a_n t + a_{n+1}) \tag{4-6}$$

式中，α 为拟合参数，根据转速运行方式即加速度 a 的不同而取值不同。

将式(4-6)拟合后的过零点 t 值代入式(4-4)，可得

$$\begin{bmatrix} 0 \\ \Delta\varphi \\ 2\Delta\varphi \end{bmatrix} = \begin{bmatrix} 1 & t_1 & t_1^2 \\ 1 & t_2 & t_2^2 \\ 1 & t_3 & t_3^2 \end{bmatrix} \begin{bmatrix} b_0 \\ b_1 \\ b_2 \end{bmatrix} \tag{4-7}$$

将三个逐次到达的脉冲时间点 t_1、t_2、t_3 代入式(4-7)，可以求出 b_0、b_1、b_2 的值，再代入式(4-4)，即可求出恒定角增量 $\Delta\theta$ 所对应的时间 t，即

$$t = \frac{1}{2b_2} \left[\sqrt{4b_2(k\Delta\theta - b_0) + b_1^2} - b_1 \right] \tag{4-8}$$

式中，k 为插值系数，由式(4-9)决定。

$$k = \frac{\theta}{\Delta\theta} \tag{4-9}$$

非线性拟合阶次分析法的具体步骤如下。

(1)对原始振动响应信号和转速信号分两路同时进行等时间间隔采样,得到时域采样信号。

(2)对转速曲线进行处理,首先求出转速曲线中上升沿的过零点,然后对求出的过零点进行曲线啮合,求出修正后的过零点。

(3)通过采集的鉴相脉冲序列(通常是每转一个脉冲)进行转速估计,并作为振动相角的测量基准,根据式(4-7)求出 b_i 的值。

(4)根据式(4-9)求出 k 的值,再由式(4-8)求出恒定角增量 $\Delta\theta$ 所对应的时间点 t 的值。

(5)根据已求出的转速曲线中恒定角增量 $\Delta\theta$ 所对应的时间点 t 的值,对振动信号进行插值,求出其对应点的信号的幅值,实现角域重采样,生成振动信号的同步采样信号,从而实现时域非平稳信号向角域伪稳态信号的转换。

(6)对角域重采样的信号进行 FFT,得到振动信号的非线性拟合阶次谱,从而实现对变速变载齿轮箱时域非平稳信号的分析。

非线性拟合阶次分析法对转速曲线的过零点进行了曲线拟合,因此解决了转速曲线非线性的问题,最大可能地消除了由于过零点的误差对信号处理结果造成的误判现象。运动按照负载的变化以及转速曲线的加速度 a 的变化方式分为匀速运动和变速运动,变速运动又分为标准的匀变速运动和任意角加速运动,对拟合参数 a 的取值进行讨论。

(1)当负载稳定为一个常数时,加速度 $a=0$,即转速曲线按照匀速运动,此时的转速曲线是一条线性直线,测得的齿轮箱箱体上的振动信号是稳态信号,满足传统的 FFT 对信号平稳性的要求,也符合计算阶次分析法的假设前提,此时的拟合参数 $\alpha=0$,即无须对转速曲线进行拟合,对稳态信号的处理可以应用传统的计算阶次分析法,也可以直接对其应用传统的频谱分析法。

(2)当负载呈线性变化时,加速度 $a=A$,A 为不等于 0 的常数,即转速曲线按照标准的匀变速运动,此时的转速曲线是一条线性直线,测得的齿轮箱箱体上的振动信号是非平稳信号,不满足传统的 FFT 对信号平稳性的要求,但是符合传统的计算阶次分析法的假设前提,此时的拟合参数 $\alpha=0$,即无须对转速曲线进行拟合,这就是传统的计算阶次分析法。

(3)当负载呈非线性变化时,加速度 $a=Bt$,B 是任意常数,t 是时间,即加速度值是时间的函数。转速曲线按照任意角加速度运动,此时的转速曲线是一条非线性曲线,不满足传统的 FFT 对信号平稳性的要求,也不符合传统的计算阶次分析法的假设前提,此时的拟合参数 $\alpha=1$,需要对转速曲线进行拟合,以消除曲线过零点的影响和纹波的干扰,这就是本书提出的非线性拟合阶次分析法。

在本书中,对负载不变的匀速运动($a=0$)和负载呈线性变化的标准匀变速运动($a=A$)两种情况测得的信号不再进行验证,下面主要以所研究的变速变载工况，即负载呈非线性变化的变加速度运动（$a = Bt$）情况下测得的信号为例进行验证。

4.3.4 阶次分析法应用实例和对比分析

为了更直观地对计算阶次分析法和本书提出的非线性拟合阶次分析法分析的结果进行对比，下面结合前面的试验台进行验证。

1. 齿轮箱正常情况

以实际测试的齿轮箱的一次变速变载过程的信号为例对其进行分析说明，在齿轮箱各部件都正常的情况下，通过改变稳流直流电源来实现负载的变化，进而转速也随之变化。采样时间是 3.8 s，采样频率是 12800 Hz，以其中的一路振动信号为例进行验证。为了易于观察，给出了齿轮箱输入轴转速电压信号的局部放大图。

图 4-6 是测得的齿轮箱输入轴转速电压信号的局部放大图。理想的电压信号应该是一系列标准的方波，而图中的信号并不是标准的方波，在信号的顶部和底部位置存在着明显的变形，表明信号发生了失真，说明信号中的调制现象比较严重。采用此信号直接求得的过零点的值必然会存在一定误差，再对其进行后续处理，结果可能会出现误判现象。

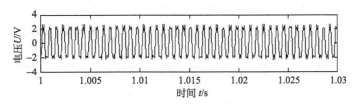

图 4-6 齿轮箱输入轴转速电压信号的局部放大图

图 4-7 是利用直接插值算法（即拟合算法前）得到的过零点值求得的转速曲线。图 4-7 中转速抖动剧烈，存在一系列间隔均匀的峰值，波形中的纹波现象非常严重，说明该转速曲线中确实存在比较严重的调制现象。直接利用该过零点对振动信号进行插值，必然会对信号处理结果造成影响。

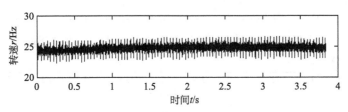

图 4-7 采用拟合算法前的齿轮箱输入轴转速曲线

图 4-8 为采用非线性拟合阶次分析法后的齿轮箱输入轴转速曲线。与拟合算法前的转速曲线(图 4-7)相比,速度变化趋势明显,按照先加速后减速的方式运行,呈现出渐变特性,是一条明显的非线性曲线,且拟合算法前转速曲线中存在的明显的峰值及纹波现象得到了很好的解决,说明该曲线能够真实地反映出齿轮箱中输入轴的转速变化情况,是一个明显的变速变载过程,不满足传统的计算阶次分析法的假设前提,直接对其应用计算阶次分析法可能会产生误差,甚至误判现象。

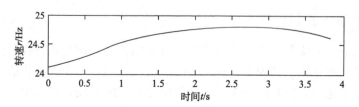

图 4-8　采用拟合算法后的齿轮箱输入轴转速曲线

图 4-9 为采用两种算法所求得的插值点的时间差。虽然其绝对值不大,但对于所研究的变速变载工况下齿轮箱的振动信号处理来说,在高采样率的数据重采样过程中,其影响是相当大的,很容易在插值时使其插值点的幅值偏离信号原来的真实幅值,结果发生误判现象。

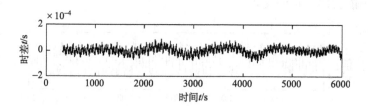

图 4-9　两种算法所得插值点的时间差

图 4-10 是齿轮箱上测得的时域振动信号。由信号的波形可以看出,其幅值随着转速的波动而变化,是一个明显的非平稳过程,不满足 FFT 分析对信号平稳性的要求,不能对其直接应用 FFT 分析。下面对其分别进行计算阶次分析和非线性拟合阶次分析,并比较两种方法处理的结果。

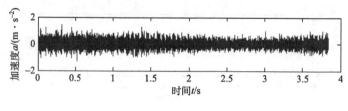

图 4-10　时域振动信号

图 4-11 为计算阶次谱图。其横坐标是阶次，纵坐标是幅值。该谱图对转速曲线没有经过拟合，是利用测得的转速信号直接对振动信号插值所得到的。图 4-11 中在对应于 30 rad^{-1}、60 rad^{-1}、90 rad^{-1}、120 rad^{-1}、150 rad^{-1} 等阶次处存在峰值，其中以 60 rad^{-1} 处的峰值最为明显，而 30 rad^{-1}、90 rad^{-1}、120 rad^{-1}、150 rad^{-1} 处的峰值的分辨率比较低，但是该图也能反映出齿轮箱中齿轮的啮合信息。

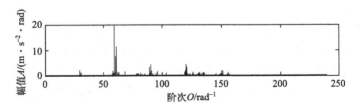

图 4-11　计算阶次谱图

图 4-12 为非线性拟合阶次谱图。通过与拟合算法前振动信号的计算阶次谱图（图 4-11）对比，可以发现：采用非线性拟合阶次分析法后的振动信号的非线性拟合阶次谱图的谱线更清晰，在 60 rad^{-1} 处的峰值有所减小，在 90 rad^{-1}、120 rad^{-1}、150 rad^{-1} 处的峰值更明显，说明非线性拟合阶次分析法的效果更好。

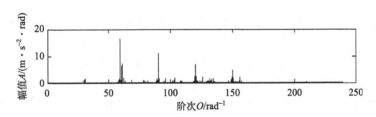

图 4-12　非线性拟合阶次谱图

2. 滚动轴承故障情况

通过上面的实例能够看出：在齿轮箱各部件都正常的情况下，非线性拟合阶次分析法在处理变速变载工况下齿轮箱振动信号时，其谱图的效果要明显优于计算阶次分析法。如果齿轮箱中某种部件存在故障，测得的振动信号中的调幅和调制现象更加明显，一旦插值点发生一点小的偏差，就会对插值后的信号产生很大的影响，诊断结果很容易发生误判现象。下面以齿轮箱中输入轴滚动轴承内圈裂纹故障为例进行验证。

图 4-13 是测得的齿轮箱输入轴转速电压信号的局部放大图。该信号也发生了失真，说明信号中的调制现象比较严重。

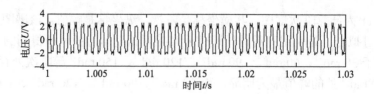

图 4-13　齿轮箱输入轴转速电压信号的局部放大图

图 4-14 是利用直接插值算法(即拟合算法前)得到的过零点值求得的齿轮箱输入轴转速曲线。图 4-14 中转速抖动剧烈,存在一系列间隔均匀的峰值,波形中的纹波现象非常严重,说明该转速曲线中确实存在比较严重的调制现象,直接利用该过零点对振动信号进行插值,必然会对信号处理结果造成影响。

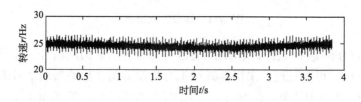

图 4-14　采用拟合算法前的齿轮箱输入轴转速曲线

图 4-15 为采用非线性拟合阶次分析法后的转速曲线。与拟合算法前的转速曲线(图 4-14)相比,速度变化趋势明显,按照先减速后加速的方式运行,呈现出渐变特性,是一条明显的非线性曲线,且拟合算法前转速曲线中存在的明显的峰值及纹波现象得到了很好的解决,说明该曲线能够真实地反映出齿轮箱中输入轴的转速变化情况,是一个明显的变速变载过程,不满足传统的计算阶次分析法的假设前提,直接对其应用计算阶次分析法可能会产生误差,甚至误判。

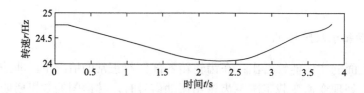

图 4-15　采用拟合算法后的齿轮箱输入轴转速曲线

图 4-16 为采用两种算法所求得的插值点的时间差。虽然其绝对值不大,但对于所研究的变速变载工况下齿轮箱的振动信号处理来说,在高采样率的数据重采样过程中,其影响是相当可观的,很容易在插值时使其插值点的幅值偏离信号原来的真实幅值,结果发生误判现象。

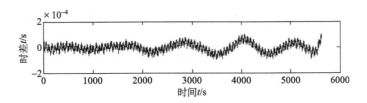

图 4-16 两种算法所得插值点的时间差

图 4-17 是齿轮箱上测得的时域振动信号。由信号的波形可以看出，其幅值变化并不明显，但该信号是一个非平稳过程，不满足 FFT 分析对信号平稳性的要求，不能对其直接应用 FFT 分析。下面对其分别进行计算阶次包络谱分析和非线性拟合阶次包络谱分析，并比较两种方法处理的结果。

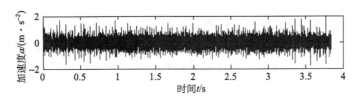

图 4-17 时域振动信号

图 4-18 为计算阶次包络谱图，其横坐标是阶次，纵坐标是幅值。该谱图对转速曲线没有经过拟合，是利用测得的转速信号直接对振动信号插值所得到的，图中低阶次处的峰值比较杂乱，在对应于 6 rad^{-1}、9.8 rad^{-1}、15 rad^{-1} 等阶次处存在峰值，但是和滚动轴承内圈裂纹故障阶次 5.42 rad^{-1} 不相符，说明该谱图不能反映出齿轮箱中滚动轴承的故障信息。

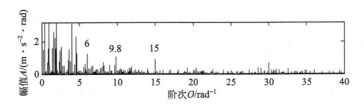

图 4-18 计算阶次包络谱图

图 4-19 为非线性拟合阶次包络谱图。通过与拟合算法前振动信号的计算阶次包络谱图(图 4-18)对比可以发现，采用非线性拟合阶次分析法后的振动信号的非线性拟合阶次包络谱图的谱线更清晰，在低阶次处的峰值有所减小，在 2 rad^{-1} 和 3 rad^{-1} 处的峰值对应着齿轮箱输入轴 2 倍和 3 倍的旋转阶次，在 5.42 rad^{-1}、10.84 rad^{-1} 处的峰值对应着齿轮箱中滚动轴承内圈裂纹故障的 1 倍和 2 倍的故障阶次，说明非线性拟合阶次分析法能够有效地诊断出变速变载工况下齿轮箱的内

部部件故障，为解决变速变载工况下齿轮箱信号的处理提供了一种可行的方法。

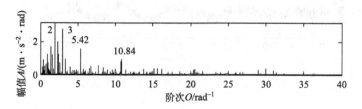

图 4-19　非线性拟合阶次包络谱图

4.4　角域采样定理

根据奈奎斯特定律，无论采用哪种采样方式，抗混滤波都是必不可少的。非线性拟合阶次分析同样需要抗混滤波，有时需要通过提高采样阶次和抗混滤波器通带值来避免发生混叠现象。和时域采样时一样，角域重采样时也必须遵循角域采样定理。

4.4.1　基本原理

如前所述，角域重采样技术是非线性拟合阶次分析的关键步骤，若该环节出现误差必将对后续分析产生较大影响。因此，为了避免阶次域混叠现象，需要重点研究角域里的阶次采样率问题。

由于非线性拟合阶次分析与传统的频谱分析类似，其基本数学理论依据均为傅里叶变换，只是分析对象由时域信号变为角域信号，所以类比时域采样定理，可以给出角域采样定理如下。

一个在阶次 O_m 以上无阶次分量的有限带信号，可以由它在小于或等于 π / O_m 均匀角度间隔上的取值唯一地加以确定，即

$$\Delta\theta \leqslant \pi / O_m \qquad (4\text{-}10)$$

这个定理说明，如果在某一阶次 O_m 以上，$x(\theta)$ 傅里叶变换等于零，则关于 $x(\theta)$ 的全部信息均包含在它的采样角度间隔小于 π / O_m 的均匀采样信号里。信号 $x(\theta)$ 每隔 $\Delta\theta$ 角度被采样一次，或者说以大于或等于 $2O_m$ 采样率进行采样，这些采样值 $x(n)$ 包含 $x(\theta)$ 在每一个 θ 角度的信息。

设一个上限阶次为 O_m 的有限带宽的连续信号 $x(\theta)$，当 $|O| > O_m$ 时，$X(O) = 0$，如图 4-20(a)、(b)所示。若用一个脉冲序列 $\delta_T(\theta)$ 去乘 $x(\theta)$，则其乘积 $x(\theta) \cdot \delta_T(\theta)$ 是一个间距为 T_θ 的脉冲序列，其在相应的瞬时具有与 $x(\theta)$ 相等的强度，如图 4-20(c)、(e)所示。

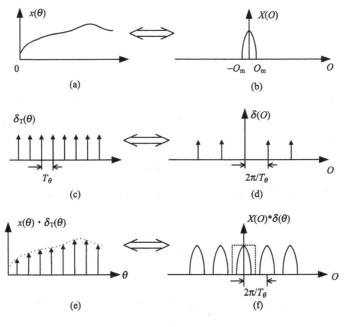

图 4-20　角域采样原理

取样后的信号为

$$x_s(\theta) = x(\theta) \cdot \delta_T(\theta) \tag{4-11}$$

均匀脉冲序列 $\delta_T(\theta)$ 的傅里叶变换 $\delta_T(O)$ 为

$$\delta_T(\theta) = O_s \delta_{Os}(O) \tag{4-12}$$

也是一个均匀脉冲序列，如图 4-20（d）所示，每个脉冲的间隔为

$$O_s = 2\pi / T_\theta \tag{4-13}$$

根据卷积定理，采样后信号 $x_s(\theta)$ 的傅里叶变换为 $X_s(O)$，如图 4-20（f）所示，即

$$X_s(O) = 2\pi / T_\theta [X(O)\delta_{Os}(O)] \tag{4-14}$$

式（4-14）是由 $X(O)$ 与脉冲序列 $O_s\delta_{Os}(O)$ 卷积而得，即原信号 $x(\theta)$ 的阶次谱每隔 $O_s = 2\pi / T_\theta$ 周期性地重复一次。显然，只有满足

$$O_s = 2\pi / T_\theta \geqslant 2O_m \tag{4-15}$$

或

$$T_\theta \leqslant \pi / O_m \tag{4-16}$$

$X_s(O)$ 才能包含 $x(\theta)$ 的全部信息，周期出现的 $X(O)$ 才不会产生首尾重叠现象，即不会发生混叠。

4.4.2 角域采样率

下面分析在角域重采样时的采样率问题。

设某转速为 ω 的转速机械的时域信号为 $X(\omega,t)$，对于变转速机械，其中 ω 也是时间 t 的函数。若采样频率为 f_s，则时域采样脉冲时间间隔为 $T=1/f_s$，时域抗混滤波器的上限频率为 $f_m=f_s/2$，那么，在角域内，此采样信号为变采样率信号，则角域采样阶次 O_s 为

$$O_s = 2\pi / T_\theta = 2\pi / (\omega T) = 2\pi f_s / \omega \tag{4-17}$$

相应地，角域抗混滤波器的上限阶次也成为 ω 的函数，为

$$O_m = 2\pi f_m / \omega = \pi f_s / \omega \tag{4-18}$$

因此，时域采样信号可以看作是一个变采样率的角域采样信号。所以，由式 (4-10) 可得以下结论。

(1) 当工程需要的分析带宽 $\hat{O}_m > \min O_m$ 时，便会由于信号(或部分信号)中不含相应信息而达不到带宽要求，需重新设定时域采样频率、重新采样。实际操作中由所需的角域分析带宽 $\hat{O}_m$ 和预期转速 $\hat{\omega}$ 来确定时域采样频率 f_s。结合式 (4-18) 可得

$$f_s \geqslant \hat{O}_m \max(\hat{\omega}) / \pi \tag{4-19}$$

(2) 当分析带宽 $\hat{O}_m < \max O_m$ 时，角域信号中便会存在未进行抗混滤波的成分，因此必然会出现阶次混叠现象，这时需要进行抗混滤波。角域重采样率 O_s 需满足

$$O_s \geqslant \max O_s = 2\pi f_s / \min(\omega) \tag{4-20}$$

特别指出，这里的角域重采样率已经不能简单地参照时域信号分析那样设定为 $O_s = 2\hat{O}_m$。

综上所述，在实际操作中，角域分析带宽 O_m 须由所需角域分析带宽 $\hat{O}_m$ 和预期转速 $\hat{\omega}$ 确定，再由 f_s 和实测转速 ω 确定。这样才能既不出现阶次混叠，又不遗漏信息。

4.4.3 信号仿真分析

设某振动信号为 $y=\sin 2\omega t$，其中，$\omega = 6t + 2\pi$，$t \in [0,3\pi]$，式中各量单位均为相应国际单位。从信号表达式可见，其中仅含有转轴的 2 阶信息。设欲分析信号的 2 阶信息，根据式 (4-19) 确定时域采样频率为 $f_s \geqslant 40\,\mathrm{Hz}$，由式 (4-20) 得

$$\min(O_s) = 40$$

为了验证式 (4-19) 所述结论的正确性，下面分别以 50 Hz 和 30 Hz 来进行时域采样，这两个采样频率的值都偏离最小采样频率(40 Hz)为 10 Hz，以便增强时

域采样后对比的效果。

图 4-21 和图 4-22 分别是采样频率为 50 Hz 和 30 Hz 时采样的时域波形。由图 4-21、图 4-22 能够看出，采样频率为 30 Hz 时信号出现了误差，已经不能准确地反映仿真信号的特征，说明式(4-19)所述结论的正确性。

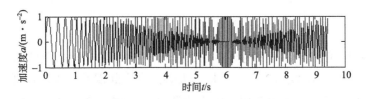

图 4-21　50 Hz 采样时域波形

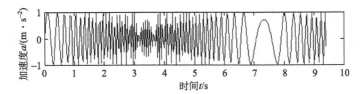

图 4-22　30 Hz 采样时域波形

根据式(4-19)可知：当时域采样频率为 50 Hz 时，相当于预设角域分析带宽 $\hat{O}_m$ 为 50/40。在此信号中加入 3 阶噪声信号，并以 50 Hz 时域采样，其时域波形如图 4-23 所示。图 4-23 中含有 3 阶噪声的混合信号，对混合信号以 40 阶进行角域重采样，重采样后的角域信号如图 4-24 所示，对其进行非线性拟合阶次分析结果如图 4-25 所示。

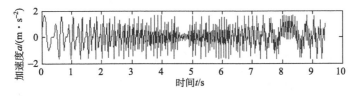

图 4-23　混合信号的时域波形

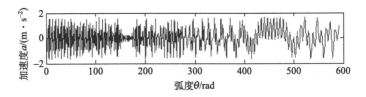

图 4-24　混合信号的角域波形

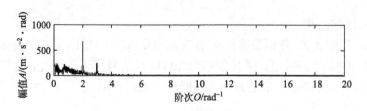

图 4-25　混合信号的非线性拟合阶次谱

由图 4-25 可见，信号中明显存在 2 阶和 3 阶信息，均大于 15/11。如果按照时域来设定采样阶次 $O_s = 2\hat{O}_m$，分析结果必然会引起混叠现象。仿真实例说明，虽然图 4-21 的采样阶次由预期分析阶次带宽 $\hat{O}_m$ 确定，但由于转速的变化，将此信号看作一个变采样率的角域采样信号时，其采样阶次很可能远大于 2 倍的预期分析阶次带宽 $\hat{O}_m$。由于是仿真信号，频率相对单一，看似该现象对信号分析影响不大，但工程测试信号相当复杂，其中必然含有高于 $\hat{O}_m$ 的成分，如果采样阶次选择不当，其影响就比较严重，有可能会造成完全错误的分析结果。

第5章　非平稳振动信号降噪方法研究

齿轮箱在非平稳工况工作过程中，由于机械系统动态载荷的作用，齿轮箱结构呈现出强烈的振动，周围环境对测量信号的影响也较为严重，使得测量的信号含有大量的噪声，这些噪声的特点是包含许多尖峰和突变成分，并且噪声也不是平稳的白噪声。实际中，针对不同性质的信号和干扰寻找最佳的处理方法来降低噪声一直是信号处理领域研究的重要问题。传统的降噪方法是利用信号的周期性或信号与噪声的频谱不同来分离信号和噪声的，但非平稳过程振动信号难以利用基于傅里叶分析的传统滤波方法来达到降低信号中噪声的目的。

本章针对非平稳振动信号的特点，研究基于奇异谱分析的信号降噪、提升小波包降噪方法和改进卡尔曼滤波方法，并根据提升小波包分解结构，提出一种渐变式阈值选择与量化策略，在全频带内实现更好的消除噪声。针对单独使用非线性拟合阶次分析法难以实现非平稳信号有效降噪问题，将卡尔曼滤波技术应用于角域伪稳态信号分析中，并对传统的卡尔曼滤波方法进行改进。仿真和试验数据表明，上述几种降噪方法在处理非平稳振动信号方面均具有较好的效果。

5.1　常用信号降噪方法

对信号进行降噪处理就是突出信号中的有用成分，降低外界干扰成分，提高信号的信噪比，从而得到更接近于真实情况的信号。这是因为测得的信号往往存在各种干扰，如邻近机械或部件的振动干扰等。为了突出有用信息，要用滤波方法去除或减少噪声以提高信噪比。滤波的实质是去除或抑制某些频率范围内的信号成分。一般来说，信号中有用成分 $s(t)$ 与噪声成分 $n(t)$ 大体上有以下几种关系。

相加关系：$\qquad\qquad\qquad x(t) = s(t) + n(t)$

相乘关系：$\qquad\qquad\qquad x(t) = s(t) \cdot n(t)$

卷积关系：$\qquad\qquad\qquad x(t) = s(t) * n(t)$

对相加关系可以用线性滤波的方法解决，相乘关系、卷积关系为非线性滤波，要用同态滤波方法解决，要将相乘关系和卷积关系转化为相加关系再进行滤波。

针对以上噪声的不同表现形式，常用的降噪方法有以下几种。

(1) 窄带滤波。如果预先知道有用信号的频率集中在频率 f_0，则可以用中心频率 f_0、带宽为 Δf 的窄带滤波器对原始信号进行滤波。有用信号的谱峰值经滤波后不随带宽的减小而变化，如果噪声的能量不是主要集中在窄带滤波器的带宽内，滤波后的输出会随着带宽 Δf 的减小而减小，因此可以达到抑制噪声的效果。

(2)相关滤波。如果分析信号是周期信号，那么它的自相关函数也是周期的，而宽带噪声的自相关函数在时延足够大时将衰减掉，利用这种性质就可以先求原始信号的自相关函数，如果在时延足够大时它不衰减，则可以认为存在周期分量，将周期分量提取出来就可以得到所需的有用信号。这种方法适用于周期信号。

(3)周期时间平均。这是从叠加有白噪声的原始信号中提取有用信号的一种很有效的方法。这种方法是对原始信号进行多段同步平均后，白噪声的平均值趋于零，而有用信号的平均值保持不变，因此经多段同步平均之后得到的信号就是有用信号的理想估计值。但是，这种方法的降噪效果取决于多段同步平均的物理实现，只有每次试验的采样点重合得很好时才能保证降噪效果，这样就必须增加附加设备，给设备的监测与诊断带来不便。

(4)同态滤波。同态滤波是一种非线性滤波。这种方法的特点是先将相乘或卷积而混杂在一起的信号用某种变换将它们变成相加关系，然后用线性滤波方法去掉不需要的成分，最后用前述变换的逆变换把滤波后的信号恢复出来。

解乘积的同态滤波过程可用图 5-1 表示。

图 5-1　解乘积的同态滤波过程

如上所述，传统的降噪方法是利用信号的周期性或信号与噪声的频谱不同来分离信号和噪声的，而没有涉及系统的动力学特性。然而对于齿轮箱工作过程尤其是在故障发生时，由于振动信号的幅值时变、频率时变以及噪声突变性的特点，测量信号的频谱和噪声的频谱互相重叠。针对这种信号，如果再利用上述介绍的降噪方法，将很难取得理想的效果。因此，必须结合齿轮箱的动力学特性以及噪声的特点，寻求有效的降噪方法。

5.2　基于奇异谱的降噪方法

利用由动力学系统观测到的含噪声的时间序列在重构相空间重构原动力学系统，重构相空间的轨道矩阵表征了原动力学系统在重构相空间的动力学特性。重构相空间的轨道矩阵可以看作由不含噪声的时间序列重构的轨道矩阵在噪声下的摄动。因此，可以利用奇异值分解理论，设计一个滤波器，降低噪声对重构相空间轨道矩阵的影响，进而可以达到降低时间序列中噪声的目的，这是基于奇异谱的降噪方法。

5.2.1 奇异值分解和奇异谱理论

1. 奇异值分解

令 A 是一个 $m \times n$ 维实矩阵，则分别存在一个 $m \times l$ 维的矩阵 U 和一个 $n \times l$ 维的矩阵 V，使得

$$A = U\Lambda V^{\mathrm{T}} \tag{5-1}$$

式中，Λ 是一个 $l \times l$ 维对角阵，即 $\Lambda = \mathrm{diag}(\lambda_1, \lambda_2, \cdots, \lambda_l)$，其主对角线的元素都是非负的，并按下列顺序排列：$\lambda_1 \geqslant \lambda_2 \geqslant \cdots \geqslant \lambda_l > 0$。$\lambda_1, \lambda_2, \cdots, \lambda_l$ 称为矩阵 A 的奇异值，称式(5-1)为矩阵 A 的奇异值分解公式，奇异值包含有关矩阵 A 的秩的特性的有用信息。

设有 $m \times n$ 维矩阵 A 和 B，则 $m \times n$ 维矩阵差 $A - B$ 的 Frobenius 范数定义为

$$\|A - B\|_{\mathrm{F}} = \left[\sum_{i=1}^{m} \sum_{j=1}^{n} |a_{ij} - b_{ij}|^2 \right]^{\frac{1}{2}} \tag{5-2}$$

对 $m \times n$ 维矩阵 A，如果要寻找一个 $m \times n$ 维而秩为 $k(k < \mathrm{rank}(A))$ 的矩阵 B 能使上述范数最小，这一逼近问题的解可以用下面的定理来描述。

【定理1】在 Frobenius 范数意义下能最佳逼近 $m \times n$ 维矩阵 A 的唯一 $m \times n$ 维且秩 $k \leqslant \mathrm{rank}(A)$ 的矩阵由

$$A^{(k)} = U\Lambda_k V^{\mathrm{T}} \tag{5-3}$$

给定，其中 U 和 V 与式(5-1)同义，而 Λ_k 是通过在 Λ 中令 k 个最大的奇异值以外的所有其他奇异值都等于零后得到的对角阵。这一最佳逼近的效果由式(5-4)来描述。

$$\|A - A^k\|_{\mathrm{F}} = \left[\sum_{j=k+1}^{l} \lambda_j^2 \right]^{\frac{1}{2}} \quad (0 \leqslant k \leqslant l) \tag{5-4}$$

对于一个亏秩矩阵的广义逆矩阵，其连续性有如下定理。

【定理2】设 A 为任意的 $m \times n$ 维矩阵，欲使

$$\lim_{\|\delta A\| \to 0} (A + \delta A)^{+} = A^{+} \tag{5-5}$$

其充分必要条件为对充分小的 $\|\delta A\|$，恒有

$$\mathrm{rank}(A + \delta A) = \mathrm{rank}(A) \tag{5-6}$$

假设从一个系统测得含有噪声的时序为 $y(i)$，$i = 1, 2, \cdots, N$。测得的时序可以按式(5-7)构成一个 $m \times n$ 维矩阵 $(m > n)$。

$$D_n = \begin{bmatrix} y(1) & y(2) & \cdots & y(m) \\ y(2) & y(3) & \cdots & y(m+1) \\ \vdots & \vdots & & \vdots \\ y(n) & y(n+1) & \cdots & y(n+m) \end{bmatrix}^{\mathrm{T}} \tag{5-7}$$

$m \times n$ 维矩阵 D_n 也可表示成 $D_n = D + W$，其中 D 是由不受噪声干扰的时序构成的 $m \times n$ 维矩阵，W 是由噪声构成的 $m \times n$ 维矩阵。这样对测得的时序进行降噪的问题，也就可表示成由 $m \times n$ 维矩阵 D_n 求 $m \times n$ 维矩阵 D 的问题。用矩阵表示就是求取一个滤波器 G 使式(5-8)成立，即

$$D_n G = D \tag{5-8}$$

式中，G 是一个 $n \times n$ 维矩阵。对于一个确定的系统，只要维数选得不是太小，矩阵 D 既不是行满秩，也不是列满秩，而是奇异的，有 k 个奇异值。滤波器 G 的最小范数解由式(5-9)给出

$$G = D_n^+ D \tag{5-9}$$

式中，D_n^+ 是矩阵 D_n 的广义逆矩阵，定义为

$$D_n^+ = (D_n^{\mathrm{T}} D_n)^{-1} D_n^{\mathrm{T}} \tag{5-10}$$

假定数据矩阵 D_n 的奇异值分解为

$$D_n = U \Lambda V^{\mathrm{T}} \tag{5-11}$$

则式(5-10)中的广义逆矩阵 D_n^+ 与 D_n 的奇异值分解有下列关系：

$$D_n^+ = V \Lambda^+ U^{\mathrm{T}} \tag{5-12}$$

当高信噪比时：

$$\Lambda^+ = \mathrm{diag}(\lambda_1^{-1}, \cdots, \lambda_k^{-1}, 0, \cdots, 0) \tag{5-13}$$

当低信噪比时：

$$\Lambda^+ = \mathrm{diag}(\lambda_1^{-1}, \cdots, \lambda_k^{-1}, \lambda_{k+1}^{-1}, \cdots, \lambda_n^{-1}) \tag{5-14}$$

当信噪比不太高时，式(5-8)的解是病态的，不易确定主奇异值和次奇异值，而且小的次奇异值在 Λ^+ 中变成了很大的对角线元素，引起滤波器参数较大的扰动。为了减小这种扰动，可以利用定理 1，先求出 D_n 的秩为 k 的最佳逼近矩阵 $\hat{D}_n$。在式(5-9)中，数据矩阵 D 为 k 的最佳逼近矩阵 $\hat{D}_n$ 可以表示成 $\hat{D}_n = D + \delta W$，δW 是由噪声引起的。由定理 2 可知，当 $\|\delta W\| \to 0$ 时，$\hat{D}_n \to D$，$\hat{D}_n^+ \to D_n^+$。用 $\hat{D}_n$ 作为 D 的一个估计，求出滤波器参数。用 $\hat{D}_n$ 作为新的数据，重复前面过程，当滤波器参数不再发生变化时，就求出降低噪声后的数据。

2. 奇异谱

对某一机械动力学系统，测得信号是离散的时间序列 s_i，$i=1, 2, \cdots, N$，用嵌

入的方法在重构相空间重构吸引子，则重构的吸引子能够表征原机械动力学系统的特征。设表征重构系统吸引子轨道矩阵为 $m \times n$ 维矩阵 $X(m > n)$，如果没有噪声或信噪比特别高，轨道矩阵 X 是奇异的。对轨道矩阵 X 进行奇异值分解可以得到 k 个不增序排列的奇异值 $\lambda_1 \geqslant \lambda_2 \geqslant \cdots \geqslant \lambda_k > 0$，$k(k < n)$ 和系统有关。记

$$\sigma_i = \log\left(\lambda_i \bigg/ \sum_{j=1}^{k} \lambda_j \right)$$

则称 $\sigma_1, \sigma_2, \cdots, \sigma_k$ 为系统的奇异谱。求取滤波器的过程，从奇异谱上来说就是保留前 k 个奇异谱值，然后进行反变换求出一个新的时序 s_i，$i=1, 2, \cdots, N$ 的过程。利用求得的新时序再次进行处理，则可显著提高信噪比，突出原机械动力学系统的信息特征。

5.2.2 基于奇异谱的降噪算法

根据非线性系统信号的特点和奇异谱理论，奇异谱降噪方法有四个过程：①相空间重构吸引子；②邻域计算；③奇异值分解；④结果修正。

1. 相空间重构吸引子

假设系统的行为是一个相空间上的有限维吸引子，从系统测得的信号可以看作相空间的演化观测函数 h。如果 x_i 是吸引子上描述 i 时刻系统状态的点，s_i 是第 i 时刻观测到的值，则 $s_i = h(x_i)$。嵌入的方法是利用 s_i 构造一个映射，将相空间的未知吸引子 i 映射到重构空间 $\mathbf{R}^n$。用坐标延迟的方法可以重构吸引子，如嵌入映射

$$F : \mathbf{A} \rightarrow \mathbf{R}^n$$
$$F(x_i) = [h(x_i), h(x_{i+1}), \cdots, h(x_{i+n-1})] = (s_i, s_{i+1}, \cdots, s_{i+n-1}) \tag{5-15}$$

设测得信号是 s_i，$i=1, 2, \cdots, N$，用 $(s_i, s_{i+1}, \cdots, s_{i+n-1})$ 构成一个 n 维嵌入，吸引子可以由式 (5-16) 重构：

$$F(x_i) = \begin{bmatrix} h(x_i) \\ \vdots \\ h(x_{i+n-1}) \end{bmatrix} = \begin{bmatrix} s_i \\ \vdots \\ s_{i+n-1} \end{bmatrix} \tag{5-16}$$

利用信号 s_i 在 $\mathbf{R}$ 空间用 n 维嵌入 $(s_i, s_{i+1}, \cdots, s_{i+n-1})$ 重构吸引子，然后对此 n 维重构吸引子利用原动力学系统的奇异谱特性进行处理，以使含有噪声的重构吸引子更加接近由理想信号重构的吸引子，进而可以获得较为理想的信号。

2. 邻域计算

从嵌入 $\mathbf{R}^n$ 中选一点 x_i 和邻域半径 r（一般来说 r 的选择应和噪声水平有关），

找出在邻域 U 内所有与 x_i 距离小于邻域半径 r 的点 x_j。设 c 是邻域 U 的中心，令 $v_j = x_j - c$。

3. 奇异值分解

对每一个邻域 U 将 v_j 构成矩阵 $\boldsymbol{P}(v_j)$，其每行是 v_j，对矩阵 $\boldsymbol{P}(v_j)$ 应用奇异值分解可得到 M 个奇异值，选取 K 个最大奇异值 $(K < M)$，其他奇异值置为 0。然后计算 $\boldsymbol{P}(v_j)^{\mathrm{T}}$，将 $\boldsymbol{P}(v_j)^{\mathrm{T}}$ 按前面的逆过程变换成 $(u_j, \cdots, u_{j+n-1})$，这时 $(u_j, \cdots, u_{j+n-1})$ 是一个比 $(s_i, \cdots, s_{i+n-1})$ 含有更少噪声的嵌入。

4. 结果修正

将每个变换得到的 $(u_j, \cdots, u_{j+n-1})$ 对应相加平均，则可以得到信号 s_i 经过降噪处理后的信号 s_i'，此信号就是一个最终得到的较为理想的信号。

5.2.3 奇异谱降噪方法的仿真应用

为了验证上述降噪方法的应用效果，分别对 7 种不同形式的仿真信号进行降噪，各信号之间具有不同的变化规律，有普通的正弦信号、频率不断减小和频率不断增大的扫频信号以及矩形方波信号等，其中扫频信号的变化规律与变速箱实际加速过程的振动信号在形式上最具相似性。基于奇异谱分析的方法却很有效，而且稳定性较好，其根本原因在于该方法是基于重构吸引子轨道矩阵奇异值，而不是基于信号的频谱特性。因此，基于奇异谱的降噪方法更适合于加速过程振动信号的消噪，特别适于时变信号和突变信号的噪声滤波。降噪方法的综合应用结果如图 5-2 所示。

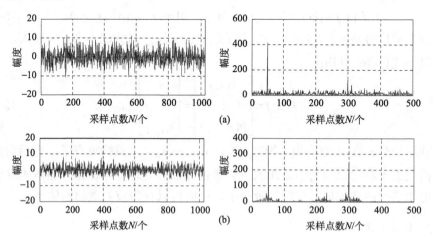

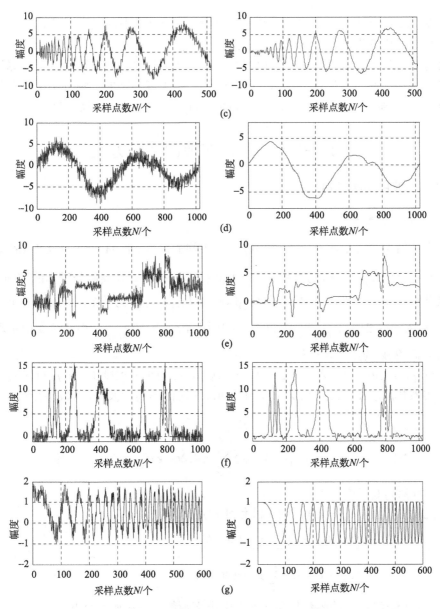

图 5-2 7 种不同形式的仿真信号及其降噪结果

表 5-1 给出了信号降噪前与降噪后的信噪比(signal to noise ratio)对比结果。

表 5-1 降噪前信号与降噪后信号的信噪比比较　　　　(单位：dB)

信号	Sine	Doppler	Heavysine	Blocks	Bumps	Chirp
降噪前	13.556	15.356	12.477	21.268	20.273	17.985
降噪后	18.620	25.254	19.320	29.359	28.788	33.568

从图 5-2 和表 5-1 信号降噪结果可以看出，基于奇异谱的降噪方法能够有效地降低信号中的噪声，明显地提高了信号的信噪比。由于对 7 种不同形式仿真信号降噪都取得了较好的效果，这说明基于奇异谱分解降噪方法适用性强，算法的鲁棒性好。因此，在机械设备的故障诊断中，基于奇异谱的降噪方法可以有效地降低噪声的影响，有利于从振动信号的时域特征对设备进行故障诊断。

5.3　基于小波包变换的降噪方法

5.3.1　小波包变换与 Mallat 算法

1. 小波包变换的定义

多分辨率分析中，$L^2(R) = \underset{j \in \mathbf{Z}}{\oplus} W_j$ 按照不同的尺度 j 把 Hilbert 空间 $L^2(R)$ 分解为所有子空间 $W_j (j \in \mathbf{Z})$ 的直和。多分辨率空间 V_j 被分解为较低分辨率的空间 V_{j+1} 与细节空间 W_{j+1}，即将 V_j 的正交基 $\left\{ \phi_j(t - 2^j k) \right\}_{k \in \mathbf{Z}}$ 分割为两个新正交基：V_{j+1} 的正交基 $\left\{ \phi_{j+1}(t - 2^{j+1} k) \right\}_{k \in \mathbf{Z}}$ 和 W_{j+1} 的正交基 $\left\{ \phi_{j+1}(t - 2^{j+1} k) \right\}_{k \in \mathbf{Z}}$。小波包变换实现了对未分解的 W_j 的进一步分解。

设 $\{h_k\}$，$\{g_k\}$，$k \in \mathbf{Z}$，且 $g_k = (-1)^{1-k} h_{1-k}$，h_k 是正交尺度函数 $\phi(t)$ 对应的正交低通实系数滤波器，g_k 是正交小波函数 $\phi(t)$ 对应的高通滤波器，则它们满足

$$\begin{cases} \phi(t) = \sqrt{2} \sum_{k \in \mathbf{Z}} h_k \phi(2t - k) \\ \varphi(t) = \sqrt{2} \sum_{k \in \mathbf{Z}} g_k \phi(2t - k) \end{cases} \tag{5-17}$$

式 (5-17) 称为双尺度方程。

记 $u_0 = \phi(t)$，$u_1 = \varphi(t)$，则小波包递归定义为

$$\begin{cases} u_{2n}(t) = \sqrt{2} \sum_{k \in \mathbf{Z}} h_k u_n(2t - k) \\ u_{2n+1}(t) = \sqrt{2} \sum_{k \in \mathbf{Z}} g_k u_n(2t - k) \end{cases} \qquad n = 0, 1, 2, \cdots \tag{5-18}$$

由式 (5-18) 得到的函数集 $\{u_n\}$ 称为由正交函数 $u_0 = \phi$ 确定的小波包。

以上定义即将正交分解 $V_j = V_{j+1} \oplus W_{j+1}$ 用 U_j^n 统一，得到如下空间分解：

$$U_j^n = U_{j+1}^{2n} \oplus U_{j+1}^{2n+1} \tag{5-19}$$

2. 小波包变换的 Mallat 算法

小波包 Mallat 分解算法：

$$\begin{cases} d_{2n}^{j+1}[k] = \sum_{l \in \mathbf{Z}} h_{l-2k} d_n^j[l] = d_n^j * \overline{h}[2k] \\ d_{2n+1}^{j+1}[k] = \sum_{l \in \mathbf{Z}} g_{l-2k} d_n^j[l] = d_n^j * \overline{g}[2k] \end{cases} \tag{5-20}$$

式中，$d_n^j[l]$，$l = 1, 2, \cdots, 2^{M-j}$ 为 (j, n) 节点系数；2^M 为原数据长度。

小波包 Mallat 重构算法：

$$\begin{aligned} d_n^j[k] &= \sum_{l \in \mathbf{Z}} h_{k-2l} d_{2n}^{j+1}[l] + \sum_{l \in \mathbf{Z}} g_{k-2l} d_{2n+1}^{j+1}[l] \\ &= \hat{d}_{2n}^{j+1} * h[k] + \hat{d}_{2n+1}^{j+1} * g[k] \end{aligned} \tag{5-21}$$

两级小波包变换 Mallat 分解与重构算法如图 5-3 所示。

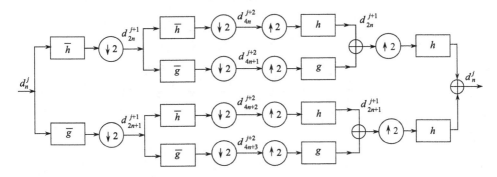

图 5-3　两级小波包变换 Mallat 分解与重构算法

5.3.2　提升小波与小波包变换算法

1. 提升小波变换算法

设 j 尺度下低频分解系数为 $c^j[k]$，$k = 1, 2, \cdots, 2^{M-j}$，$2^M$ 为原数据长度，则提升小波一级变换过程如下。

分解步骤如下。

(1) 分裂。将 $c^j[k]$ 分裂为奇样本 c_o^j 和偶样本 c_e^j，这种简单的分裂方式也称为"lazy"（懒）：

$$\begin{cases} c_o^j[k] = c^j[2k-1] \\ c_e^j[k] = c^j[2k] \end{cases} \qquad k = 1, 2, \cdots, 2^{M-j-1} \tag{5-22}$$

(2) 预测。利用预测器 P，由 c_e^j 预测 c_o^j，其差值（预测误差）即小波系数 d^{j+1}：

$$d^{j+1}[k] = c_o^j[k] - P(c_e^j) \tag{5-23}$$

(3) 更新。利用更新器 U，用 d^{j+1} 更新 c_e^j，得到信号的逼近序列 c^{j+1}：

$$c^{j+1}[k] = c_e^j[k] + U(d^{j+1}) \tag{5-24}$$

重构步骤如下。

(1) 反更新。

$$c_e^j[k] = c^{j+1}[k] - U(d^{j+1}) \tag{5-25}$$

(2) 反预测。

$$c_o^j[k] = d^{j+1}[k] + P(c_e^j) \tag{5-26}$$

(3) 合并。将 c_e^j、c_o^j 合并，得到 c^j 的逼近：

$$\begin{cases} c^j[2k] = c_e^j[k] \\ c^j[2k-1] = c_o^j[k] \end{cases} \qquad k = 1, 2, \cdots, 2^{M-j-1} \tag{5-27}$$

提升小波变换的一级分解与重构过程如图 5-4 所示。

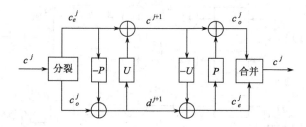

图 5-4　提升小波变换一级分解与重构过程

任意一个基于有限长度滤波器的经典小波变换，由奇偶分裂，经过若干次交替的预测和更新，再经过奇偶序列的修正，可得到与基于 Mallat 算法的经典小波一级变换相同的分解结果。

在提升小波变换的框架下，使小波函数的消失矩满足一定要求，采用插补细分原理设计预测器和更新器，所获得双正交的小波函数和尺度函数是对称的、紧支撑的，并具有冲击衰减形状，它们具有良好的紧支性和广义线性相位，变换时可以有效地抑制相位失真，这种提升小波记为 $(N, \tilde{N})$，N 为预测器的长度，$\tilde{N}$ 为更新器的长度。当 N 和 $\tilde{N}$ 较小时，尺度函数和小波函数的支撑区间较小。反之，支撑区间较大，连续性较好。

2. 提升小波包变换算法

依据提升小波变换原理，以及小波包变换的定义，插补细分提升小波 $(N, \tilde{N})$ 的提升小波包的变换过程如下。

分解步骤如下。

(1) 分裂。将第 (j, n) $(j=0,1,2,\cdots,S, S$ 为分解层数，$n=0,1,\cdots, 2^j-1)$ 节点系数 d_n^j 奇偶分裂为 d_{no}^j 和 d_{ne}^j。

(2) 预测。由式 (5-28) 得到第 $(j+1,2n+1)$ 节点的系数：

$$d_{2n+1}^{j+1}[k] = d_{no}^j[k] - \sum_{l=1}^{N} p[l]d_{ne}^j[k+l-N] \tag{5-28}$$

式中，$p[l](l=1,2,\cdots,N)$ 为预测器系数。

(3) 更新。由式 (5-29) 得到第 $(j+1,2n)$ 节点的系数：

$$d_{2n}^{j+1}[k] = d_{ne}^j[k] + \sum_{l=1}^{\tilde{N}} u[l]d_{2n+1}^{j+1}[k+l-\tilde{N}] \tag{5-29}$$

式中，$u[l](l=1,2,\cdots,\tilde{N})$ 为更新器系数。

重构步骤如下。

(1) 反更新。由 $(j+1,2n)$，$(j+1,2n+1)$ 节点系数求取 (j,n) 节点的偶系数：

$$d_{ne}^j[k] = d_{2n}^{j+1}[k] - \sum_{l=1}^{\tilde{N}} u[l]d_{2n+1}^{j+1}[k+l-\tilde{N}] \tag{5-30}$$

(2) 反预测。由 $(j+1,2n+1)$ 节点系数和 (j,n) 节点的偶系数求取 (j,n) 节点的奇系数：

$$d_{no}^j[k] = d_{2n+1}^{j+1}[k] + \sum_{l=1}^{N} p[l]d_{ne}^j[k+l-N] \tag{5-31}$$

(3) 合并。将奇偶系数 d_{no}^j 和 d_{ne}^j 合并得到第 (j,n) 节点的系数 d_n^j。

提升小波包两级分解与重构过程如图 5-5 所示。

图 5-5 中，提升小波包变换用更新器和预测器代替了经典 Mallat 算法的低通与高通滤波器，在时域内进行的是算术运算，实现简单、效率高，并且提升小波包变换保留了原信号的时域内顺序信息。

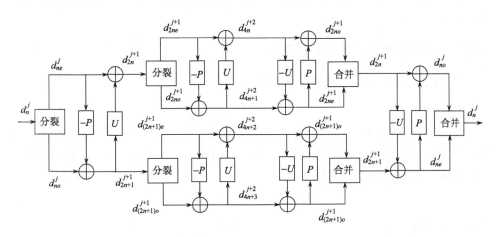

图 5-5　提升小波包两级分解与重构过程

3. 提升小波包变换的移频算法

为了使分解结果的排列顺序与频带划分顺序对应，Wickerhauser 提出了一种排序算法，可以消除各节点系数间的混序现象，但序列内的频率混叠依然存在。移频算法的基本原理是：将高频成分进行移频处理，使其所含最高频率低于 1/2 奈奎斯特频率，以避免频率折叠。根据傅里叶变换的移频特性，要使信号 $x(t)$ 的傅里叶变换 $\hat{x}(t)$ 左移（频率降低）f_0，则只需将 $x(t)$ 乘上 $e^{i2\pi f_0 t}$；设信号的采样频率为 f_s，则其最高分析频率为 $f_s/2$。由于隔点采样，小波包分解的第 j 层，采样频率降为 $2^{-j} f_s$，最高分析频率降为 $2^{-j-1} f_s$，则高频小波包分解系数应移频 $2^{-j-1} f_s$，考虑高频分解序列的离散形式 $d_{2n+1}^j[k]$，只需将 $d_{2n+1}^j[k]$ 乘以 $e^{i\pi k} = (-1)^k$。

将移频算法引入插补细分提升小波包变换，则式(5-28)和式(5-29)变为

$$d_{2n+1}^j[k] = (-1)^k \left(d_{on}^{j-1}[k] - \sum_{l=1}^{N} p[l] d_{en}^{j-1}[k+l-N] \right) \tag{5-32}$$

$$d_{2n}^j[k] = d_{en}^{j-1}[k] + \sum_{l=1}^{\tilde{N}} (-1)^{k+l-\tilde{N}} u[l] d_{2n+1}^j[k+l-\tilde{N}] \tag{5-33}$$

式(5-30)和式(5-31)变为

$$d_{en}^{j-1}[k] = d_{2n}^j[k] - \sum_{l=1}^{\tilde{N}} (-1)^{k+l-\tilde{N}} u[l] d_{2n+1}^j[k+l-\tilde{N}] \tag{5-34}$$

$$d_{on}^{j-1}[k] = (-1)^k d_{2n+1}^j[k] + \sum_{l=1}^{N} p[l] d_{en}^{j-1}[k+l-N] \tag{5-35}$$

由式(5-32)～式(5-35)可以看出，引入移频算法后，小波包变换的运算量并未增加。

5.3.3　基于渐变式阈值的小波包降噪

1. 小波包降噪阈值选择与量化方法

1) 阈值选择

Donoho 提出了 VisuShrink 阈值选择算法，是一种最常用的阈值选择方法。它是针对多维独立正态变量联合分布，在维数趋向无穷时得出的结论，在最小最大估计的限制下得出的最优阈值。

$$\tau = \sigma \sqrt{2\log(2^M)} \tag{5-36}$$

式中，σ 是噪声标准差。

噪声标准差求取常采用较稳定的中位数估计法：

$$\tilde{\sigma} = \text{median}(|x[i]|) / 0.6745 \tag{5-37}$$

式中，median( )为中位数函数。

VisuShrink 阈值在实用中欠理想，易对小波系数产生过扼杀，导致较大的重建误差。

Donoho 提出的另一种阈值算法：

$$\tau = \sigma\sqrt{2\log(2^M)/2^M} \tag{5-38}$$

1997 年，Janse 提出了基于无偏估计的阈值选择算法，最佳阈值通过最小化风险函数得到。基于 Stein 无偏似然估计原理的自适应阈值选择算法如下。

设 $x(k)$ 为一个离散时间序列，令 $y(k)$ 为 $|x(k)|$ 的升序序列，再令

$$y_1(k) = y(k)^2 \tag{5-39}$$

则阈值的计算公式如下：

$$y_2(k) = \sum_{i=1}^{k} y_1(i) \tag{5-40}$$

$$r(k) = \frac{2^M - 2k + y_2(k) + (2^M - k)y_1(k)}{2^M} \tag{5-41}$$

$$\tau = \sqrt{\min(r)} \tag{5-42}$$

式(5-38)及式(5-42)的阈值选择方法较式(5-36)保守，可以防止过扼杀，但可能限制降噪效果，后面的仿真试验验证了过扼杀还与阈值量化策略相关，因此，阈值具体选择与计算要视具体情况而定。

2) 阈值函数

选定阈值后，根据阈值函数对小波包系数进行量化，常用的阈值函数主要是硬阈值函数和软阈值函数，硬阈值函数的表达式为

$$d_n'^{j}[k] = \begin{cases} 0, & |d_n^j[k]| \leqslant \tau \\ d_n^j[s], & |d_n^j[k]| > \tau \end{cases} \quad k = 1, 2, \cdots, 2^{M-j} \tag{5-43}$$

式中，τ 为阈值；$d_n^j[k]$ 为第 (j, n) 节点的系数；$d_n'^{j}[k]$ 为阈值量化后的系数。

软阈值函数的表达式为

$$d_n'^{j}(k) = \mathrm{sgn}(d_n^j[k])\big(|d_n^j[k]| - \tau\big)_+ = \begin{cases} 0, & |d_n^j[k]| \leqslant \tau \\ d_n^j[k] - \tau, & d_n^j[k] > \tau \\ d_n^j[k] + \tau, & d_n^j[k] < -\tau \end{cases} \tag{5-44}$$

一般情况下，软阈值处理所得信号相对平滑，但会造成边缘模糊等失真现象，硬阈值可以很好地保留信号边缘等局部特征，齿轮箱振动信号具有很强的时频局部性，故采用硬阈值函数对各频带内系数进行量化。

3) 阈值量化策略

目前，小波包降噪的阈值选择主要集中于以上所列出的三种方法，阈值函数主要采用软阈值函数，而具体量化策略尚待进一步规范，现有的主要量化策略如

下。

(1)全局阈值量化。由原信号求取全局阈值，用全局阈值对各节点系数进行阈值量化。

(2)单一局部自适应阈值量化。利用最优基分解的各节点信息对各节点自适应求取阈值，利用各自的节点系数进行量化。

(3)混合局部阈值量化。对各频带采用不同的阈值估计进行阈值量化。

最小熵小波包基分解，宏观上追求信号能量更为集中的表示，但因分析信号长度、分解层数以及小波包分解结构限制，小波包基各节点系数的特性是不同的，以上对各节点进行统一或简单分类的阈值量化策略，并没有充分体现小波包对信号分解给降噪带来的优势。

2. 渐变式阈值选择与量化策略

由提升小波包的分解结构，由左到右，更新器对最优小波包基节点的直接影响越来越小，预测器对最优基节点的影响越来越大，最左边的最优基节点(通常所指的低频部分)只和更新器与预测误差有关，是对原信号反复更新的结果，也是对原信号逼近，最右节点(最高频部分)只和预测器相关，而中间节点至少直接和一次更新与一次预测相关。从左至右的叶子节点从对原信号逼近到对原信号细节的刻画，存在一个过渡过程。另外，实际噪声往往高频多于低频。基于以上分析，设计以下渐变式阈值：以最佳树叶子节点为序，从左至右记信号在最优基下的分解系数为

$$d_1^{j_1}[k_1], d_2^{j_2}[k_2], \cdots, d_r^{j_r}[k_r], \cdots, d_s^{j_s}[k_s]$$

式中，$s \leqslant 2^{\text{CS}}$，$k_r = 1, 2, \cdots, 2^{M-j_r}$，且 $\sum_{r=1}^{s} 2^{M-j_r} = 2^M$，则第 r 个节点的阈值由式(5-45)计算。

$$\tau_r = \frac{\sum_{l=1}^{r} 2^{M-j_l} - 2^{M-j_1}}{2^M - 2^{M-j_1}} \tau \tag{5-45}$$

式中，τ 由式(5-42)求出，其中

$$\tilde{\sigma} = \text{median}(x[i]) / 0.6745 \tag{5-46}$$

式(5-46)表明，τ 采用原信号的噪声能量估计，即 τ 为全局统一阈值估计。式(5-46)并不是对所有信号的最好选择，算法测试与应用中给出最高频段进行噪声能量估计的方法，即

$$\tilde{\sigma} = \text{median}(d_s^{j_s}[k]) / 0.6745 \tag{5-47}$$

对第 r 个叶子节点小波包系数采用 τ_r 进行阈值量化，由式(5-45)容易得到 $\tau_1 = 0$，$\tau_s = \tau$，即阈值从第一个节点到第 s 个节点由 0 过渡到 τ，对齿轮箱振动

信号采用式(5-46)进行噪声估计，为突出局部特征，选用硬阈值函数对分解系数进行量化处理。

3. 渐变式阈值提升小波包降噪方法应用

运用 Blocks、Bumps、Heavysine 和 Doppler 仿真信号与含噪声信号，采用渐变式阈值的小波包降噪方法降噪。图 5-6 中只给出了 Bumps 和 Heavysine 仿真信号降噪结果。表 5-2 给出了几种仿真信号的降噪结果(信噪比)对比。

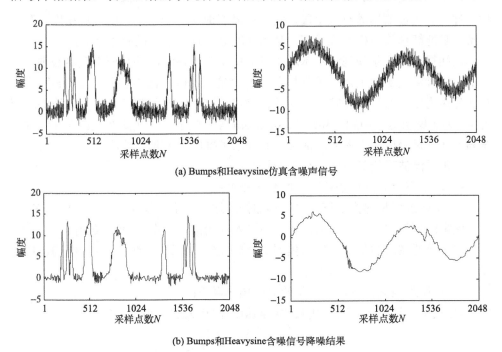

(a) Bumps和Heavysine仿真含噪声信号

(b) Bumps和Heavysine含噪信号降噪结果

图 5-6　渐变式阈值提升小波包降噪结果

表 5-2　几种仿真信号的降噪结果(信噪比)对比　　　　(单位：dB)

信号类型	Blocks	Bumps	Heavysine	Doppler
降噪前	35.4057	30.4415	28.0792	27.5874
降噪后	43.2675	44.7659	53.9018	47.8261

以上结果表明，渐变式阈值提升小波包降噪方法在全频带内表现出了很好的消除噪声、保留有用信息的性能，适用于对非平稳振动信号降噪。

5.4　基于改进卡尔曼滤波的降噪方法

5.4.1　卡尔曼滤波技术

卡尔曼滤波是当前应用最广泛的一种动态数据处理方法，它具有最小无偏方差性。概括地说，它是采用递推的方式，将 k 时刻的状态通过系统转移规律和 $k+1$ 时刻的量测值 Y_{k+1} 联系起来一次处理得到 $k+1$ 时刻的状态估值 X_{k+1}。该技术是一种处理动态定位数据的有效手段，它可以显著地改善动态定位的点位精度。其最大特点是能够剔除随机干扰噪声，从而获取逼近真实情况的有用信息。

最初提出的卡尔曼滤波基本理论只适用于线性系统，并且要求量测必须是线性的，这种滤波实际上是一种理想条件下的递推过程，它要求系统的动态噪声和观测噪声为零均值且方差特性已知的白噪声，这就明显限制了卡尔曼滤波的应用范围。为了解决这个问题，Bucy 和 Sunahara 等研究了卡尔曼滤波理论在非线性系统与非线性量测情况下的应用情况，并提出了推广的卡尔曼滤波。

卡尔曼滤波理论具有两个显著的特点：

(1)用状态空间方程描述对象的数学模型；

(2)求解过程是递推计算，可以不加修改地应用于平稳和非平稳对象过程。

状态的更新都由前一次估计和新的输入观测值计算得到，使用的存储空间小。

卡尔曼滤波器的基本结构是预测器-修正器，如图 5-7 所示，这一结构包括两步：

(1)利用观测值计算称为新息的前向预测误差；

(2)利用新息更新与随机变量的观测值线性相关的最小均方估计。

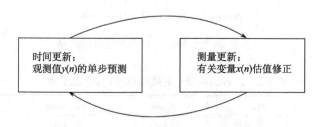

图 5-7　卡尔曼滤波器的求解过程

线性离散系统的信号流程如图 5-8 所示，流程图描述以下两个方程。

(1)过程方程：

$$x(n+1) = \boldsymbol{\Phi}(n+1,n)x(n) + \boldsymbol{\omega}_1(n) \tag{5-48}$$

式中，$x(n)$ 为 M 维状态变量；$\boldsymbol{\omega}_1(n)$ 为 M 维过程噪声，建模为零均值白噪声，协方差为 Q；$\boldsymbol{\Phi}(n+1,n)$ 是状态转移矩阵。

(2) 测量方程：

$$\boldsymbol{y}(n) = \boldsymbol{H}(n)\boldsymbol{x}(n) + \boldsymbol{\omega}_2(n) \tag{5-49}$$

式中，$\boldsymbol{y}(n)$ 为 N 维观测向量；$\boldsymbol{H}(n)$ 为 $N \times M$ 维测量矩阵；$N \times 1$ 维向量 $\boldsymbol{\omega}_2(n)$ 称为测量噪声，建模为零均值白噪声，协方差为 R。

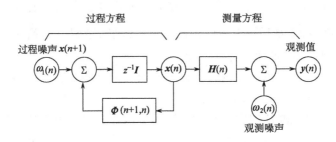

图 5-8　线性离散系统的信号流程

卡尔曼滤波求解过程可用图 5-9 描述。

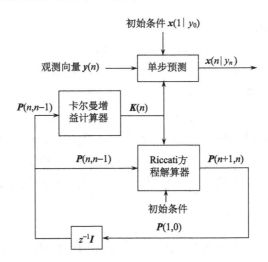

图 5-9　基于一步预测的卡尔曼滤波器求解

单步预测器方程为

$$\hat{\boldsymbol{x}}(n \mid y_n) = \hat{\boldsymbol{x}}(n \mid y_{n-1}) + \boldsymbol{K}(n)\boldsymbol{a}(n) \tag{5-50}$$

式中，$\boldsymbol{a}(n)$ 为新息，即观测值与单步预测值之差：

$$\boldsymbol{a}(n) = \boldsymbol{y}(n) - \boldsymbol{H}(n)\hat{\boldsymbol{x}}(n \mid y_{n-1}) \tag{5-51}$$

卡尔曼滤波器增益为

$$\boldsymbol{K}(n) = \boldsymbol{P}(n, n-1)\boldsymbol{H}^{\mathrm{T}}(n)\left[\boldsymbol{H}(n)\boldsymbol{P}(n, n-1)\boldsymbol{H}^{\mathrm{T}}(n) + \boldsymbol{R}(n)\right]^{-1} \tag{5-52}$$

Riccati 方程用来迭代求解预测状态误差相关矩阵：

$$P(n) = P(n, n-1) - K(n)H(n)P(n, n-1)$$

$$P(n+1, n) = \boldsymbol{\Phi}(n+1, n)P(n)\boldsymbol{\Phi}^{\mathrm{T}}(n+1, n) + Q(n) \tag{5-53}$$

由式 (5-51) 推导得到新息过程 $a(n)$ 的协方差估计 $P_r(n)$ 与状态误差相关矩阵 $P(n, n-1)$ 的关系为

$$P_r(n) = E\left[a(n) \cdot a(n)^{\mathrm{T}}\right] = H(n)P(n, n-1)H^{\mathrm{T}}(n) + R(n) \tag{5-54}$$

在给定初始条件 $P(1,0)$ 和 $\hat{x}(1 \mid y_0)$ 后，以观测向量 $y(n)$ 为输入，对方程进行递推计算，得到状态的最优统计估计值。

对于非线性模型，可用通过线性化来扩展卡尔曼滤波器的应用，即扩展卡尔曼滤波 (extended Kalman filter，EKF)。

在扩展卡尔曼滤波使用中，一般分为两个步骤。第一个步骤称为预报阶段，该步骤主要是计算状态量预报值和状态误差协方差预报值这两个量；第二个步骤称为更新阶段，在该步骤中将要计算出所构造的卡尔曼滤波器的增益进行状态误差协方差的更新，还要对所预报的状态值进行更新。下面给出构造扩展卡尔曼滤波器的一般步骤。

(1) 计算状态预报值：

$$\hat{x}(k+1 \mid k) = \hat{x}(k \mid k) + f[\hat{x}(k \mid k)]T_{\mathrm{c}} \tag{5-55}$$

式中，$\hat{x}(k \mid k)$ 为 $t_k = kT_{\mathrm{c}}$ 时刻状态的更新值；$\hat{x}(k+1 \mid k)$ 为在 t_k 时刻对 $t_{k+1} = (k+1)T_{\mathrm{c}}$ 时刻的状态预报值。

(2) 状态误差协方差矩阵预报：

$$P(k+1 \mid k) = \boldsymbol{\phi}[t_{k+1}, t_k, x(t_k)]P(k \mid k)\boldsymbol{\phi}^{\mathrm{T}}[t_{k+1}, t_k, x(t_k)] + Q(t_k) \tag{5-56}$$

式中，$P(k \mid k)$ 为 $t_k = kT_{\mathrm{c}}$ 时刻状态协方差值；$P(k+1 \mid k)$ 为在 t_k 时刻对下一时刻 $t_{k+1} = (k+1)T_{\mathrm{c}}$ 时刻的状态协方差的预报值。实际上，状态误差是衡量状态估计值偏差的一个重要指标。

(3) 卡尔曼滤波器增益：

$$K(k+1) = P(k+1 \mid k)H^{\mathrm{T}}[x(t_{k+1})]\{H[x(t_{k+1})]P(k+1 \mid k)H^{\mathrm{T}}[x(t_{k+1})] + R\}^{-1} \tag{5-57}$$

式中，$K(k+1)$ 为在 t_{k+1} 时刻所设计的卡尔曼滤波器的增益。

(4) 状态误差协方差矩阵的更新：

$$P(k+1 \mid k+1) = I - K(k+1)H[x(t_{k+1})]P(k+1 \mid k) \tag{5-58}$$

(5) 状态预报值更新：

$$\hat{x}(k+1 \mid k+1) = \hat{x}(k+1 \mid k) + K(k+1)\{y(t_{k+1}) - H[\hat{x}(k+1 \mid k)]\hat{x}(k+1 \mid k)\} \tag{5-59}$$

式中，$y(t_{k+1})$ 为 t_{k+1} 时刻测量方程 (5-49) 的测量值；$H[\hat{x}(k+1 \mid k)]$ 为可比矩阵对应于 t_k 时刻状态预报值的值。

扩展卡尔曼滤波器一般就是由以上 5 个步骤，经过迭代运算实现的。

5.4.2　卡尔曼滤波技术的改进

虽然传统的卡尔曼滤波技术的理论及其算法已经非常成熟，但是在利用该技术对齿轮箱的振动信号进行消噪时发现，其运算速度非常慢，占用计算机中央处理器(central processing unit, CPU)很大的资源，而且当分析的点数增加时，其需要时间呈指数上升。如果在分析过程中取得点数太少，难以准确地反映出机械系统的工作状态。在这种情况下，卡尔曼滤波技术很难应用于机械系统的在线检测及其故障诊断。通过深入研究，发现造成这种情况的原因主要在自回归(auto-regressive, AR)模型的定阶上。

AR 模型的阶次 p 一般事先是不知道的，需要事先选定一个稍大的值，在递推的过程中确定。在利用 Levinson 递推时，可以给出由低阶到高阶的每一组参数，且模型的最小预测误差功率 ρ 是递减的。直观上讲，当 ρ 达到所指定的希望值，或不再发生变化时，其阶次为应选的正确阶次。

ρ 是单调下降的，因此，ρ_p 的值降到多少才合适往往很难选择。为此，有不同的准则被提出，其中较常用的两个如下。

(1)最终预测误差准则：

$$\text{FPE}(k) = \rho_k \frac{N + (k+1)}{N - (k-1)} \tag{5-60}$$

(2)信息论准则：

$$\text{AIC}(k) = N \ln(\rho_k) + 2k \tag{5-61}$$

式中，N 为数据 $x_N(n)$ 的长度。

当阶次 k 由 1 增加时，$\text{FPE}(k)$ 和 $\text{AIC}(k)$ 都将在某一个 k 处取得极小值。将此时的 k 定为最合适的阶次 p。在研究中，采用的是赤池信息量准则(Akaike information criterion, AIC)，该准则从提取出观测数据序列中的最大信息量出发，适用于 AR 模型的检验。AIC 通常由两项构成，第一项体现了模型拟合的好坏，它随阶次的增大而变小；第二项体现了模型参数的多少，它随阶次的增大而变大。取两者的最大值意味着上述两个量的一种权衡。从 $k = 0$ 开始逐渐增加模型阶次，$\text{AIC}(k)$ 的值是下降的，此时起决定性作用的是第一项，即模型残差方差。当阶次 k 达到某一值 k_0 时，$\text{AIC}(k_0)$ 达到最小。然后随着阶次 k 继续上升，残差方差下降甚微，起决定性作用的是第二项，从而 $\text{AIC}(k)$ 的值随 k 的增加而增长。

经过多次的验证，发现在齿轮箱的振动信号分析中，AR 模型的阶次 p 的取值比较大，都在 53～76。在传统的卡尔曼滤波运算中，阶次 p 是从 1 开始取值的，因此前 50 次的迭代是无用的。

针对以上问题，在原有 AR 模型的阶次 p 的取值算法的基础上，提出了一种改进的算法：在不影响卡尔曼滤波效果的前提下，为了有效地缩短计算时间，提高信号处理的效率，对传统的卡尔曼滤波技术中 AR 模型阶次 p 的取值方式进行了改进。

$$p = A + n \tag{5-62}$$

式中，A 为 50；$n = 1, 2, \cdots, 30$。即对阶次 p 从 50 开始取值。经验证，改进后的卡尔曼滤波方法在运算速度上明显提高。因此，改进后的卡尔曼滤波技术完全可以应用于齿轮箱等机械系统的在线检测与故障诊断中。图 5-10 是改进的 AIC 模型定阶流程框图。

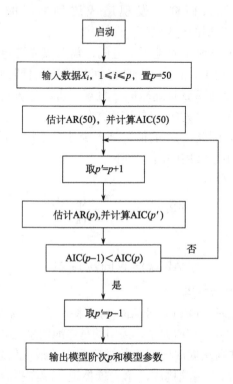

图 5-10　改进的 AIC 模型定阶流程框图

5.4.3　状态空间模型的建立

卡尔曼滤波器是建立在状态空间模型基础之上的，因此，建立变速变载工况下齿轮箱的状态空间模型是首先要解决的问题。齿轮箱内部部件故障形式具有多样性和复杂性，且所研究的齿轮箱工作于变速变载工况下，更增大了齿轮箱部件故障形式的复杂性，直接通过分析部件故障产生的机理来建立产生振动信号的系统的准确模型是相当困难的，而且对每一种故障都需要进行故障产生的机理分析，会严重影响在实际问题中的应用。

本节建立空间模型的基本思路是利用角域中的观测信号建立起系统的 AR 模

型，然后以角域中系统的"真实"信号时间序列为状态，利用 AR 模型系数构建状态空间模型。虽然角域伪稳态信号能够符合 FFT 对信号平稳性的要求，但其在严格意义上讲，仍然属于非平稳信号范畴，因此本节是对非平稳信号进行的建模。

建立齿轮箱 AR 模型的重点在于系统定阶和参数计算，采用递推的方法，结合 AIC 确定系统的阶次，参数计算采用 Forward-Backward 方法。

设时域非平稳信号经过非线性拟合阶次分析后，转换为角域伪稳态信号，则角域中系统的真实信号为 $x(\theta), \theta = 1, 2, \cdots, n$，观测噪声为 $v(\theta)$，观测值为 $y(\theta)$，则观测方程为

$$y(\theta) = H * x(\theta) + v(\theta) \tag{5-63}$$

式中，$H = \begin{bmatrix} 1 & 0 & \cdots & 0 \end{bmatrix}_{1 \times n}$。

设系统的状态为 $s(\theta) = [x(\theta), x(\theta-1), \cdots, x(\theta-p+1)]^{\mathrm{T}}$，其中 p 为系统 AR 模型的阶次，设 $a(1), a(2), \cdots, a(p)$ 为 AR 模型的系数，则状态转移方程为

$$s(\theta) = A * s(\theta-1) + w(\theta-1) \tag{5-64}$$

式中，$A = \begin{bmatrix} -a(1) & -a(2) & \cdots & -a(p) \\ I_{p-1} & & & 0 \end{bmatrix}$；$I_{p-1}$ 为 $p-1$ 维单位阵。

过程噪声 Q 和观测噪声 R 是卡尔曼滤波器中比较重要的参数，通过调整这两个参数可以改善滤波器的性能。相比较而言，观测噪声参数的获得比过程噪声参数要容易一些，通过大量的数据试验来确定这两个参数。下面通过对工程信号进行降噪处理来验证提出的方法的有效性。

对所研究的变速变载齿轮箱振动信号进行分析时，由于齿轮箱工作于变速变载工况下，所以测得的振动信号的波动比较复杂且剧烈，属于典型的非平稳信号；而传统的卡尔曼滤波技术只适用于平稳信号的降噪，如果直接应用卡尔曼滤波技术来对波形变化比较剧烈的非平稳信号进行处理，其应用条件已经改变，结果很容易发生错误，难以对非平稳信号进行准确的降噪处理，因此首先必须利用非线性拟合阶次分析法对时域非平稳信号进行平稳化处理，使其符合卡尔曼滤波技术的应用条件，然后才能利用改进卡尔曼滤波技术对其进行消噪处理。

改进卡尔曼滤波技术的流程如图 5-11 所示。

图 5-11　改进卡尔曼滤波技术的流程图

图 5-11 中的时域非平稳信号经过角域重采样后转变为角域伪稳态信号，然后对角域伪稳态信号进行改进的卡尔曼滤波处理，得到角域滤波后信号，最后对其进行后续的各种谱分析处理，即可实现对时域非平稳信号的处理，从而将卡尔曼

滤波技术应用于变速变载齿轮箱的故障诊断中。

5.4.4　改进卡尔曼滤波信号降噪应用

对所研究的变速变载齿轮箱振动信号的降噪分两种情况来进行处理：第一种是直接利用卡尔曼滤波技术对时域非平稳信号进行处理，得出滤波后的信号，并对其进行谱分析；第二种是首先对同一组信号进行非线性拟合阶次分析，将其转换为角域伪稳态信号，然后利用改进卡尔曼滤波技术对其进行处理，得出角域滤波后的信号，对其进行谱分析。通过两种谱图来对比两种方法的降噪效果。

在所采用的测试系统中，负载控制在 $23\sim27\,\mathrm{N\cdot m}$ 波动，在齿轮箱各部件都正常的情况下，对齿轮箱的升速过程进行分析，输入轴转速由 360 r/min 加速至 1000 r/min，振动加速度传感器测得的振动信号及转矩转速测量仪测得的速度信号传给 LMS 信号分析仪进行数据处理：首先对振动信号和转速信号在时域里进行等时间间隔的异步采样，采样带宽为 6.4 kHz，采样频率为 12800 Hz，采样时间为 0.32 s。

图 5-12 是齿轮箱的输入轴转矩图，由图能够看出，齿轮箱的输入轴转矩在 $23\sim27\,\mathrm{N\cdot m}$ 波动，是一个典型的变负载过程，不满足 FFT 对信号稳态负载的假设条件。

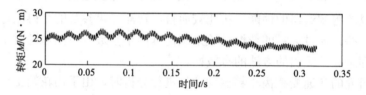

图 5-12　齿轮箱的输入轴转矩图

图 5-13 是齿轮箱的转速信号，该过程是一个明显的加速过程，转速由 6 Hz 加速至 16 Hz 左右，并不是匀角加速运动，不满足传统的计算阶次分析法的假设前提。

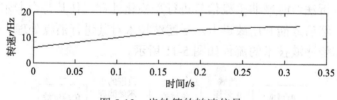

图 5-13　齿轮箱的转速信号

图 5-14 是齿轮箱的时域振动信号，其中，横坐标是时间，纵坐标是加速度，其幅值反映了齿轮箱箱体上测得的振动信号的强度。可以看出，其振幅随着转速信号的增加而逐渐增大，说明了齿轮箱箱体上振动信号的强度与输入轴的转速有直接的关系。

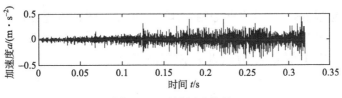

图 5-14　时域振动信号

图 5-15 是时域卡尔曼滤波后的振动信号，与滤波前的信号（图 5-14）相比，其幅值有所减小，下面对其进行频谱分析。

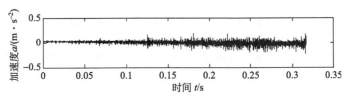

图 5-15　时域卡尔曼滤波后的振动信号

图 5-16 是时域卡尔曼滤波后振动信号的频谱图。从图 5-16 能够看出，在 622 Hz 和 825 Hz 处存在两个明显的峰值，但由于该信号是非平稳信号，难以从这两个峰值找出齿轮箱的啮合频率，因此，直接对非平稳信号应用卡尔曼滤波技术，其结果难以反映出齿轮箱的啮合状态。

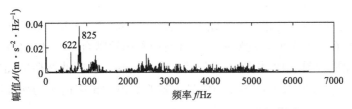

图 5-16　时域卡尔曼滤波后振动信号的频谱图

图 5-17 是角域振动信号。对原始振动信号进行非线性拟合阶次分析后，由时域非平稳信号转换为角域伪稳态信号。与时域振动信号（图 5-14）相比，其稳定性已有所改善，基本符合 FFT 对信号平稳性的要求。经计算可得：齿轮的啮合阶次为 $O_g = 30\ \mathrm{rad}^{-1}$。

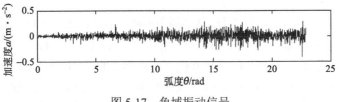

图 5-17　角域振动信号

图 5-18 是角域振动信号的非线性拟合阶次谱图。从图 5-18 能够看出：在 30 rad^{-1}、60 rad^{-1} 和 90 rad^{-1} 处存在峰值，正好对应着齿轮 1～3 倍的啮合阶次，但是其分辨率不高，下面对角域信号进行改进卡尔曼滤波处理。

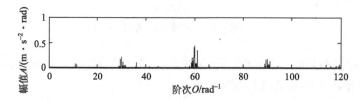

图 5-18　角域振动信号的非线性拟合阶次谱图

图 5-19 是角域卡尔曼滤波后的振动信号，与角域滤波前的信号（图 5-17）相比，其幅值有所减小，下面对其进行阶次谱分析。

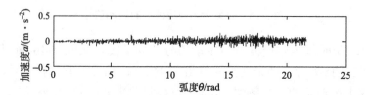

图 5-19　角域卡尔曼滤波后的振动信号

图 5-20 是角域卡尔曼滤波后振动信号的阶次谱图。从图 5-20 能够看出，在 60 rad^{-1} 和 90 rad^{-1} 处存在两个明显的峰值，正好对应着齿轮啮合 2 倍和 3 倍的啮合阶次，与滤波前的谱图（图 5-18）相比，其分辨率明显提高，说明滤波后谱图的效果比滤波前的谱图有明显的改善，该振动信号反映的是齿轮箱中齿轮的啮合信息。

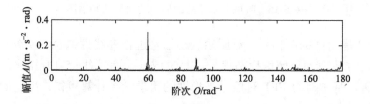

图 5-20　角域卡尔曼滤波后振动信号的阶次谱图

通过对图 5-18、图 5-20 对比，能够得出如下结论：所研究的变速变载齿轮箱的振动信号进行去噪时，直接应用改进卡尔曼滤波技术难以得出准确的诊断结果；对该信号直接进行非线性拟合阶次分析，其阶次谱图的分辨率比较低，难以准确地反映出齿轮箱的啮合情况；对该角域伪稳态信号应用所提出的改进卡尔曼滤波技术进行处理，其结果能够准确地反映出齿轮箱中部件的振动信息。

第6章 基于时频分析的非平稳振动信号分析

平稳振动信号在频域分析和处理的最常用方法是傅里叶变换。傅里叶变换建立了信号从时域到频域的变换桥梁，其逆变换建立了信号从频域到时域的变换桥梁，它们之间的关系为一对一映射。经典傅里叶变换都是从时域或频域去研究一个信号，而没有将二者结合在一起进行研究。这种信号分析方法只适用于稳态过程振动信号，而且传统的频谱图并没有指明频率出现的时间。对非平稳振动信号，其频率特征是随时间变化的，不仅要从时域和频域观察，而且要从二者结合的时频域上观察信号的频率成分随时间的变化趋势。时频分析方法不仅给出了信号的频率成分随时间的变化规律，而且给出了能量在时频域的局部化信息，本章将时频分析方法应用到齿轮箱非平稳振动信号的分析和处理之中，对齿轮箱在各种工作条件下的信号进行时频分析研究。同时，针对传统时频分析方法存在的不足，对基于 HHT 的齿轮箱故障诊断方法进行研究。

6.1 非平稳信号时频分析的方法

6.1.1 时频分析方法简介

时频分析的常见方法具体包括短时傅里叶变换(STFT)、小波变换(WT)、Wigner-Ville 分布(WD)、伪 Wigner 分布(PWD)、平滑的伪 Wigner 分布(SPWD)、减少交叉干扰项的分布(RID)、Choi-Williams 分布(CWD)、模糊函数(ambiguity function，AF)等，这些时频分布可以分为线性时频分布和非线性时频分布两大类。线性时频分布分为短时傅里叶变换和小波变换两类。非线性时频分布可以分为 Cohen 类时频分布和仿射(Affine)类时频分布，Cohen 类时频分布的基础是 Wigner 分布。

信号 $x(t)$ 的 Wigner-Ville 分布定义为

$$\mathrm{WV}_x(t,f) = \int_{-\infty}^{\infty} x(u+\tau/2)x^*(u-\tau/2)\,\mathrm{e}^{-\mathrm{j}2\pi f\tau}\mathrm{d}\tau \tag{6-1}$$

时频分布一般都用信号的解析形式，采用信号解析的目的是消除由负频率引起的正负频率之间的交叉。

Wigner-Ville 分布有较高的时频分辨率，同时，由于本身固有的双线性结构，不可避免地出现交叉干扰项问题(后面的实例可以说明这一点)，从而阻碍了它的应用。因此，围绕如何减少交叉干扰项的问题，人们提出一系列其他形式的时频分布。Cohen 经过研究，将这些分布用统一的积分变换形式来表达，不同的时频分布只是体现在积分核的函数形式上。

信号 $x(t)$ 的时频分布的统一形式写为

$$P(t,f) = \int_{-\infty}^{\infty}\int_{-\infty}^{\infty}\int_{-\infty}^{\infty} x(u+\tau/2)x^*(u-\tau/2)\phi(\tau,v)\mathrm{e}^{-\mathrm{j}2\pi(tv+\tau f-uv)}\mathrm{d}u\mathrm{d}\tau\mathrm{d}v$$

$$= \int_{-\infty}^{\infty}\int_{-\infty}^{\infty}\psi(t-u,\tau)x(u+\tau/2)x^*(u-\tau/2)\mathrm{e}^{-\mathrm{j}2\pi\tau f}\mathrm{d}u\mathrm{d}\tau \tag{6-2}$$

$$= \int_{-\infty}^{\infty}\int_{-\infty}^{\infty} A_x(\tau,v)\phi(\tau,v)\mathrm{e}^{-\mathrm{j}2\pi(tv+\tau f)}\mathrm{d}\tau\mathrm{d}v$$

式中，核函数 $\psi(t,\tau)$ 与 $\phi(\tau,v)$ 之间存在下列关系：

$$\phi(\tau,v) = \int_{-\infty}^{\infty}\psi(t,\tau)\mathrm{e}^{\mathrm{j}2\pi tv}\mathrm{d}t \tag{6-3}$$

$$\psi(t,\tau) = \int_{-\infty}^{\infty}\phi(\tau,v)\mathrm{e}^{-\mathrm{j}2\pi tv}\mathrm{d}v \tag{6-4}$$

令 $q_x(t,\tau) = x(u+\tau/2)x^*(u-\tau/2)$，则 $Q_x(f,v) = X(f+v/2)X^*(f-v/2)$。其中，$q_x(t,\tau)$ 称为瞬时相关函数，$Q_x(f,v)$ 称为点谱相关函数。

式 (6-2) 中，$A_x(\tau,v)$ 为模糊函数，与 Wigner-Ville 分布构成一对傅里叶变换对。模糊函数为相关域平面的时频表示，其定义为

$$A_x(\tau,v) = \int_{-\infty}^{\infty} q_x(t,\tau)\mathrm{e}^{-\mathrm{j}2\pi vt}\mathrm{d}t = \int_{-\infty}^{\infty} Q_x(f,v)\mathrm{e}^{\mathrm{j}2\pi f\tau}\mathrm{d}f \tag{6-5}$$

$\mathrm{WV}_x(t,f)$，$A_x(\tau,v)$，$q_x(t,\tau)$，$Q_x(f,v)$ 是 Cohen 类的四种时频分布，这四种时频分布及其核函数之间存在如图 6-1 所示的关系。

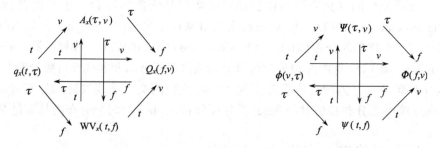

(a) 不同域信号表示之间的关系　　　　　(b) 不同核函数之间的关系

图 6-1　四种时频分布之间的傅里叶变换关系

6.1.2　短时傅里叶变换

一个信号可以有多种描述方式，比如，时间历程即可用来描述信号幅值随时间的变化情况；也可以通过傅里叶变换将信号表达为频域函数，得到信号幅值随频率变化的情况。

傅里叶变换（Fourier transform，FT）定义为

$$F(\omega) = \int_{-\infty}^{\infty} f(t)e^{-j\omega t}dt \qquad (6-6)$$

式(6-6)也称为基于 FT 的信号分析。傅里叶逆变换为

$$f(t) = \frac{1}{2\pi}\int_{-\infty}^{\infty} F(\omega)e^{j\omega t}d\omega \qquad (6-7)$$

式(6-7)也称为基于 FT 的信号综合。

傅里叶变换建立了信号从时域到频域的变换桥梁。对于确定性信号和平稳随机过程，傅里叶变换是信号分析和信号处理技术的基础。但是，傅里叶变换存在明显的缺陷，即无时间局部信息。这是因为傅里叶变换将信号与简谐函数进行比较，由于简谐函数在整个时间轴上传播，时域能量不集中，因此，傅里叶变换不能反映信号中的频域信息随时间的变化情况，没有局部化分析信号的功能。这样，在信号分析中就面临时域和频域局部化的矛盾。

短时傅里叶变换的基本思想是把信号划分成许多小的时间间隔，用傅里叶变换分析每一个时间间隔，以便确定该时间间隔存在的频率(图 6-2)。其表达式为

$$\text{STFT}(\omega,\tau) = \int_{-\infty}^{\infty} f(t)h^*(t-\tau)e^{-j\omega t}dt \qquad (6-8)$$

式中，"*"表示复共轭；$h(t)$ 是有紧支集的窗口函数；$f(t)$ 是被分析的信号。随着时间 τ 的变化，$h(t)$ 所确定的"时间窗"在时间轴 t 上移动，使 $f(t)$ "逐渐"进行分析。信号 $f(t)$ 与短时窗 $h^*(t-\tau)$ 相乘可以有效地抑制分析时刻 $t=\tau$ 的领域外的信号，因此 STFT 是信号 $f(t)$ 在时刻 τ 的领域内的"局部频谱"。$\text{STFT}(\omega,\tau)$ 基本上反映了 $f(t)$ 在时刻 τ 时，频率为 ω 的"信号成分"的相对含量。这样信号在窗函数上的展开就可以表示为在 $[\tau-\delta,\tau+\delta]$ 和 $[\omega-\varepsilon,\omega+\varepsilon]$ 这一区域内的状态，并把这一区域称为窗口。δ 和 ε 分别为窗口的时宽和频宽，表示了时频分析中的分辨率，窗宽越小则分辨率越高。很显然，希望 δ 和 ε 都尽可能小，以便有更好的时频分析效果。事实上，对于有限能量的任意信号，其时宽和频宽的乘积总是满足如下不等式。

$$\text{TB} = \Delta t \cdot \Delta f \geqslant \frac{1}{4\pi} \qquad (6-9)$$

式中，Δt 和 Δf 分别为时间分辨率和频率分辨率，它们表示的是两时间点和频率点之间信号的区分能力。因此，δ 和 ε 是相互制约的，两者不可能同时都任意小。式(6-9)称为不确定性原理。

由此可见，只要适当地选择窗函数，就可以获得信号加窗时间区间内对应的信息。这表明，窗函数一方面可以用 STFT 来分析信号的局部性质；另一方面，一旦窗函数选定，其窗口也随之确定。因此通过 STFT 只能获得信号在窗口时间内的信息，这样对短时高频信号将难以获得理想的结果，这是因为如果窗口选得太窄，会降低频率分辨率，对低频分量也有影响。

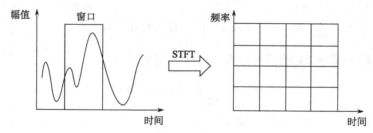

图 6-2　短时傅里叶变换的时频分析网格

6.1.3　连续小波变换

设 $x(t)$ 是平方可积函数[记作 $x(t) \in L^2(R)$]，$\psi(t)$ 是称为基本小波或母小波（mother wavelet）的函数，则

$$\mathrm{WT}_x(a,b) = \frac{1}{\sqrt{a}} \int x(t) \psi\left(\frac{t-b}{a}\right) \mathrm{d}t = \langle x(t), \psi_{ab}(t) \rangle \tag{6-10}$$

称为 $x(t)$ 的小波变换。式中 $a > 0$ 是尺度因子；b 反映位移，其值可正可负。

$\psi_{ab}(t) = \frac{1}{\sqrt{a}} \psi\left(\frac{t-b}{a}\right)$ 是基本小波的位移与尺度伸缩。 式(6-10)中不但 t 是连续变量，a 和 b 也是连续变量，因此称为连续小波变换（continuous wavelet transform，CWT）。

尺度因子 a 的作用是将基本小波 $\psi(t)$ 作伸缩，a 越大，其时域窗口 $\psi(t/a)$ 越宽，在不同尺度下小波的持续时间（也就是分析时段）随 a 加大而增宽，幅值则与 $\sqrt{a}$ 成反比，但波的形状保持不变。$\psi(t/a)$ 的傅里叶变换 $a\Psi(a\omega)$ 的中心频率降到 ω_0/a，而带宽降为 B/a [$\Psi(\omega)$ 为 $\psi(t)$ 的傅里叶变换，中心频率为 ω_0，带宽为 B]，但是品质因数（中心频率/带宽）却不变。相反，随着 a 的减小，其时域窗口减小，频带加宽，$\psi_{ab}(t)$ 的频谱移向高频部分，这样信号的频率越高，其时域分辨率也越高，这一特性决定了小波变换在突变信号处理上的特殊地位。因此，函数的连续小波变换可解释为对函数进行带通滤波，具有用多分辨率来刻画信号局部特征的能力，很适合于检测正常信号中带有的瞬态突变，这对变速箱的状态监测及早期故障诊断具有重要的意义。

Morlet 小波是高斯包络下的单频率复余弦函数：

$$\psi(t) = \mathrm{e}^{-\frac{t}{2}} \mathrm{e}^{\mathrm{j}\omega_0 t} \tag{6-11}$$

$$\Psi(\omega) = \sqrt{2\pi} \mathrm{e}^{-(\omega-\omega_0)^2/2} \tag{6-12}$$

这是一个相当常用的小波，因为其时、频两域的局部性能都比较好（严格地说，它并不是有限支撑的）。另外，这个小波也不满足容许条件，因为 $\Psi(\omega = 0) \neq 0$。不过实际中只要取 $\omega_0 \geqslant 5$，便近似满足条件。在实际应用中，因为机械信号都是实信号，一般取 Morlet 小波函数的实部作为小波函数。

6.1.4　Cohen 类时频分布与修正

Cohen 类时频分布常见的形式主要有以下几种。

(1) 伪 Wigner-Ville 分布。

为了减少 Wigner-Ville 分布中交叉干扰项的干扰，人们通过对变量进行加窗的方法来达到减少交叉项的目的，这样改造的 Wigner-Ville 分布称为伪 Wigner-Ville 分布 (pseudo Wigner-Ville distribution，PWD)，其定义为

$$\text{PWD}_x(t,f) = \int_{-\infty}^{\infty} x\left(t+\frac{\tau}{2}\right)x^*\left(t-\frac{\tau}{2}\right)h(\tau)\text{e}^{-\text{j}2\pi f\tau}\text{d}\tau \tag{6-13}$$

(2) 平滑伪 Wigner-Ville 分布。

对时域变量和频域变量同时加窗，以达到减少交叉项的目的，这种分布称为平滑伪 Wigner-Ville 分布 (smoothed pseudo Wigner-Ville distribution，SPWD)，其定义为

$$\text{SPWD}_x(t,f) = \int_{-\infty}^{\infty}\int_{-\infty}^{\infty} x\left(t+\frac{\tau}{2}\right)x^*\left(t-\frac{\tau}{2}\right)h(\tau)g(u)\text{e}^{-\text{j}2\pi f\tau}\text{d}\tau\text{d}u \tag{6-14}$$

(3) ZAM 分布 (锥形核)。

ZAM 分布是 Zhao、Altas 与 Marks 提出的一种 Cohen 类时频分布，其定义为

$$\text{ZAM}_x(t,f) = \int_{-\infty}^{\infty}\int_{t-\frac{\tau}{2}}^{t+\frac{\tau}{2}} x\left(t+\frac{\tau}{2}\right)x^*\left(t-\frac{\tau}{2}\right)h(\tau)\text{e}^{-\text{j}2\pi f\tau}\text{d}\tau\text{d}t \tag{6-15}$$

(4) Choi-Williams 分布 (CWD)。

Chao 和 Williams 根据多分量信号模糊函数的自分量集中于原点，而交叉项偏离原点的特点，提出了在模糊平面采用高斯函数对作为信号模糊函数的二维时频滤波，尽量保留自分量而消除交叉项。其定义为

$$\text{CW}_x(t,f) = \int_{-\infty}^{\infty}\int_{-\infty}^{\infty} \frac{\sqrt{\sigma}}{|\tau|\sqrt{4\pi}}\text{e}^{-u^2\sigma/16\tau^2} x\left(t+u+\frac{\tau}{2}\right)x^*\left(t+u-\frac{\tau}{2}\right)\text{e}^{-\text{j}2\pi f\tau}\text{d}u\text{d}\tau \tag{6-16}$$

(5) 谱图 (spectrogram，Spec) 分布。

谱图是 STFT 的平方，将 STFT 从线性时频分布变为能量类时频分布。定义为

$$\text{SPEC}_x(t,f) = \left(\int x(\tau)h(t-\tau)\text{e}^{-\text{j}2\pi f\tau}\text{d}\tau\right)^2 \tag{6-17}$$

(6) 尺度图 (scalogram，Scal) 分布。

尺度图是仿射类时频分布的重要成员，仿射类时频分布能够保持时间尺度和时间移动的二次时频分布，与谱图的定义相仿，尺度图的定义是小波变换的平方。

$$\text{SCAL}_x(t,f) = \left|\text{WT}_x(a,b)\right|^2 = \left[\left|a\right|^{-\frac{1}{2}}\int_R x(t)\psi^*\left(t-\frac{b}{a}\right)\text{d}t\right]^2, a\neq 0 \tag{6-18}$$

除以上所述的时频方法外，还有其他许多种分布形式，如减少交叉干扰项分布(reduced interference distribution，RID)、Page 分布、Rihaczek 分布、窄带模糊函数(narrow-band ambiguity)分布、Born-Jordan 分布、Margenau-Hill(MH)分布、伪 Margenau-Hill(PMH)分布、伪 Page 分布等，由于篇幅所限，对这些分布就不一一介绍。

上面提及的减少交叉干扰项的方法都是从核函数的角度出发的，即选择性质不同的核函数来抑制干扰项。除核函数之外，还有其他方法和手段能够改善 Cohen 类时频分布的性质，比较有效的方法有三种。第一种方法是将解析信号分解为一些基本分量，并使用各分量的时频分布之和作为解析信号的时频分布，当这种分解与解析信号的情况相符合时，可以获得信号不同分量之间的交叉项；第二种方法是从交叉项的几何形状和振荡结构出发，使用图像处理方法去除交叉项；第三种方法是一种信号表示的处理方法，主要通过对信号进行重排，以提高信号分量的时频聚集性。其中重排方法的应用较多，该方法的出发点是重排公式，也就是坐标变换公式，使原来的时频分布图映射到一个新的时频分布图上，从而通过重新安排信号在平面内的能量分布，以改善信号分量聚集的尖峰。下面是一些常用的修正时频分布形式。

(1)修正伪 Wigner-Ville 分布(reassigned pseudo Wigner-Ville distribution，RPWVD)。

修正伪 Wigner-Ville 分布的定义为

$$\text{RPWV}_x(t',f';h) = \iint_{-\infty}^{\infty} \text{PWV}(t,f,h)\delta[t'-\hat{t}(x;t,f)]\delta[f'-\hat{f}(x;t,f)]\mathrm{d}t\mathrm{d}f \quad (6\text{-}19)$$

(2)修正平滑伪 Wigner-Ville 分布(reassigned smoothed pseudo Wigner-Ville distribution，RSPWVD)。

修正平滑伪 Wigner-Ville 分布的定义为

$$\text{RSPWV}_x(t',f';h,g) = \iint_{-\infty}^{\infty} \text{SPWV}(t,f,h,g)\delta[t'-\hat{t}(x;t,f)]\delta[f'-\hat{f}(x;t,f)]\mathrm{d}t\mathrm{d}f$$

$$(6\text{-}20)$$

(3)修正伪 Page(reassigned pseudo Page，RPP)分布。

修正伪 Page 分布的定义为

$$\text{RPP}_x(t,f) = \Re\left\{ x(t)\left[\int_{-\infty}^{t} x(\tau)h^*(t-\tau)\mathrm{e}^{-\mathrm{j}2\pi f\tau}\mathrm{d}\tau \right]^* \mathrm{e}^{-\mathrm{j}2\pi ft} \right\} \quad (6\text{-}21)$$

除上述几种常见的修正时频分布形式之外，还有其他几种形式，如修正 Gabor 谱图分布、修正伪 Margenau-Hill(RPMH)分布、修正谱图(reassigned spectrogram，PSpec)分布等，对于这几种分布，在后面应用实例中将看到其特点。

6.1.5 典型信号的时频分布

为了说明上述各种时频方法，下面结合几种非平稳信号进行上述各种方法的应用分析，其结果如图 6-3 所示。图 6-3 中：上部分为被分析信号的时域波形，左边为信号的能量谱密度，右边为信号的时频分布结果。

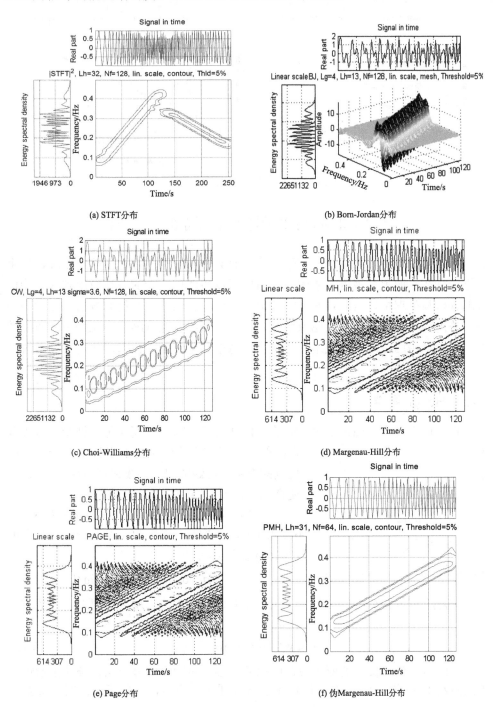

(a) STFT分布

(b) Born-Jordan分布

(c) Choi-Williams分布

(d) Margenau-Hill分布

(e) Page分布

(f) 伪Margenau-Hill分布

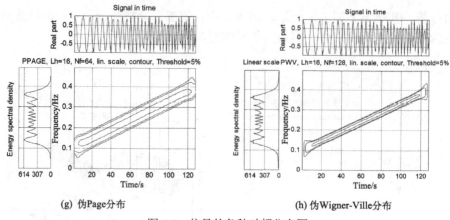

(g) 伪Page分布   (h) 伪Wigner-Ville分布

图 6-3 信号的各种时频分布图

6.2 时频分布图像信息特征的提取

从前面的分析可以看出，非平稳信号时频分布的结果是一个二维矩阵，这个二维矩阵在平面上表现为一幅图像，所以可以将图像分析的方法应用到非平稳信号的分析与处理中，这无疑对非平稳信号的分析提供了一个新的方法。图像处理研究的内容包括图像变换、图像增强、图像分析和图像压缩等，此处主要研究图像变换中常用的边缘检测技术，特别是图像中的直线提取技术，从而有利于时频分布图像特征的提取。

6.2.1 Hough 变换

直线通常对应着图像中重要的边缘特征信息，Hough 变换是一种变换域提取直线的方法，它把直线上点的坐标变换到过点的直线的系数，巧妙地利用共线和直线相交的关系，使直线的提取问题转化为计数问题。

建立直线参数空间 (ρ, θ)，如图 6-4 所示。图 6-4 中的每一直线 L 用参数空间 (ρ, θ) 中一点的 (ρ_L, θ_L) 表示为

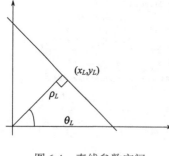

图 6-4 直线参数空间

$$x_L = \rho_L \cos\theta_L, \quad y_L = \rho_L \sin\theta_L \tag{6-22}$$

图 6-4 中任意直线 L 均可以用以下参数方程表示。

$$x_L \cos\theta_L + y_L \sin\theta_L = \rho_L \tag{6-23}$$

一般将直角坐标系的原点设在图像的中心，对图像的每一点，统计出通过该点的直线对应的参数 (ρ, θ)，图像中的直线通过的点多，这些直线的对应参数统

计值就大，最后找出大的统计值对应的参数 (ρ, θ) ，就是图像中的直线，这就是 Hough 变换的原理。

下面给出含有两个线性调频成分的试验信号，结果如图 6-5 所示。

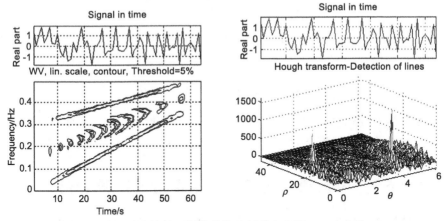

图 6-5　两个线性调频信号的时频分布及其 Hough 变换

从图 6-5 中可以看出，利用 Hough 变换可以有效提取图像中的直线特征。

6.2.2　矩分布

时频分布的一阶矩、二阶矩分别包括频率矩和时间矩，分别定义为

$$f_m(t) = \frac{\int_{-\infty}^{\infty} f\,\mathrm{TFR}(t,f)\mathrm{d}f}{\int_{-\infty}^{\infty} \mathrm{TFR}(t,f)\mathrm{d}f}\ ,\quad F^2(t) = \frac{\int_{-\infty}^{\infty} f^2\,\mathrm{TFR}(t,f)\mathrm{d}f}{\int_{-\infty}^{\infty} \mathrm{TFR}(t,f)\mathrm{d}f} - f_m(t)^2 \tag{6-24}$$

$$t_m(f) = \frac{\int_{-\infty}^{\infty} t\,\mathrm{TFR}(t,f)\mathrm{d}t}{\int_{-\infty}^{\infty} \mathrm{TFR}(t,f)\mathrm{d}t}\ ,\quad T^2(f) = \frac{\int_{-\infty}^{\infty} t^2\,\mathrm{TFR}(t,f)\mathrm{d}t}{\int_{-\infty}^{\infty} \mathrm{TFR}(t,f)\mathrm{d}t} - t_m(f)^2 \tag{6-25}$$

时间矩和频率矩分别描述信号在时域和频域的平均位置，对于一些分布，一阶时间矩对应瞬时频率，一阶频率矩对应信号的群延迟。

6.2.3　边缘分布

时频分布的边缘分布包括时间边缘分布和频率边缘分布，分别定义为

$$m_f(t) = \int_{-\infty}^{\infty} \mathrm{TFR}(t,f)\mathrm{d}f \tag{6-26}$$

$$m_t(f) = \int_{-\infty}^{\infty} \mathrm{TFR}(t,f)\mathrm{d}t \tag{6-27}$$

时间边缘分布对应着信号的瞬时功率，频率边缘分布对应着信号的能量谱密度。

6.2.4 Renyi 信息

Renyi 信息的提出是基于时频分布的基本构成单元信号，其定义为

$$R_x^\alpha = \frac{1}{1-\alpha} \log_2 \int_{-\infty}^{\infty} f^\alpha(x) \mathrm{d}x \tag{6-28}$$

式中，α 是信息的阶数；$f(x)$ 是信号的概率密度函数。对于时频分布，常用 3 阶 Renyi 信息，其定义为

$$R_x^3 = -\frac{1}{2} \log_2 \int_{-\infty}^{\infty} \mathrm{TFR}(t,f)^3 \, \mathrm{d}t \mathrm{d}f \tag{6-29}$$

以上是基于时频分布图像提取信号特征信息的几个方法，这为多角度分析信号的特征提供了有效的方法。

6.3 齿轮箱变速过程振动信号的时频分析

对齿轮箱瞬态过程振动信号进行时频分布表示，从时频分布图中可以看出信号频率成分随时间变化的趋势。图 6-6(a)～(j)为齿轮箱各种条件下振动信号的不同时频分布结果。

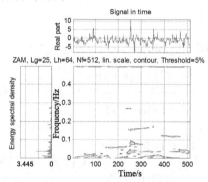

(a) 正常状况振动信号的ZAM分布

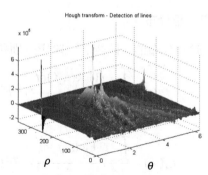

(b) 图(a)的Hough变换

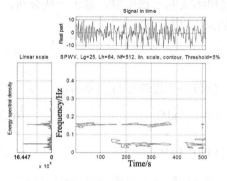

(c) 二挡齿轮磨损信号的SPWV分布

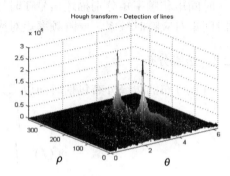

(d) 图(c)的Hough变换

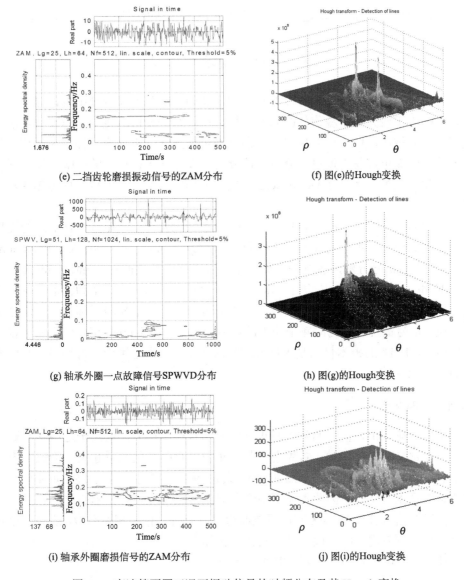

(e) 二挡齿轮磨损振动信号的ZAM分布　　　　(f) 图(e)的Hough变换

(g) 轴承外圈一点故障信号SPWVD分布　　　　(h) 图(g)的Hough变换

(i) 轴承外圈磨损信号的ZAM分布　　　　(j) 图(i)的Hough变换

图 6-6　变速箱不同工况下振动信号的时频分布及其 Hough 变换

　　从图 6-6 中可以看出，变速箱在正常工作情况下，其时频分布图中频率成分较为丰富，但是其直线宽度很窄，这说明瞬态情况下，振动信号的频率成分是不断变化的，在该情况下的时频分布图的 Hough 变换三维图中，Hough 变换累积高度较小。在二挡磨损情况下，时频分布图中都有啮合频率分量，而且在三倍频处有一个全局的分量，在五倍频处有一个局部分量，在 Hough 变换三维图中，长直线的参数位置对应的高度比短直线要高。在轴承外圈一点故障和外圈磨损的情况下，其时频分布中，可以看出有一个明显的故障特征频率，而且在其高倍频处也有一定的分量，这通过 Hough 变换三维图中的不同高度的峰值可以反映出来。

6.4　HHT 理论与方法

时频分析使用具有局域特性的基函数，能同时在时域和频域中对信号进行分析，能够用于研究非平稳信号的局域特性。虽然时频分析法能一定程度地表示出频率变化的规律，但它们的最终理论根据都是傅里叶分析理论，都是采用积分分析方法，因而也容易受傅里叶分析理论分析非线性非平稳信号的局限，如出现虚假信号和假频等，而且受 Heisenberg 不确定原理的限制，不能精确描述频率随时间的变化。

希尔伯特-黄变换(Hilbert-Huang transform，HHT)是 Norden E.Huang 等提出的一种新的信号分析理论。HHT 应用经验模态分解(empirical mode decomposition，EMD)理论将信号分解成相互独立的若干固有模态函数(intrinsic mode function，IMF)的和，并对每个 IMF 进行 Hilbert 变换得到信号的瞬时频率和幅值，从而给出信号随时间和频率变化的精确表达，因而可以用于对信号的局部行为做出精确的描述。信号最终表示为时频平面上的能量分布，称为 Hilbert 谱，进而还可以得到边际谱。HHT 的根本目的是求信号的瞬时频率，特别适用于分析频率随时间变化的非平稳信号。

6.4.1　瞬时频率

根据经典理论，信号的频率与正(余)弦函数密不可分，取决于这些基函数的频率。在定义瞬时频率时，首先会将其与正弦或余弦函数联系起来。因此，定义一个局部频率时至少需要一个周期的正(余)弦波形。少于一个正(余)弦波形而定义的频率是无意义的。因此不能采用经典理论方式进行瞬时频率的定义。

由于对信号进行 Hilbert 变换后能够得到具有唯一性的相角函数，所以可以将信号的瞬时频率进行唯一性定义。具体分析如下。

任给一时间序列 $x(t)$，其 Hilbert 变换为

$$y(t) = \frac{1}{\pi} \int_{-\infty}^{+\infty} \frac{x(\tau)}{t - \tau} d\tau \tag{6-30}$$

构造解析函数 $z(t)$：

$$z(t) = x(t) + jy(t) = a(t)e^{j\theta(t)} \tag{6-31}$$

式中

$$a(t) = \sqrt{x^2(t) + y^2(t)} \tag{6-32}$$

$$\theta(t) = \arctan\left[\frac{y(t)}{x(t)}\right] \tag{6-33}$$

利用 Hilbert 变换，瞬时频率可定义为

$$\omega(t) = \frac{\mathrm{d}\theta(t)}{\mathrm{d}t} \tag{6-34}$$

式(6-34)定义的瞬时频率是时间 t 的单值函数，在任一时间点，仅有唯一的瞬时频率与之对应。

6.4.2 IMF

Huang 等提出了 IMF 的概念，指出 IMF 应满足以下两个条件：

(1)整个信号中极点数与零点数相等或至多相差 1；

(2)在任一短时间段内，信号都对称于时间轴，也就是说，信号的上、下包络相对于时间轴对称，均值为零。

IMF 反映了数据的内在波动模式。根据 IMF 定义可以总结出它具有以下特点：在每一个波动周期中没有复杂的骑波，只有一个波动模式；IMF 与信号是否存在调制无关，调制信号也可能是 IMF；IMF 与信号的平稳性无关，非稳态信号也可以是 IMF。图 6-7 为典型的 IMF，由图可看出：该信号变化极不规律，反映出具有一定的非平稳性。但极值点数目与过零点数目以及包络的对称关系都符合 IMF 定义。

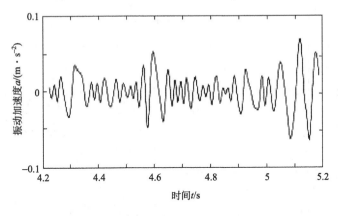

图 6-7　IMF

6.4.3 EMD

根据 HHT 理论，只有对 IMF 作 Hilbert 变换才能得到有意义的瞬时频率。然而，几乎所有待分析数据都不是理想的 IMF。所以在分析试验数据时，必须将其分解成 IMF。为此 Huang 等给出了信号的 EMD 方法。

这种方法的假设条件如下：

(1)任何信号均可分解为有限个 IMF 之和，即任何信号都是由不同的 IMF 组

成的，且各个 IMF 之间具有相互独立性；

（2）信号至少有一个极大值点和一个极小值点；

（3）特征时间尺度由极值点间的时间推移定义；

（4）若整个信号仅包含曲折点或无极值点，可通过微分方式（一次或多次），找到极值点，分解后再将所得分量积分得到 IMF。

以任一实信号 $x(t)$ 的 EMD 为例，具体步骤如下。

（1）确定 $x(t)$ 的全部极值点（包含极大值点和极小值点）；根据极值点分别求出上、下包络线。设它们的平均值曲线为 $m_1(t)$，用 $x(t)$ 减去 $m_1(t)$ 得

$$h_1(t) = x(t) - m_1(t) \tag{6-35}$$

这一过程如图 6-8 所示。图 6-8（a）为原信号，在图 6-8（b）中通过极值点分别画出了用虚线表示的上、下包络线，二者的均值用粗实线表示。由图 6-8（b）可见，均值曲线很好地平分了原信号，图 6-8（c）为式（6-35）的差值曲线。

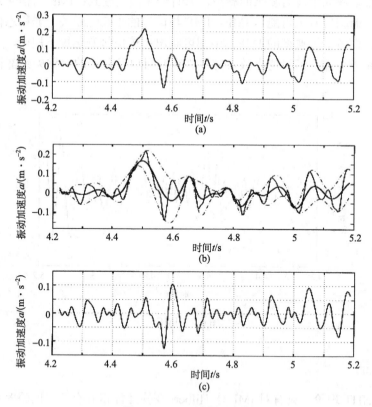

图 6-8　EMD 过程示意图

把以上过程称为一次筛选，理想情况下经过一次筛选得到的 $h_1(t)$ 应为一个 IMF，但实际分解过程中这是难以实现的。因为不仅包络线的拟合过程中会引入

新的极值点，而且即使拟合算法非常好，经过筛选过程信号斜坡上的微小凸起也可能形成新的极值点。因此需要多次筛选，对 $h_1(t)$ 重复前述步骤，得到 $h_{11}(t)$。

$$h_{11}(t) = h_1(t) - m_{11}(t) \tag{6-36}$$

筛选过程效果如图 6-9 所示。其中图 6-9（a）为对图 6-8（c）再次筛选的效果。由图 6-9（a）可见，波形对称性增强，但仍有极大值点位于零均值线以下，所以仍然不够对称，不是 IMF。图 6-9（b）为三次筛选后的结果，图中所有极大值点均为正值，所有极小值点均为负值，对称性进一步增强，但其中还有许多局部波不对称，因此需要反复筛选。

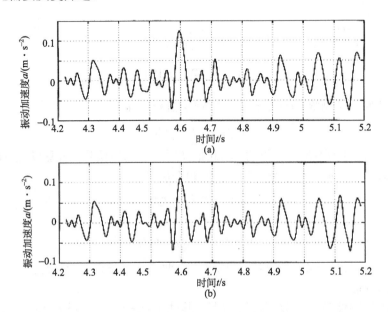

图 6-9　筛选过程效果示意图

Huang 等经研究给出了筛选过程的两个终止条件：第一，即当标准差（SD）的值界于 0.2～0.3 时终止筛选过程；第二，波形的极值点数目等于过零点的数时，终止筛选过程。

其中，SD 的定义如下。

$$\mathrm{SD} = \sum_{t=0}^{T} \left\{ \frac{\left| \left[h_{1(k-1)}(t) - h_{1k}(t) \right] \right|^2}{h_{1(k-1)}^2(t)} \right\} \tag{6-37}$$

这样，经过 k 次筛选直到 $h_{1k}(t)$ 达到以上任一条件便得到一个 IMF，即

$$h_{1k}(t) = h_{1(k-1)}(t) - m_{1k}(t) \tag{6-38}$$

至此，才从原信号中分解出第一阶 IMF（图 6-10），记作

$$c_1(t) = h_{1k}(t) \tag{6-39}$$

由于以上步骤如通过一个筛子，一层层地把信号中精细的局部模态筛选出来。所以将其称为"筛"。通过筛选过程可以达到两个目的：第一，消除信号中相互叠加的模态波形；第二，使得到的模态波形上下对称。

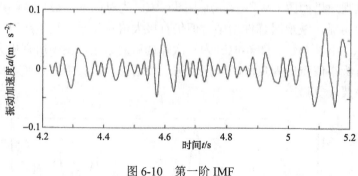

图 6-10　第一阶 IMF

(2)从原信号剔除 $c_1(t)$ 得到第一阶剩余信号 $r_1(t)$。

$$r_1(t) = x(t) - c_1(t) \tag{6-40}$$

由于该信号仍不是单分量的，因此把其看作新的原信号，重复以上分解过程。依次类推，可得到第 n 阶 IMF 和第 n 阶剩余信号。

$$\begin{cases} r_1(t) - c_2(t) = r_2(t) \\ \quad\cdots\cdots \\ r_{n-1}(t) - c_n(t) = r_n(t) \end{cases} \tag{6-41}$$

Huang 等经研究给出了整个筛选过程的两个终止条件，只要达到其中任一条件便可终止筛选。

(1)由于即便被分析数据均值为零，其残余项 $r_n(t)$ 也在很大概率上不为零，所以当所得 IMF 或剩余信号足够小时，可终止筛选。

(2)如果信号本身存在某种趋势，作为该趋势的体现，其剩余信号将呈单调函数。单调函数中是不能再提取出 IMF 的，此时应终止筛选。

综合以上筛选过程，可知信号的分解结果为

$$x(t) = \sum_{i=1}^{n} c_i(t) + r_n(t) \tag{6-42}$$

这样，信号经过筛选过程后便可表达为 IMF 和残余量之和。

与现有其他时频分析方法对比可见，FFT 方法将信号分解为已知基函数-正(余)弦函数；STFT 方法将信号分解为已知基函数-加窗正(余)弦函数；小波分析将信号分解为已知基函数-小波；而只有 EMD 将信号分解为未知的分量，且该分量在分解过程中根据信号自身特性而产生。

6.4.4 HHT 方法

很多时候信号中所包含的信息主要表现在频域内，但在分析信号时，仅得到它的 IMF 是远远不够的，还需进行时频域分析。利用 Hilbert 变换 IMF 瞬时频率的步骤如下。

以信号的第 i 个 IMF $c_i(t)$ 为例，对其作 Hilbert 变换得

$$H[c_i(t)] = \frac{1}{\pi} \int_{-\infty}^{+\infty} \frac{c_i(\tau)}{t-\tau} \mathrm{d}\tau \tag{6-43}$$

构造解析函数：

$$z_i(t) = c_i(t) + \mathrm{j}H[c_i(t)] \tag{6-44}$$

进一步可得幅值函数：

$$a_i(t) = \sqrt{c_i^2(t) + H^2[c_i(t)]} \tag{6-45}$$

相位函数：

$$\theta_i(t) = \arctan\left\{\frac{H[c_i(t)]}{c_i(t)}\right\} \tag{6-46}$$

由式 (6-47) 可算出瞬时频率 $\omega_i(t)$：

$$\omega_i(t) = \frac{\mathrm{d}\theta_i(t)}{\mathrm{d}t} \tag{6-47}$$

因此，信号 $x(t)$ 也可表达为如下形式：

$$x(t) = \mathrm{Re} \sum_{i=1}^{n} a_i(t) \exp\left[\mathrm{j}\int \omega_i(t)\mathrm{d}t\right] \tag{6-48}$$

式中，Re 为取实部。

可见，式 (6-48) 中每个分量的相位和幅值都是时间的函数，信号的傅里叶变换展开式为

$$x(t) = \sum_{i=1}^{n} a_i \mathrm{e}^{\mathrm{j}\omega_i t} \tag{6-49}$$

式中每个分量的幅值和相位都是常量，说明 HHT 对信号频率的表达是对傅里叶变换表达方式的泛化，更具一般性。HHT 突破了傅里叶变换的束缚，能够表示可变的频率，反映非稳态数据频率信息，提高了信号表达效率。

将式 (6-48) 的右半部分记作

$$H(\omega,t) = \mathrm{Re} \sum_{i=1}^{n} a_i(t) \exp\left[\mathrm{j}\int \omega_i(t)\mathrm{d}t\right] \tag{6-50}$$

称为信号 $x(t)$ 的 Hilbert 时频表示。根据这个表达式，可以将信号表示为时间、频率、幅值的三维谱图，这个幅值在时间-频率平面上的分布图称为 Hilbert 幅值谱，

简称为 Hilbert 谱。

6.4.5 边际谱

由于 Hilbert 谱为三维谱图，较为混杂，对于信息丰富的复杂信号，往往难以直接从该图上判读频率信息，因此，Huang 等根据 Hilbert 谱的性质继续研究了边际谱。

将 Hilbert 谱沿时间积分，便可得到以频率为自变量的一个谱，定义其为边际谱。

$$h(\omega) = \int_0^T H(\omega,t)\mathrm{d}t \tag{6-51}$$

式中，T 是信号 $x(t)$ 的整个采样时间；$H(\omega,t)$ 是信号 $x(t)$ 的 Hilbert 谱。

$H(\omega,t)$ 或 $h(\omega)$ 中频率的含义与傅里叶谱有着本质差别。在傅里叶谱中，若某个频率处存在能量便表示该能量在整个时间长度上均存在；而边际谱则仅表示有频率成分的振动存在，可能是全程存在，也可能是某一瞬时存在，还可能是在几个时间点存在；而 Hilbert 谱则详细地说明了该频率振动发生的确切时间和相应的幅值。

基于 HHT 边际谱的故障诊断方法包括以下步骤：

(1)对原始信号进行 Hilbert 变换，得到 $H[x(t)]$，进而求出包络信号 $y(t)$；

(2)对包络信号 $y(t)$ 进行 EMD，得到其各个 IMF 分量 $c_1, c_2, \cdots, c_n$；

(3)由式(6-50)求出各个 IMF 分量 $c_1, c_2, \cdots, c_n$ 的 Hilbert 谱；

(4)由式(6-51)求出各个 IMF 分量 $c_1, c_2, \cdots, c_n$ 的边际谱 $h_i(\omega)$，根据各个 IMF 分量的边际谱 $h_i(\omega)$ 判断轴承的故障频率。

6.5 齿轮箱非平稳振动信号 HHT 分析

在前面方法研究的基础上，重点研究将阶次分析与 HHT 分析相结合的齿轮箱故障诊断方法。先利用阶次分析理论中的角域重采样技术对非稳态工况信号作准平稳化处理，再通过 HHT 技术对信号进行故障特征提取分析。

6.5.1 仿真故障数据分析

以齿根裂纹故障仿真数据为例，转速曲线如图 6-11 所示。由图 6-11 可见，系统处于加速状态，速度在波动变化中逐渐上升。齿根裂纹故障振动响应时域采样信号如图 6-12 所示，图中振动幅度变化情况与转速变化情况相对应，转速波动大时振动幅值也比较大。经分析，可能是此时系统经过了一个谐振频率点或产生了低阶谐振。激励力信号随转速变化实现了一个扫频过程，在此过程越过谐振频率或低阶谐振频率时，系统产生谐振。此谐振又经过轴的反馈使转速产生了波动。

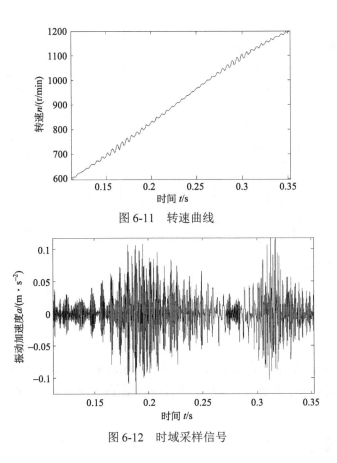

图 6-11　转速曲线

图 6-12　时域采样信号

对时域信号进行角域重采样后结果如图 6-13 所示，至此实现了信号的时间轴准平稳化，由图可见重采样只改变了信号的疏密程度，没有改变其变化趋势和幅值。

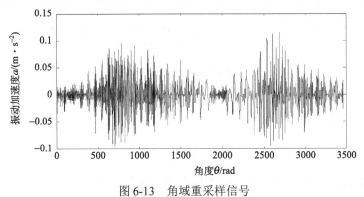

图 6-13　角域重采样信号

图 6-14 为角域重采样信号的 EMD 结果，图中第 7 阶经验模态信号的周期为 2π，该阶信号为 1 阶信息，说明系统中存在一个明显的阶次为 1 的振动，与单齿根裂纹故障相对应。

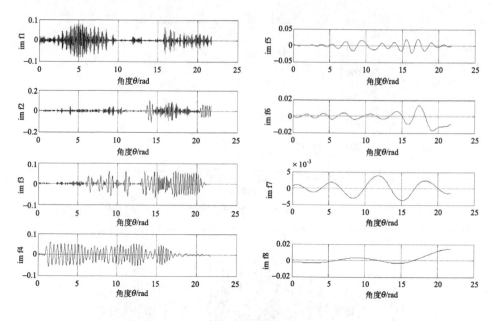

图 6-14　EMD

图 6-15 为该阶 IMF 边际谱分析结果，由图可见 1 阶峰值非常显著，说明该方法准确地识别出了齿根裂纹故障，在分析非稳态工况下齿轮故障方面能取得很好的效果。

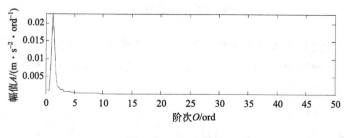

图 6-15　边际谱图

6.5.2　故障诊断实例分析

1. 齿根裂纹故障诊断实例

在不影响齿速箱系统正常工作的情况下，采用线切割方式对中间轴三挡齿轮某齿齿根进行切割，模拟齿根裂纹故障。设置转速工况为由 400r/min 升至 800r/min。以中间轴为参考轴，因为是单齿故障，所以其特征故障阶次为 1 阶。为了避免因数据过长而影响运算速度，截取升速最快、最具代表性的一段信号进行分析。转速曲线如图 6-16 所示，由图可见系统转速在不断升高，说明所测信号为非稳态信号。图 6-17 为角域重采样信号，可以看出随着转速升高，振动幅值在逐渐增大。

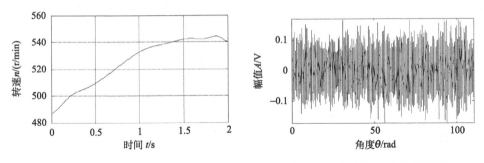

图 6-16　齿根裂纹故障的转速曲线　　　图 6-17　齿根裂纹故障的角域重采样信号

角域重采样信号的 EMD 结果如图 6-18 所示。图 6-18 中不同频率成分的信息已被逐层筛到各阶 IMF，但对每层 IMF 而言，波形仍非常杂乱，难以观察到明显的故障特征。

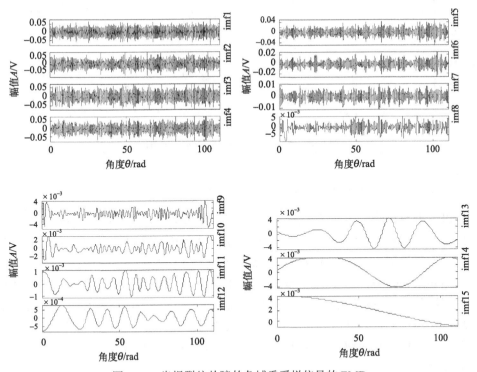

图 6-18　齿根裂纹故障的角域重采样信号的 EMD

因此需对其作边际谱分析，结果如图 6-19 所示，第 10 阶 IMF 的边际谱上 1 阶峰值非常显著，清晰地反映故障特征。与 EMD 图相对照，还可发现幅值较高的 IMF 的边际谱中峰值却不一定高，说明这些分量中瞬时频率较为分散。而个别层(如第 10 层)，其 IMF 的幅值不高，但边际谱峰值却比较大，说明该层瞬时频率集中，突显了故障特征。这说明该方法能够准确识别故障，在分析非稳态工况下齿轮故障方面具有有效性和可行性。

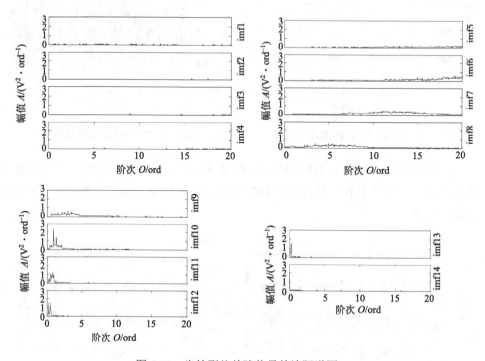

图 6-19　齿轮裂纹故障信号的边际谱图

2. 轴承内圈裂纹故障诊断实例

以不影响该变速箱系统正常工作为限，采用线切割方式对轴承内圈进行切割，模拟轴承内圈裂纹故障。设置转速工况为由 400 r/min 升至 800 r/min。经计算，以中间轴为参考轴时，特征故障阶次为 5.8 阶。

图 6-20 为轴承内圈裂纹故障信号 EMD 结果，由图可见信号按所含信息频率由高到低分解为各阶经验模态。但由于模态波形较为混杂，难以直接判读出故障信息，因此还需对其进行边际谱分析，结果如图 6-21 所示。由图 6-21 可见，与第 7 层经验模态相对应的边际谱中出现了故障特征阶次峰值，且十分显著，反映了故障特征。

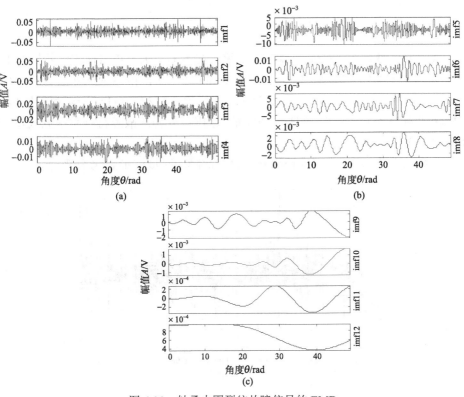

图 6-20　轴承内圈裂纹故障信号的 EMD

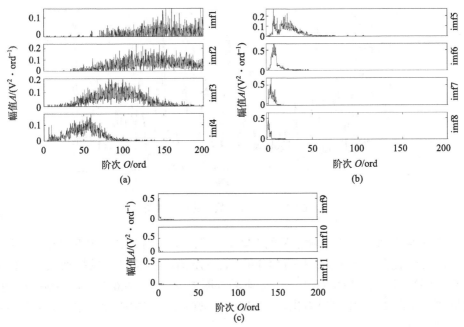

图 6-21　轴承内圈裂纹故障信号的边际谱

3. 轴承外圈故障诊断实例

试验中采用某减速机输入端 208 轴承，在不影响轴承正常使用性能情况下，在滚动轴承外圈加工宽为 0.5 mm、深为 1 mm 的小槽，模拟轴承外圈局部裂纹和断裂故障。试验时采样带宽 span=12.8 kHz，采样频率为 32768 Hz，采样点数为 4096，电机转速为 1500 r/min（f_r=25 Hz）。208 轴承内圈、外圈的故障特征频率见式(2-54)和式(2-55)。

图 6-22 和图 6-23 分别为轴承外圈存在故障的时域波形和包络谱。

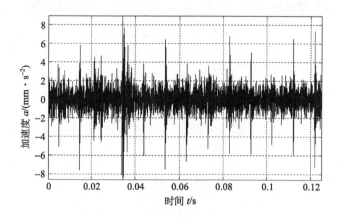

图 6-22　轴承外圈故障的时域波形

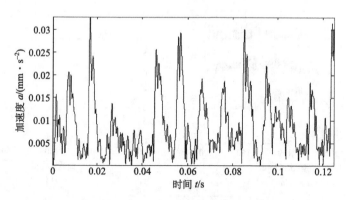

图 6-23　轴承外圈故障的包络谱图

图 6-24 为轴承外圈故障信号的 EMD 结果，$c_1 \sim c_7$ 为各个 IMF，c_8 为残量；$c_1 \sim c_3$ 为轴承外圈故障激励的高频分量，c_4 对应轴承外圈故障的振动模式，因而通过 EMD 的时域分析便可知 c_4 为轴承的外圈故障信号。图 6-25 为各 IMF 分量的边际谱，从图 6-25 中可以看出，各 IMF 分量边际谱的中心频率逐渐降低，这与EMD 的特点相符。

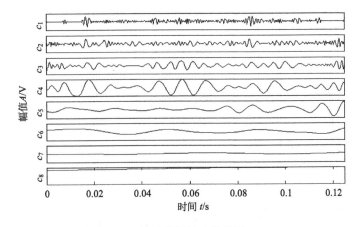

图 6-24   轴承外圈故障信号的 EMD

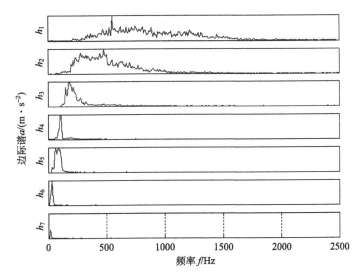

图 6-25   轴承外圈故障信号的各 IMF 的边际谱

图 6-26 为轴承外圈故障信号的边际谱 h_4 的放大图。

上述试验结果分析可知，EMD 方法能根据信号的局部时间特征尺度，按频率由高到低把复杂的非线性、非平稳信号分解为有限个经验模态函数之和，具有自适应的特点，因而是高效的。齿轮箱典型故障试验信号的分析表明：一方面基于 EMD 的时域分析，可获得一系列单分量的 IMF，每个 IMF 可以是幅值或频率调制的，因而能获得各个 IMF 的幅值、频率等信息。另一方面，基于 HHT 边际谱的频域分析，可获得齿轮箱故障振动信号的频率组成，以及幅值随频率的动态变化情况。

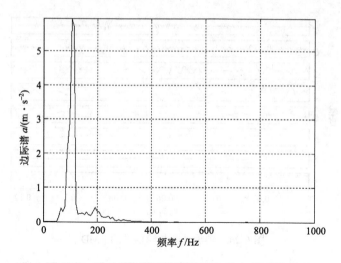

图 6-26 轴承外圈故障信号的边际谱 h_4 的放大图

第7章　基于分形理论的非平稳振动信号分析

　　齿轮箱加速过程中外部载荷、内部激励力、摩擦力以及随机干扰的存在，使振动信号的波形、频谱结构发生显著的变化，信号在时域上表现十分复杂。分形概念是由法国数学家 Mandelbrot 于 1975 年首先提出来的，是用于解决自然界具有自相似现象的理论，它已发展成为一门新兴的数学分支。目前，分形理论的研究对象已从自然界中客观存在的不光滑、不连续的几何形体，扩展到社会科学、自然科学、思维科学等各个领域的复杂对象，它的发展为研究非线性动力系统提供了强有力的工具。然而，自然界大量存在的随机分形不像数学上的分形具有在无穷尺度上的自相似，它只是在一定范围内存在，也就是说在一定的尺度范围内具有分形性，这个范围就是无标度区，它是研究应用分形的基础。只有求出分形无标度区后，才能根据无标度区的数据进行分形维数的计算，所以无标度区的求取是研究和应用分形的基础与关键。

　　本章针对齿轮箱非平稳振动信号的特点，提出基于分形理论的非平稳振动信号分析方法，在求解信号的关联维数时，详细讨论相空间重构理论以及影响关联维数的参数选取问题。同时，围绕无标度区的选取问题提出基于遗传算法的振动信号分形无标度区的求取方法，该方法具有运算速度快、效率高的优点，为无标度区的截取提供一个准确、迅速、科学的计算准则。最后，利用上述研究结果，对某变速箱振动信号进行分形维数计算。

7.1　混沌动力学系统的分析方法

　　动力学系统指的是状态随时间而改变的系统，它研究一个确定性系统状态变量随时间变化的规律。状态变量随时间连续变化，称为连续动力系统；只刻画间断时间变化规律的系统，称为离散动力系统。离散动力学系统可以看作某一个依赖时间连续变化的确定系统对时间的离散取样，从而通过离散动力系统的特性来理解连续动力系统。

　　混沌是指确定性的动力学系统中出现的一种貌似随机过程的振动形式，它是除平衡运动、周期运动和拟周期运动之外的另一种重要的运动形式。混沌有其无序的一个方面，但是它又是系统的组织结构高度有序的表现。在自然界中，混沌运动是一种非常普遍的现象，许多研究人员正在用各种方法去描述它；但是，目前对于混沌本质的认识还缺乏统一的理论，也没有统一的数学处理方法来研究混沌运动。归纳起来，目前研究和分析混沌的方法主要如下。

（1）相空间重构。

动力系统在某一时刻的状态称为相。通常用质点的位置 x 及速度 $\dot{x}$ 来刻画，平面 $(x,\dot{x})$ 称为相平面；系统所有可能状态的集合称为相空间；系统的状态随时间在相空间中运动，形成一条有向空间曲线，称为相轨迹。相空间及相轨迹在研究实际动力学系统中是非常重要的，从中可以定性地确定系统的状态。

（2）Lyapunov 指数。

Lyapunov 指数是用来定量刻画系统对初始条件敏感性的参数，是混沌系统诊断最有效的工具之一。若系统至少包含一个正的 Lyapunov 指数，则该系统是混沌的。

（3）吸引子。

不同性质的系统，其收缩程度和收缩方式也不同，有的收缩至一不动点，其维数为 0；有的收缩至闭曲线极限环上，维数为 1；有的收缩到二维或二维以上的环面上（准周期态）；而有的又收缩到复杂的无穷层次的自相似结构轨道上（混沌态）。把经过足够长时间（开始一段时间的暂态过程）后系统在相空间中所趋向（收缩）的有限区域，称为吸引子。

（4）分形维数。

维数是空间和客体的重要几何参数，确定吸引子及其吸引域边界的维数有助于判断吸引子的奇异性。具有分数维的吸引子及吸引域边界的出现通常是混沌的重要特征。

7.2　基于分形理论的振动信号描述

7.2.1　分形理论简介

在经典的欧几里得几何中，可以用直线、圆、球等这一类规则的形状去描述桌子、车轮、篮球等人造物体。然而在自然界中，却存在许多极其复杂的形状，如山不是锥形、闪电不是折线形等，它们不具有数学分析中的连续、可导这一基本性质。分形（fractal）几何学就是人们对自然界中这种复杂、奇异现象不断探索的结果。事实上，自然界中貌似杂乱无章的东西其实具有自己的特征和内在规律性，各种自然现象通常都有自己的测量尺度，局部和整体往往具有某种惊人的相似性，人们常把这种性质称为自相似性。

自相似概念的提出，为认识自然中许多复杂、不规则的现象提供了强有力的工具，也由此形成了一新的概念——分形。对于分形的概念至今没有一个确切的定义，但是研究人员认为最好把分形看成具有某些特性的集合，而不去寻找一个精确的定义。学者 Falconer 认为分形集合应具有如下特性：

（1）具有精细结构，即有任意小的细节；

（2）不规则性，它的局部与整体都不能用传统的集合语言来描述；

（3）具有某种自相似的形式，可能是近似的或统计的；

（4）一般地，分形维数大于拓扑维数；

（5）可以用非常简单的方法进行迭代产生。

分形维数后面将给出详细的阐述，而拓扑维数是指几何对象经过连续的拉伸、压缩、扭曲也不会改变的维数。数学家通过简单迭代的方法创造了一些抽象的分形形式的物体，它们是严格意义上的分形。如图 7-1 所示的 Vonkoch 雪花曲线和 Cantor 集合，都有着无限精细的结构，其中，Vonkoch 曲线是这样形成的：首先从一单位线段开始，截去中间的 1/3，而代之以两个 1/3 长的相交 60°角的线段。再对每一个 1/3 长线段重复上述过程，以致无穷，形成 Vonkoch 雪花曲线。曲线与原直线围成的面积是有限的，而 Vonkoch 曲线是无限长的，任意放大其中一部分，都和整体具有相似性。

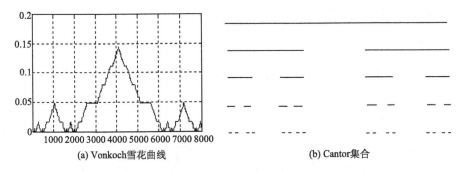

（a) Vonkoch雪花曲线　　　　　　　　（b) Cantor集合

图 7-1　Vonkoch 雪花曲线和 Cantor 集合

7.2.2　分形维数

分形维数是定量刻画分形特征的重要参数。通常的维数表示确定空间中一个点所需要的独立坐标数目，分形维数是通常所说的维数概念的推广。数学上的维数难以理解，但其有严格的定义，德国数学家 Hausdorff 在 1919 年定义了以他名字命名的测度和维数，把维数的概念推广到不限于整数。Hausdorff 维数是最重要的一种维数，它对任何集都有意义，其定义如下。

设 A 为欧氏空间 R^n 中的一个子集，s 为一非负数，对任何 $\delta > 0$，定义：

$$H_\delta^s(A) = \inf \sum_{i=1}^{\infty} |U_i|^s \tag{7-1}$$

式中，U_i 为 R^n 中的集合，并且有 $A \subset \bigcup_{i=1}^{\infty} U_i$，$|U_i|$ 表示 U_i 的直径，即 $|U_i| =$

$\sup\{|x - y|; x, y \in U_i\}$，且 $0 < |U_i| < \delta$，$\{U_i\}$ 称为 A 的一个 δ 的覆盖。式(7-1)表示在 A 的所有 δ 覆盖中，求满足式(7-1)的下确界。令 $\delta \to 0$，式(7-1)的极限值 $H^s(A)$ 称为集合 A 的 s 维测度。可以证明，对于集合 A 存在唯一的非负数，记 $D_h(A)$，它满足下列性质：

若 $0 < s < D_h(A)$，则 $H^s(A) = \infty$；

若 $D_h(A) < s < \infty$，则 $H^s(A) = 0$。

$D_h(A)$ 称为集合 A 的 Hausdorff 维。人们常把 Hausdorff 维数是分数的物体称为分形，把此时的值称为该分形的分形维数。

在实际中，计算一个分形集合的 Hausdorff 维数一般是相当困难的，所以，数学家以此为基础，发展了其他几种不同的维数来描述分形集的特征。这些维数包括自相似维数、盒子维数、容量维数、关联维数、信息维数、广义维数、李雅普诺夫维数等。有些情况下，它们都有意义并且可能相等，有些情况下，可能有几个有意义并且各不相等。下面分别介绍几个常用的维数，而对于关联维数的介绍将在后面给予更加详细的说明。

1. 盒子维数

最简单的、最明了的分形维数定义就是盒子维数 D_B，如图 7-2 所示。

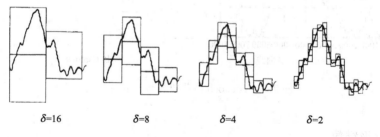

$\delta = 16$　　　　$\delta = 8$　　　　$\delta = 4$　　　　$\delta = 2$

图 7-2　盒子维数

对于单位超立方体积的吸引子，其盒子维数为

$$D_B = \lim_{\delta \to 0}\left[\frac{\lg N}{\lg(1/\delta)}\right] \tag{7-2}$$

式中，N 用来覆盖吸引子的边长为 δ 的超立方体数目，这些超立方体的维数等于相空间的维数。

2. 容量维数

若 $N(\varepsilon)$ 是能够覆盖住一个点集的直径为 ε 的小球的最小数目，则点的容量维数定义为

$$D_0 = -\lim_{\varepsilon \to 0} \frac{\log N(\varepsilon)}{\log \varepsilon} \tag{7-3}$$

由于容量维数基本上就是 Hausdorff 定义的广义维数，在实际中常将其称为分形维数。

3. 信息维数

在容量维数的定义中，只考虑了所需 ε 球的个数，而对每个所覆盖的点数却没有加以区别，于是提出信息维数的概念，其定义为

$$D_1 = -\frac{\lim\limits_{\varepsilon \to 0} \left[\sum\limits_{i=1}^{N} \mathrm{pi}/\ln(1/\mathrm{pi}) \right]}{\ln \varepsilon} \tag{7-4}$$

式中，pi 是一个点落在第 i 球中的概率。当 pi $=1/N$ 时，信息维数和容量维数在数值上相等，可见，信息维数是容量维数的推广。

4. 广义维数（Renyi）

假定具有尺度 ε 的一些小球作为空间的一个分割，并定义 $P_i(\varepsilon)$ 为一个点落在第 i 个点的概率，Renyi 引入广义熵：

$$K_q(\varepsilon) = \frac{\log \sum\limits_{i=1}^{N} (P_i)^q}{1-q}, \quad q = 0,1,2,\cdots,N \tag{7-5}$$

从而，广义维数定义为

$$D_q = -\frac{\lim\limits_{\varepsilon \to 0} K_q(\varepsilon)}{\log \varepsilon} \tag{7-6}$$

显然，当 $q = 0,1$ 时，广义维数分别为容量维数和信息维数。

分形维数同传统上理解的整数维数是处在两个不同层次的集合。考察一个分形体系，依传统的经验看待就会出现奇异性，但用分形维数的概念理解分形体系，得到的结果就是普通的、肯定的。分形维数度量了系统填充空间的能力，它从测度和对称理论方面刻画了系统的无序性，从而可以描述复杂系统的基本特征。

7.2.3 基于关联维数的振动信号描述

分形维数的定义有多种，如 Hausdorff 维数、盒子维数、关联维数、信息维数和广义维数等。关联维数是衡量时间序列的非线性的一个有效参数，目前，在故障诊断领域应用最多的是关联维数。同时，由于非平稳振动信号是一种满足统计自相似性的随机分形，利用关联维数可以对非平稳振动信号进行描述。然而，在计算关联维数时，如何选择合适的重构相空间的矢量数、嵌入维数、时间延迟、

分形无标度区、采样点数等，是能否计算出有效关联维数的关键。本节将围绕实际中计算关联维数时一些关键问题进行分析和讨论。

1. 关联维数的 G-P 算法

1983 年，Grassberger 和 Procaccia 根据嵌入理论与重建相空间的思想，提出了从时间序列直接计算关联维数的算法，常称为 G-P 算法.

设 $\{x_k : k = 1, \cdots, N\}$ 是观测某一系统得到的时间序列，将其嵌入 m 维欧氏空间 R^m 中，得到一个观测点(或向量)集合 $J(m)$，其元素记为

$$X_n(m, \tau) = (x_n, x_{n+\tau}, \cdots, x_{n+(m-1)\tau}) \qquad n = 1, \cdots, N_m$$

式中，$\tau = K\Delta t$ 是固定时间间隔，也称为时间延迟；Δt 是两次相邻采样的时间间隔；k 是整数。

$$N_m = N - (m-1)\tau \tag{7-7}$$

从这 N_m 个点中任意选定一个参考点 X_i，计算其余 $N_m - 1$ 个点到 X_i 的距离：

$$r_{ij} = d_2(X_i, X_j) = \left[\sum_{l=0}^{m-1} (x_{i+l\tau} - x_{j+l\tau})^2 \right]^{\frac{1}{2}} \tag{7-8}$$

求出所有的点间距以后，凡是距离小于给定参数 ε 的矢量对，称为有关联的矢量。对所有 $X_i(i = 1, \cdots, N_m)$ 重复这一过程，然后检查有多少对点之间的距离 r_{ij} 小于 ε，把距离小于 ε 的两个空间组成的"点对"所占的比例记为 $C_m(\varepsilon)$，从而得到关联积分函数。

$$C_m(\varepsilon) = \frac{2}{N_m(N_m - 1)} \sum_{i,j=1}^{N_m} H(\varepsilon - r_{ij}) \tag{7-9}$$

式中，H 是 Heaviside 函数。

$$H(x) = \begin{cases} 1, & x > 0 \\ 0, & x \leqslant 0 \end{cases} \tag{7-10}$$

对充分小的 r，关联积分逼近如下：

$$\ln C_m(\varepsilon) = \ln C - D(m) \ln r \tag{7-11}$$

因此 R^m 中的子集 $J(m)$ 的关联维数为

$$D(m) = \lim_{r \to 0} \frac{\partial \ln C_m(r)}{\partial \ln r} \tag{7-12}$$

当 $D(m)$ 不随相空间维数 m 升高而改变时，有

$$D_2 = \lim_{m \to \infty} D(m) \tag{7-13}$$

实际计算时，通常是求得在某一给定的嵌入维数下一系列点 $(\varepsilon, C_m(\varepsilon))$，然后作出 $\ln \varepsilon \to \ln C_m(\varepsilon)$ 曲线。由 $\ln \varepsilon \to \ln C_m(\varepsilon)$ 曲线判断标度区的范围，并对落在其

内的点进行最小二乘拟合，求得其斜率就是关联维数 $D_2(m)$。当 $D_2(m)$ 不随嵌入维数 m 变化时，此时的 $D_2(m)$ 为系统的关联维数 D_2。

2. G-P 算法的改进

传统的 G-P 算法是目前工程上采用得最多的算法。然而，该算法用于非平稳信号的分析和机械设备故障诊断时有许多不合理的地方，尤其是计算速度过慢。这里针对瞬态过程信号的实际情况，讨论 G-P 算法的改进。

传统的 G-P 算法中，点间距按式(7-8)计算，为了简化计算，可以用另外两种距离：

$$r_{ij}^{~1} = d_1(X_i, X_j) = \sum_{l=0}^{m-1} \left| x_{i+l\tau} - x_{j+l\tau} \right| \tag{7-14}$$

$$r_{ij}^{~2} = d_\infty(X_i, X_j) = \max \left\{ \left| x_{i+l\tau} - x_{j+l\tau} \right| : 0 \leqslant l \leqslant m-1 \right\} \tag{7-15}$$

实际上，式(7-8)给出的是 R^m 球形域，而式(7-14)和式(7-15)给出的分别是 R^m 菱形域和方形域，它们都是 R^m 的凸集。由拓扑学理论知，d_2, d_1, d_∞ 为这三种距离相互拓扑等价，都给出了欧氏空间 R^m 的通常拓扑，因此使用这三种度量实质上是相同的(刘春光等，2012；Wu et al., 1997)。即混沌吸引子分形维数 D_2 与采用的度量 d_∞, d_2, d_1 无关，下面证明 D_2 独立于度量 d_2, d_1, d_∞ 的具体形式。

先证采用度量 d_2 和 d_∞ 时，分形维数 D_2 不变。显然：

$$d_\infty(X_i, X_j) \leqslant d_2(X_i, X_j)$$

$$d_\infty(X_i, X_j) \geqslant d_2(X_i, X_j) / \sqrt{m}$$

$$C(r, m) \leqslant C_\infty(r, m) \leqslant C(r/\sqrt{m}, m)$$

其中，m 为嵌入维数，在实际计算时 m 总是取一个有限值。于是有

$$\lim_{r \to 0} \frac{\ln C(r/\sqrt{m}, m)}{\ln r} = \lim_{r \to 0} \frac{\ln C(r/\sqrt{m}, m)}{\ln(r/\sqrt{m}) + \ln \sqrt{m}} = D_2(m) \tag{7-16}$$

所以

$$\lim_{r \to 0} \frac{\ln C_\infty(r, m)}{\ln r} = D_2(m) \tag{7-17}$$

令 $m \to \infty$ 则证明了采用度量 d_∞ 和 d_2，分形维数 D_2 保持不变。

同理可以证明采用距离 d_1 和 d_2，分形维数 D_2 也保持不变。

由此，若用度量 d_2，对每一 m 要计算出 $N_m(N_m-1)/2$ 个距离，其中包含了较多的重复的运算。选择 d_1 时，使用追赶法容易求得度量的递推公式。对于 d_1，有

$$r_{i+1,j+1}^{(1)} = \sum_{l=0}^{m-1} |x_{i+l+1} - x_{j+l+1}| = \sum_{l=0}^{m-1} |x_{i+l} - x_{j+l}| - |x_i - x_j| + |x_{i+m} - x_{j+m}|$$

$$= r_{ij}^{(1)} - |x_i - x_j| + |x_{i+m} - x_{j+m}|$$

(7-18)

因此，利用上述递推公式进行计算时，可以明显缩短计算时间。这对于实时性要求较高的在线故障诊断是非常可贵的。

3. G-P 算法参数的确定

1)重构相空间嵌入维数 m

重构相空间嵌入维数 m 通常是不用选择的，目前，通用的做法是先给它赋一个初值，计算该条件下所对应的关联维数 $D_2(m)$，然后连续增大嵌入维数，当 $D_2(m)$ 不随嵌入维数 m 变化时，此时的 $D_2(m)$ 为系统的关联维数。此外，确定最小的嵌入维数在工程上具有实际的意义，但是，目前很少有关于嵌入维数的试验分析，一般认为 $m \geqslant 2D_2(m)+1$。根据此公式选择嵌入维数已经被许多研究人员所接受。

2)时间延迟 τ

如何选择 τ 目前有较多的研究，Fraser 和 Swinney 指出，对于一个混沌系统，相互信息函数表示两变量之间的一般依赖关系，由此函数的局部最小值可以确定一个最优的时间延迟；无论采用何种方法，在选择 τ 时必须注意的一点是：过于小的 τ 将导致信息的冗余，太大的 τ 将使延迟坐标之间毫不相关，从而不能代表真实的动力系统特性。基于自相关函数 $R_{xx}(\tau)$ 的方法比较简单，易于计算，它能够合理地衡量不同时刻信号之间的由冗余到不相关的变化。

3)分形无标度区 ε

非平稳振动信号不像数学上的分形在无穷尺度上具有自相似或自仿射性，它只是在一定范围内存在，也就是说在一定尺度范围内具有分形特性，这个范围就是无标度区，它是研究和利用分形的基础。因此，准确地求取分形无标度区是计算分形维数的关键。

4. 影响关联维数的其他因素

1)信噪比

试验中或现场采集到的信号不可避免地带有噪声干扰，噪声的存在也势必会影响到关联维数计算的结果。为了研究噪声对关联维数的影响，试验中以标准的正弦信号为研究对象，分别计算信噪比 SNR 为 50、20、10 和 1 的叠加信号的关联维数。试验中，数据长度 N 为 256，嵌入维数 m 为 10，通过比较得出，信噪比 SNR 为 50 的带噪信号与原始信号的结果非常接近，随着信噪比的降低，关联积分的收敛区间逐渐减少。当信噪比很低时，关联积分就已经难以准确地计算信号的关联维数。因此，在计算关联维数时，必须对原始测量信号进行降噪处理，再计算其维数。

2）采样点数 N

通常认为精确的维数估计需要大量的数据，但在实际中由于测量条件的限制，只能测量到有限长度的信号，而且数据越长，分析时消耗的计算时间也越长。那么，要精确地计算信号的关联维数，究竟需要多大的数据量。对此，Kantz 等给出了公式：$N_{\min} = 10^{(D_2+2)/2}$ 以估计最小样本容量。另外，Eckman 和 Ruelle 以及 Smith 等又从不同角度提出了样本量与分形维数之间的关系。

为了研究数据长度对关联维数计算结果的影响，进行如下试验：嵌入维数 m 统一取 10，试验中数据长度 N 分别取 128、256、512、1024、2048，通过试验，可以得到，随着数据量的增加，关联维数的拟合误差逐渐减少，计算结果也越来越接近真实维数。

7.3 分形无标度区的求取方法

7.3.1 无标度区的概念

分形几何是用于解决具有自相似现象的理论。然而，自然界大量存在的随机分形，不像数学上的分形具有在无穷尺度上的自相似或自仿射性，它只是在一定范围内存在，也就是说在一定的尺度范围内具有分形性。这个范围就是无标度区，它是研究应用分形的基础，只有求出无标度区后，才能根据无标度区的数据进行分形维数和其他参数的计算。现在计算分形维数的方法有很多种，但归结起来可以说主要采用作图法，即根据被研究系统的特点，作出 $\ln\varepsilon - \ln C(\varepsilon)$ 曲线图，并通过观察找出线性关系好的一段作相关系数检验，若检验能够通过，就将该段选为无标度区。这种做法虽然总体上是正确的，但存在如下问题：①无标度区的选择缺乏客观标准；②当无标度区较窄且又无明确边界时，肉眼难以准确分辨无标度区上下限；③若在一项研究中要多次判别无标度区，每次都要重复进行作图——肉眼判断——检验——拟合等一套人机交替的运行工序，既不方便又费时间。针对上述方法的缺点，目前常用的求取无标度区的算法是：首先，假设测量点分布在 3 条线段构成的折线附近，如图 7-3 所示，然后通过逐点选取两个折点，并作分段直线回归，以总的回归残差平方和最小作为目标，拟合出图 7-3 中的折线，并认为中间一段为无标度区，进而通过求其斜率得到分形维数。

然而，在实际中，人们按照上述方法虽然可以较为准确地得到分形无标度区，可是却付出了很大的代价。这是因为人们在按照上述方法进行无标度区的求取时，几乎都采用数学上的枚举法，枚举法就是运算过程中对搜索范围里的所有可能点进行计算比较，最终得出最优点。正是由于这一计算原理，枚举法的计算结果是最精确的，但同时也必将带来运算量的成倍增加和运算效率的显著降低。枚举法

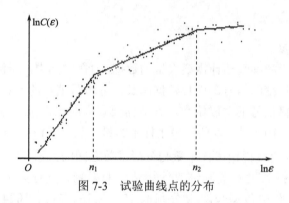

图 7-3　试验曲线点的分布

在数据量较少的情况下可以较快地得到计算结果，而对于振动信号这类分形无标度区的求取，其计算速度是无法让人接受的，难以满足对设备的实时监测要求。

7.3.2　分形无标度区的界定方法

事物或对象表现出分形特性的标度范围称为该分形的无标度区，它限定了研究分形对象的尺度范围。无论采用何种维数，只有在无标度区内获得的维数才是真正的分形维数，才能真实地反映分形特征，所以无标度区的界定就显得特别重要。目前，国内外在分形的研究领域，关于无标度区的界定，至今还没有一套公认的客观判定准则和判定方法。综合国内外常用的方法，概括起来有以下几种。

1. 人工判定法

用肉眼在双对数坐标图上确定一段线性关系比较好的区间为标度区，再用最小二乘法计算出其斜率，从而求出分形维数。在无标度区较窄、边界又不明确时，肉眼就难以分辨无标度区的上下限，即使在无标度区很宽、线性关系很好时，确定的边界也是因人而异的。这种方法受人为的因素影响很大，缺乏客观标准。

2. 相关系数检验法

对双对数坐标系上所有可能的点的组合都进行相关系数检验，取置信度最高或者在一定置信度下线性范围最宽的一段为无标度区。事实证明，这种方法太宽松，一些线性关系明显不好的点也能通过检验，此法也不可取。

3. 强化系数法

为了避免相关系数检验法过松的问题，可以引入强化系数，将检验标准提高，这样使得回归系数的精度得到提高。虽然这种方法比相关系数检验法有很大的改进，具有一定的实用性，在许多情况下可以取得较好的效果。但是其本质上仍然是一种经验方法，对于不具有自相似性系统，有时也能找出相当宽度的一段无标度区，这显然也是不合理的。

4. 拟合误差法

在双对数坐标系上，对所有可能点的组合都计算出其回归拟合后的剩余标准差，取既能通过相关系数检验而标准差又最小的一段为无标度区，这种方法称为拟合误差法。其实，剩余标准差不仅与相关系数有关，也与因变量的均方差有关，单凭剩余标准差未必能选择到最为合适的无标度区。实践证明，这种方法选定的往往是点数较少、斜率最缓的一段，也不是理想的方法。

5. 三折线总体拟合法

研究表明，分形系统的双对数曲线 $\ln\varepsilon - \ln C(\varepsilon)$ 往往呈现三折线形状，点的分布集中于三条线段构成的折线附近，如图 7-3 所示。图中两端的线段虽然近似为直线，但不是无标度区，而是分形的饱和区，中间一段为分形无标度区。因此，考虑用三折线段来拟合曲线，使总体误差达到最小。

根据关联维数的定义公式，得到双对数曲线上的 n 个点，点的坐标记为 (U_i, V_i)，$i=1,2,\cdots,n$。无标度区的选取等价于图 7-3 的中间直线段上、下端序号 n_1 和 n_2 的求取。因此这一问题的数学模型为：求序号 n_1 和 n_2（n_1 和 n_2 为整数，且 $1 < n_1 < n_2 < n$），使

$$G_n(3; n_1, n_2) = \sum_k \sum_T (V_t - a_k - b_k U_k)^2 \tag{7-19}$$

达到最小。式 (7-19) 中，指标方程 $1 \leqslant k \leqslant 3$，$n_{k-1} + 1 < t < n_k$，若无特殊声明，记

$$G(n_{k-1}, n_k) = \sum_t (V_t - a_k - b_k U_t)^2 \tag{7-20}$$

显然，$G_n(3; n_1, n_2)$ 达到最小的条件是 $\forall k$，$G(n_{k-1}, n_k)$ 达到最小。故式 (7-19) 中的系数满足方程组：

$$\begin{cases} \dfrac{\partial G(n_{k-1}, n_k)}{\partial a_k} = 0 \\[2mm] \dfrac{\partial G(n_{k-1}, n_k)}{\partial b_k} = 0 \end{cases}, \quad k = 1,2,3 \tag{7-21}$$

将式 (7-20) 代入式 (7-21) 中并求解式 (7-21) 得

$$\begin{cases} a_k = \dfrac{\sum_t V_t}{n_k - n_{k-1}} - \dfrac{b_k \sum_t U_t}{n_k - n_{k-1}} \\[4mm] b_k = \dfrac{(n_k - n_{k-1})\sum_t U_t V_t - \left(\sum_t U_t\right)\left(\sum_t V_t\right)}{(n_k - n_{k-1})\sum_t U_t^2 - \left(\sum_t U_t\right)^2} \end{cases}, \quad k = 1,2,3 \tag{7-22}$$

由回归分析知，最小残差平方和为

$$\min G(n_{k-1}, n_k) = \frac{\sum_t V_t^2 - \sum_t V_t}{n_k - n_{k-1}} - \frac{b_k^2 \left[\sum_t U_t^2 - (\sum_t U_t)^2 \right]}{n_k - n_{k-1}} \tag{7-23}$$

于是确定 n_1 和 n_2 的目标函数为

$$f_n(n_1, n_2) = \min G_n(3; n_1, n_2) = \sum_k \min G(n_{k-1}, n_k) \tag{7-24}$$

下面建立求取 n_1 和 n_2 的算法。为此，先建立确定最优分段点的递推公式。

$$\text{记 } \delta_{i,j} = \min \sum_{a=i}^{j} (V_a - a - bU_a)^2 , \qquad 1 < i < j < n \tag{7-25}$$

由式 (7-22) 和式 (7-23) 得

$$\delta_{i,j} = \sum_{a=i}^{j} V_a^2 - \left(\sum_{a=i}^{j} V_a \right)^2 \tag{7-26}$$

$$- \left[\sum_{a=i}^{j} U_a V_a - \frac{\left(\sum_{a=i}^{j} U_a \right)\left(\sum_{a=i}^{j} V_a \right)}{j - i + 1} \right]^2 \Bigg/ \left[\frac{\sum_{a=i}^{j} U_a^2 - \left(\sum_{a=i}^{j} U_a \right)^2}{j - i + 1} \right]^2$$

由此 n 个点 (U_i, V_i) 的任意二段折线逼近误差和最优逼近误差分别为

$$G_n(2, n) = \delta_{1,i} + \delta_{i+1,n} \tag{7-27}$$

$$G_n^*(2) = \min\{G_n(2, i) : 2 \leqslant i \leqslant n-1\} = \min\{\delta_{1,i} + \delta_{i+1,n} : 2 \leqslant i \leqslant n-1\} \tag{7-28}$$

其任意三段折线逼近误差和最优逼近误差分别为

$$G_n(3; n_1, n_2) = \delta_{1,n_1} + \delta_{n_1+1,n_2} + \delta_{n_2+1,n} = G_{n_2}(2, n_1) + \delta_{n_2+1,n} \tag{7-29}$$

$$G_n^*(3) = \min\{G_n(3; n_1, n_2) : 1 < n_1 < n_2 < n\} \tag{7-30}$$
$$= \min\{G_{n_2}^*(2) + \delta_{n_2+1,n} : 4 \leqslant n_2 \leqslant n-1\}$$

记最优分段点的误差矩阵 $\boldsymbol{B} = \delta_{i,j}$。当 $i \geqslant j$ 时，由式 (7-25) 可规定 $\delta_{i,j} = 0$。
由式 (7-26) 可知 $\delta_{i,j+1} = 0$。于是误差矩阵为

$$\boldsymbol{B} = \begin{bmatrix} \delta_{1,3} & \delta_{1,4} & \cdots & \delta_{1,n-1} & \delta_{1,n} \\ 0 & \delta_{2,4} & \cdots & \delta_{2,n-1} & \delta_{2,n} \\ \vdots & \vdots & & \vdots & \vdots \\ 0 & 0 & \cdots & \delta_{n-3,n-1} & \delta_{n-3,n} \\ 0 & 0 & \cdots & 0 & \delta_{n-2,n} \end{bmatrix} \tag{7-31}$$

即 $\boldsymbol{B}$ 是 $(n-2) \times (n-2)$ 阶上三角方阵。从式 (7-26) 计算出 $\boldsymbol{B}$ 后，便可计算出最优二折线向量和第一分段点序号向量为

$$\overrightarrow{g^*(2)} = \left\{ G_3^*(2), G_4^*(2), \cdots, G_n^*(2) \right\} \tag{7-32}$$

$$\overrightarrow{n^*(2)} = \left\{ 2, j_2(4), \cdots, j_2(n) \right\} \tag{7-33}$$

式(7-32)中，$G_l^*(2)$的表达式为

$$G_l^*(2) = \min \left\{ \delta_{1,i} + \delta_{i+1,l} : 2 \leqslant i \leqslant l+1 \right\}, \quad 3 \leqslant l \leqslant n \tag{7-34}$$

而 $j_2(l)$（$l=4,\cdots,n$）是与 $G_l^*(2)$ 对应的分段点序号。同理，最优三折线向量和第二分段点序号向量分别为

$$\overrightarrow{g^*(3)} = \left\{ G_4^*(3), G_5^*(3), \cdots, G_n^*(3) \right\} \tag{7-35}$$

$$\overrightarrow{n^*(3)} = \left\{ 3, j_3(5), \cdots, j_3(n) \right\} \tag{7-36}$$

式(7-35)中

$$G_l^*(3) = \min \left\{ G_j^*(2) + \delta_{j+1,l} : 4 \leqslant j \leqslant l-1 \right\}, \quad 4 \leqslant l \leqslant n \tag{7-37}$$

而 $j_3(l)$（$l=5,\cdots,n$）是与 $G_l^*(3)$ 对应的第二分段点序号。

由式(7-30)计算出 $G_n^*(3)$，根据式(7-35)和式(7-36)，与之对应的 $j_3(n)$ 就是要求的 n_2，将式(7-34)中的 l 换成 n_2。由式(7-28)计算出 $G_{n_2}^*(2)$，根据式(7-32)和式(7-33)，与之对应的 $j_2(n_2)$ 就是要求的 n_1。最后对序号为 $n_1 \leqslant i \leqslant n_2$ 之间的点 (U_i, V_i) 作最小二乘拟合即得分形维数值。

7.4　基于遗传算法的非平稳振动信号无标度区求取

7.4.1　进化算法与最优化方法

人类的智能是在漫长的进化过程中发展起来的，生物体通过进化逐步提高了对动态环境的适应能力。许多困难问题，人们难以找到好的算法来解决，但自然界生物体通过自身的进化就能使问题得到完美的解决。人们开始逐步认识到进化的特征，当遇到困难时，希望能从大自然中找到启发或答案，这就逐步形成了进化算法。

随着研究的深入，人们逐渐认识到在很多复杂情况下要想完全精确地求出其最优解既不可能也不现实，因而求出其近似最优解或满意解是人们的主要着眼点之一。总的来说，求最优解或近似最优解的方法主要有三种：枚举法、启发式算法、搜索算法。

随着问题种类的不同，以及问题规模的扩大，要寻求一种能以有限的代价来解决上述最优化问题的通用方法仍是一个难题。而遗传算法却为解决这类问题提供了一个有效的途径和通用框架，开创了一种新的全局优化搜索算法。

7.4.2　遗传算法及其发展与应用

遗传算法由美国密歇根大学的 J.H.Holland 于 20 世纪 60 年代末提出并创立。遗传算法作为一种新的优化方法，相对于其他方法，具有下述特点：

(1)处理对象并不是参数本身，而是对参数的编码，这样使得遗传算法不受函数约束条件(如连续、可导)的限制，并可能使优化产生较大幅度的跳跃；

(2)从问题解的一个集合开始处理，而不是从单个个体开始，具有隐含并行性，并明显减小了搜索陷于局部极值的可能性；

(3)仅需要问题的适应度函数来指导搜索，基本上不需要其他辅助信息，也没有对适应度函数的连续性、可导性以及定义域的要求；

(4)采用概率性变迁，而不是确定性规则来指导搜索过程，具有全局搜索能力，最善于处理复杂问题和非线性问题。

由于上述的特点，遗传算法求解最优化问题的计算效率高、适用范围广，目前已成功应用于许多领域。目前，遗传算法主要应用于软件技术、图像处理、模式识别、神经网络、工业优化控制、生物学、遗传学、社会科学等方面。

7.4.3　遗传算法的基本实现

1. 参数编码和种群生成

遗传算法使用固定长度的二进制符号串来表示群体中的个体，其等位基因是由二进制符号集{0，1}所组成的。所示群体中的各个个体的基因值可用均匀分布的随机数来生成。例如，X=100111001000101101 表示一个个体，该个体的染色体的长度是 n=18。

2. 个体适应度评价

遗传算法按与个体适应度成正比的概率来决定当前群体中每个个体遗传到下一代群体中的机会。个体的适应度越大，该个体被遗传到下一代的概率就越大；反之，个体的适应度越小，该个体被遗传到下一代的概率就越小。为正确计算这个概率，这里要求所有个体的适应度必须为正值或零。这样，根据不同种类的问题，必须预先确定好目标函数的处理方法。

3. 选择(selection)算子

选择算子从群体中按某一概率选择个体，某个体被选择的概率 P_{si} 与其适应度成正比。通常的实现方法是轮盘赌(roulette wheel)模型。选择算子把当前群体中的个体按与适应度成比例的概率复制到新的群体中，它不产生新的个体，其作用是提高群体的平均适用度。

4. 交叉(crossover)算子

交叉算子从交配群体中随机选取两个个体作为父代串，按概率 P_c 交叉父代串中的若干基因(位)，得到两个新的子串，其作用是产生新的个体，保持群体的多样性。交叉位置是随机的，其中 P_c 是一个系统参数，即交叉概率。

交叉运算示意图如图 7-4 所示。

A: 10111 00
单点交叉
A′ : 10111 11
B: 00011 11
B′ : 00011 00

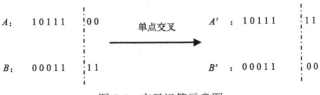

图 7-4　交叉运算示意图

5. 变异(mutation)算子

变异算子按一定概率 P_m 将新个体的基因链的各位进行变异，对二进制基因链(0，1 编码)来说即取反，主要用于进一步增加和恢复群体的多样性。P_m 也是一个系统参数，即变异概率。交叉算子和变异算子是用于快速搜索解空间，并获得全局最优解的重要算子。

变异运算示意图如图 7-5 所示。

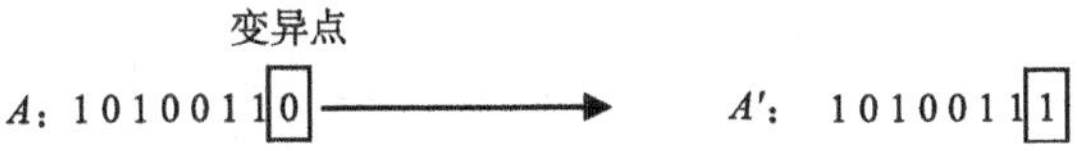
变异点
A: 10100110
A′: 10100111

图 7-5　变异运算示意图

6. 运行参数的选取

以上各种算子的实现方法是多种多样的，而且许多高级算子正不断提出，以改进遗传算法的某些性能。由于遗传算法的性能具有一定的脆弱性，遗传算法本身的参数(即系统参数)的选取对遗传算法的运行效果有很大影响。系统参数的选取一般遵循以下原则。

1) 种群数目 N

种群数目会影响遗传算法的有效性。N 太小，遗传算法会很差或根本找不出问题的解，因为太小的种群数目不能提供足够的采样点；N 太大，会增加计算量，使收敛时间延长。

2) 交叉概率 P_c

该参数控制着交叉操作的频率。P_c 太大，会使高适应度的结构很快破坏掉；P_c 太小，搜索会停滞不前。一般 P_c 取 0.25～0.75。

3）变异概率 P_m

它是增大种群多样性的第二个因素。P_m 太小，不会产生新的基因块；P_m 太大，会使遗传算法变成随机搜索。一般 P_m 取 0.01～0.20。

需要说明的是，这几个参数对遗传算法的求解结果和求解效率都有一定的影响，但目前还没有合理选择它们的理论依据。在遗传算法的实际运用中，往往需要经过多次试算后才能确定出这些参数的取值大小或取值范围。

由上可见，遗传算法中包含如下 5 个基本要素：①参数编码；②初始群体的设定；③适应度函数的设计；④遗传操作设计；⑤控制参数设定（主要是指群体大小和使用遗传操作的概率等）。上述要素构成遗传算法的核心内容，遗传算法的基本流程如图 7-6 所示。

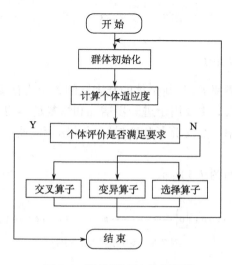

图 7-6　遗传算法的基本流程

7.4.4　基于遗传算法的分形无标度区求取

1. 参数编码

遗传算法采用二进制编码方式实现解空间到染色体空间的映射，即将解空间的每一个点映射到一条染色体上，二进制串（即染色体）上的每一位即一个基因，而染色体的长度（二进制串的位数）取决于离散解的取值范围。如果测量点数 N 等于 1024，那么，无标度区起点和终点的搜索规模为 1024，由此构造出了如图 7-7 所示的一条染色体串，其长度为 20。在这个 20 位的数据串中，前面 10 位编码对应着起点的编号，即 n_1；后 10 位对应着终点的编号，即 n_2。图 7-7 中表示了起点与终点分别为数据点序列中的第 77（0001001101 的十进制表示）个点和第 805（1100100101 的十进制表示）个点。这样就完成了遗传算法的第 1 步，即将无标度区起点与终点的所有可能的取值与 20 位的二进制串相对应。这个问题的搜索空间规模为 2^{20}。

$$X: 0001001101\ 1100100101$$

图 7-7　一个染色体的样本

2. 初始群体的设定

考虑到初始群体的多样性，在解空间中随机产生初始群体，并使其均匀分布于解空间，经过多次试验比较，初始群体的规模不小于 50 即可。

3. 适应度函数的设计

遗传算法在进化搜索中基本不用外部信息，仅用目标函数(即适应度函数)为依据，所以适应度函数是遗传操作的依据和影响控制参数设定的主要因素。由前面的分析可知，平均残差平方和[即式(7-23)]作为目标函数，可以衡量无标度区截取得是否得当。因此，作者作如下的变换，以生成适应度函数。

$$f = A - G \tag{7-38}$$

式中，A 为常数，其值可为数据点与拟合直线间的最大离差平方值，使具有最小目标值的解对应有最大的适应度。

4. 遗传操作设计

遗传操作包括以下 3 个基本遗传算子：选择算子、交叉算子和变异算子。选择算子就是从群体中选择优胜个体、淘汰劣质个体的操作，它建立在群体中个体适应度评估的基础上。这里采用的方法是适应度比例方法。在该方法中，各个个体的选择概率和其适应度成比例。若个体 i 的适应度为 f_i，则其被选择的概率：

$$P_{si} = \frac{f_i}{\sum_{j=1}^{N} f_j} \tag{7-39}$$

那么，个体 i 的期望复制数为 $P_{si}N$，记为 E_i。根据 E_i 的整数部分，分配给每个个体一个复制数，并按照 E_i 的小数部分对群体中的个体进行排序，最后依排列顺序从大到小选择个体，直到选够 N 串，这样，便形成了配对库。

交叉算子在遗传算法中起着核心的作用，它是指从选择算子形成的配对库中将个体随机配对，并以交叉概率 P_c 把配对的 2 个父代个体的部分结构加以替换重组而生成新个体的操作。

变异算子是以变异概率 P_m 对群体中个体串某些基因位上的基因值作变动，若变异后子代的适应度更加优异，则保留子代染色体，否则，仍保留父代染色体。

5. 遗传操作设计的优化

为了使进化过程中某一代的较优解不被交叉算子和变异算子所破坏，避免搜索过程出现进化振荡现象，对遗传操作进行了改进，即把群体中适应度最高的2 个个体进行配对交叉而直接复制到下一代中，其余个体按适应度的优劣进行排队，形成配对库。在配对库中随机选取染色体作为交叉操作的父代染色体对，在每对中以适应度大的染色体的选择概率 P_{si} 确定该染色体是否要进行遗传操作。如果被选中，则以交叉概率 P_c 进行交叉，若有一个父代染色体的适应度优于 2 个子代染色体的适应度，则保留父代染色体对，否则，用子代染色体对代替父代染色体对。同时，按变异概率 P_m 在父代染色体群中随机抽取 $P_m N$ 个染色体，对选取的每一个染色体随机改变某一位基因，以产生子代染色体，若子代的适应度高，则用子代代替父代，否则，保留父代。变异操作由于使部分染色体上的某个基因发生突变，而使对最优解的搜索能灵活地照顾到整个解空间，减少了使搜索陷入局部最优的可能性。

6. 遗传算法的具体应用

1) 仿真数据分析

在满足有关约束条件的基础上，按前面所述的方法，分别对仿真数据和实际振动信号进行计算。其中，仿真数据的构成是预先设定的，并满足一定变化规律，分别使用枚举法和遗传算法对该数据进行计算，其计算结果如图 7-8 和图 7-9 所示。从计算结果可以看出，遗传算法同样可以达到枚举法的精度，与原始信号的特征相同。

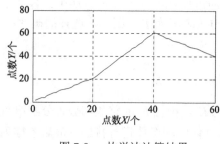

图 7-8　枚举法计算结果

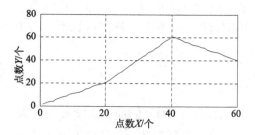

图 7-9　遗传算法运算结果

2) 带有噪声的正弦信号分析

对于带有噪声的正弦信号，如图 7-10 所示，信噪比为 30，利用遗传算法对信号进行分形无标度区的计算，数据点数取 1024 个，计算结果如图 7-11 所示，图中横坐标为分形无标度区的取值范围，纵坐标为关联积分 $\ln C(\varepsilon)$。

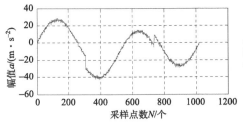

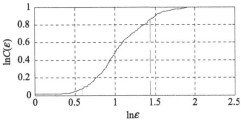

图 7-10　带有噪声污染的正弦信号　　　　　图 7-11　分形无标度区所在区间

3) 实际振动信号分析

图 7-12 为变速箱瞬态加速过程中测量到的振动信号,取信号测量点数为 1024 个。首先,在 1024 个测量点中随机产生 100(N=100) 个如图 7-7 所示的染色体串,以构成初始群体。经过 25 代遗传操作后,染色体群就基本集中到目标函数的全局最优附近,而群体中适应度最优的染色体已包含着无标度区最优的起点与终点。计算出的起点和终点位置分别为测量点 281 和 682,与采用枚举法确定的折点位置完全一致,结果如图 7-13 所示,但是遗传算法的速度比枚举法提高了近 95%。

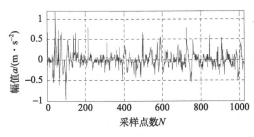

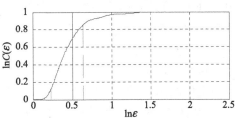

图 7-12　变速箱振动信号　　　　　　　图 7-13　分形无标度区所在区间

以上结果表明,基于遗传算法的分形无标度区的求取方法,为分形无标度区的截取提供了一个客观、精确、快速的计算方法,这对进一步开展基于分形的实时测量和快速故障诊断提供了有力的支持。

7.4.5　齿轮箱加速过程振动信号的分形研究

在计算变速箱瞬态过程振动的信号的分形维数时,利用改进的 G-P 算法。但是,有一些参数是根据实际情况选取的。

嵌入维数 m 的选择,通常的做法是给它赋一个初值,计算该条件下所对应的关联维数 $D_2(m)$,然后连续增大嵌入维数,当 $D_2(m)$ 不随嵌入维数 m 变化时,则此时的 $D_2(m)$ 为系统的关联维数,对应的最小 m 为嵌入维数。对系统实际振动信号关联维数的计算结果如图 7-14 所示。

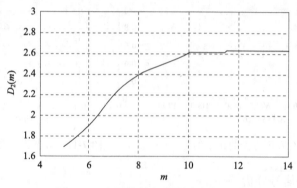

图 7-14　嵌入维数与关联维数的关系

从图 7-14 中可以得出系统的最小嵌入维数为 10。

对于时间延迟 τ 和采样点数 N，根据实际测得数据，依据上述方法进行选取。在研究中发现，时间延迟和采样点数对关联维数有一定的影响，但是，为了使最终的计算结果具有可比性，在计算关联维数时，使用相同的参数。分形无标度区 ε 按照遗传算法进行求取。图 7-15（a）～（f）分别为变速箱六种工况下振动信号的 $\ln \varepsilon - \ln C(\varepsilon)$ 关系曲线，两条垂直线之间的部分为分形无标度区，对无标度区之间数据进行拟合，得到关联维数。

在研究中发现，对同一个加速过程试验条件下，振动信号的分形维数随变速箱的转速变化而变化，图 7-16 为新变速箱四挡加速过程振动信号的关联维数随转速的变化规律，变速箱其他工况与此基本相似。

从图 7-16 中可以看出，在转速较低时，振动信号的关联维数最大，然后随着转速的增加，关联维数不断减少，一直达到最小值，然后随着转速的增加又不断增大，直至趋于一个比较稳定的值。对于上述现象，作者经过分析认为：在低转速下，变速箱运行还不稳定，振动形式比较复杂，信号的振动幅值小，信号的频率成分比较丰富，所以计算出的关联维数最大；随着转速的增大，信号的周期性逐渐明显，信号的频率分量减少，其关联维数较小；当转速上升到与变速箱产生共振时，共振频率将抑制其他分量，此时的信号形式最为简单，表现为关联维数最小；快速经过共振后，变速箱振动幅值减小，高频和其他频率分量有所增加，当转速趋近某一范围时，其振动信号的分形维数也趋于稳定。变速箱瞬态过程振动信号关联维数的变化，充分说明了变速箱系统是一个非线性系统，尤其在加速过程条件下，其非线性特征表现得更为明显。

对如图 7-15 所示信号的分形无标度区间的数据进行拟合，得出各种工况下振动信号的关联维数，其结果如表 7-1 所示。

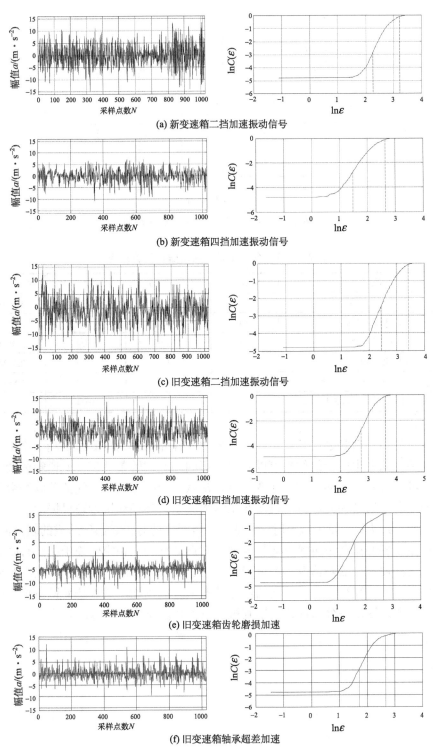

(a) 新变速箱二挡加速振动信号

(b) 新变速箱四挡加速振动信号

(c) 旧变速箱二挡加速振动信号

(d) 旧变速箱四挡加速振动信号

(e) 旧变速箱齿轮磨损加速

(f) 旧变速箱轴承超差加速

图 7-15　变速箱各种条件下振动信号及其分形无标度区

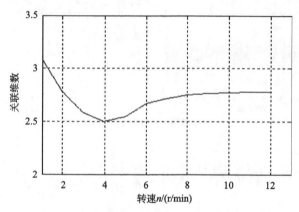

图 7-16　关联维数随转速的变化规律

表 7-1　变速箱振动信号关联维数计算结果

试验条件	嵌入维数	时间延迟 t/s	采样点数 N	关联维数
新变速箱二挡加速	10	1	1024	3.3423
新变速箱四挡加速	10	1	1024	2.7745
旧变速箱二挡加速	10	1	1024	3.0185
旧变速箱四挡加速	10	1	1024	2.3528
旧变速箱齿轮磨损加速	10	1	1024	1.5172
旧变速箱轴承外圈超差加速	10	1	1024	2.1868

　　为了使各种试验之间具有可比性，表中的计算结果为关联维数趋于稳定时的最后结果。从表中所示的结果可以看出，不同工况试验条件下，变速箱振动信号的关联维数有着一定的差别，如变速箱正常状态和故障状态之间的关联维数有着很大的不同。这是因为，机械设备在正常情况下，其振动接近随机振动，此时的分形维数也最大；当发生故障时，故障零件周期性地对相邻部件造成的轻微冲击，使得机械设备的振动不再接近随机振动，其振动行为在相空间趋于某一有限维吸引子，这样使得在故障情况下的分形维数比正常情况下的小。由于关联维数通过时域信号直接计算得到，与传统的傅里叶变换方法相比，该方法显得更加直接、简洁、方便，这是将分形理论应用到机械设备状态监测的优点。

第8章 基于角域伪稳态振动信号分析与诊断方法

从前面分析可知，经过角域重采样技术，可以将非平稳时域振动信号转化为"平稳"的角域振动信号，由于信号本身仍然是非平稳的，转换后的角域信号称为角域伪稳态振动信号。本章将卡尔曼滤波技术应用于变速变载工况下齿轮箱的故障诊断中，并利用该技术准确地提取故障部件的特征阶次。针对单独使用 HHT 方法"端点效应"问题，提出修正 HHT 分析方法，并对典型的轴承及齿轮故障进行验证。结果表明，修正 HHT 包络谱和修正 HHT 倒谱均能够有效地识别齿轮箱中部件的故障类型与部位；利用修正 HHT 分析能够对振动信号中包含故障信息的任意 IMF 分量进行组合，对传统的边际谱计算方法进行改进，并利用滚动轴承内圈、外圈裂纹故障振动信号进行验证。

8.1 角域伪稳态信号的改进卡尔曼包络谱分析

在复杂齿轮箱中，由于背景噪声严重降低了滚动轴承故障的频域分析效果，大能量的齿轮谐振信号会湮没小能量的轴承故障信号。从频域分析中，很难在齿轮振动的背景下检测轴承故障。因此，需要对频域信号进行适当的处理，才能提取有效的特征信息。

当滚动轴承某一元件表面上出现局部损伤点时，在受载运行过程中，损伤点同与之相互作用的元件表面接触时会产生一系列的冲击脉冲力，其产生频率可由轴承的几何关系及轴的旋转频率求出，称为轴承元件的故障特征频率。冲击脉冲力的幅值很小，常常被齿轮啮合激励湮没，因此很难通过常规幅域和频域分析提取有效的特征参量。但是，如果利用冲击力频谱范围非常宽的特点，通过带通滤波把低频段的动态啮合力滤掉，然后通过包络检波得到包络信号，这一包络信号的频率为故障特征频率，对其进行频谱分析即可诊断出轴承的故障，这就是解调分析法。这种方法避免了其他低频信号的干扰，具有很高的诊断可靠性和灵敏度。

8.1.1 包络谱分析

当滚动轴承发生某种故障时，故障表面会周期性地产生间隔均匀的脉冲力。选择远高于周期信号 $F_B(t)$、$q(t)$、$a(t)$ 重复频率的 ω_m，将信号 $y_p(t)$ 经以 ω_m 为中心频率的带通滤波器滤波，再利用包络检波得到激励信号 $y_p(t)$ 的包络信号为

$$v(t) = \int_{-\infty}^{t} f_B(\tau)q(\tau)a(\tau)\mathrm{e}^{-\sigma_m(t-\tau)}\mathrm{d}\tau \tag{8-1}$$

对这一信号作傅里叶变换得

$$V(\omega) = \left[F_B(\omega) \times Q(\omega) \times A(\omega) \right] \cdot E(\omega) \tag{8-2}$$

且有

$$F_B(\omega) = f_0 \omega_f \sum_{k=0}^{\infty} \delta(\omega - k\omega_f) \tag{8-3}$$

$$A(\omega) = \pi \left[\delta(\omega - \omega_a) + \delta(\omega + \omega_a) \right] \tag{8-4}$$

$$E(\omega) = \frac{\sigma_m - \mathrm{i}\omega}{\sigma_m^2 + \omega^2} \tag{8-5}$$

将式(8-4)和式(8-5)代入式(8-3)，经计算可以得

$$V(\omega) = \left[B_{km} \sum_{k=0}^{\infty} \sum_{m=0}^{\infty} Q(m\omega_q) \cdot \delta(\omega - k\omega_f - m\omega_q - \omega_a) \right] \cdot E(\omega) \tag{8-6}$$

式中，B_{km} 为常数，可以由 $F_B(\omega)$、$Q(\omega)$、$A(\omega)$ 的系数确定。

由式(8-2)式(8-3)可以看出，当且仅当 $\omega = k\omega_f + m\omega_q + \omega_a$ 时，包络谱 $V(\omega)$ 才有值，且迅速衰减。不同的轴承故障 ω_f、ω_q、ω_a 有不同的取值，ω 的取值也随之变化。滚动轴承故障位于内圈、外圈和滚动体时，ω_f、ω_q、ω_a 的取值归纳如表8-1所示。

表 8-1　ω_f、ω_q、ω_a 的取值表

特征频率	外圈故障	内圈故障	滚动体故障
f	$2f_{\text{outer}}$	$2f_{\text{inner}}$	$2f_{\text{roller}}$
q	0	$2f_s$	$2f_{\text{case}}$
a	0	$2f_s$	$2f_{\text{case}}$

当外圈存在故障时，包络谱在频率为 f_{outer} 及其高倍频处产生明显的谱线；当内圈存在故障时，包络谱在频率为 f_{inner}、f_s 及它们的高倍频处产生谱线，$f_{\text{inner}} \gg f_s$，因此将在 f_{inner} 及其高倍频处产生以 f_s 为间隔的边频带族；当滚动体存在故障时，包络谱在频率为 f_{roller}、f_{case} 及它们的高倍频处产生谱线，$f_{\text{roller}} \gg f_{\text{case}}$，因此将在 f_{roller} 及其高倍频处产生以 f_{case} 为间隔的边频带族。对于滚动轴承不同的故障，包络谱图的谱线具有不同的分布方式，由此可以诊断轴承的故障模式。

8.1.2 改进卡尔曼包络谱的基本原理

对变速变载工况下齿轮箱的振动信号直接利用包络谱分析，诊断结果必然会出现误判现象，因此对角域伪稳态信号进行改进卡尔曼包络谱分析。其基本原理是在前面得到角域伪稳态信号的基础上，对角域伪稳态信号进行改进卡尔曼滤波处理，得到滤波后的角域信号，然后对滤波后的信号进行包络解调分析，从而能够得出其改进卡尔曼包络谱，最后根据谱图中的特征阶次来诊断出其是否存在故障以及故障部位，其基本原理如图 8-1 所示。

图 8-1　改进卡尔曼包络谱的基本原理

8.1.3 滚动轴承故障诊断

在试验系统中，在不影响轴承正常使用性能的情况下，在一个滚动轴承内圈外表面和另一个滚动轴承的外圈内表面沿着轴向分别加工一道宽为 0.5 mm、深为 1.5 mm 的小槽来分别模拟轴承内圈、外圈局部裂纹故障，故障滚动轴承如图 8-2 所示。

图 8-2　6206 轴承的内、外圈故障

1. 滚动轴承内圈裂纹故障诊断

在齿轮箱试验台上以一个变速变载过程为例进行试验验证：对振动信号和转速信号在时域里进行等时间间隔的异步采样，采样带宽为 6.4 kHz，采样频率为 12800 Hz，采样时间为 0.32 s。经计算可得

滚动轴承内圈裂纹故障频率为 $f_{\text{inner}} = \dfrac{z}{2} f_r \left(1 + \dfrac{d}{D} \cos \alpha\right) = 5.42 f_r$；

滚动轴承内圈裂纹故障阶次为 $O_{\text{inner}} = 5.42 \text{ rad}^{-1}$；

输入轴旋转阶次为 $O_{in} = 1 \text{ rad}^{-1}$；

输出轴旋转阶次为 $O_{out} = 0.6 \text{ rad}^{-1}$。

图 8-3 是齿轮箱的输入轴转矩图，由图中能够看出，齿轮箱的输入轴转矩由 31 N·m 逐渐减小到 25 N·m 左右，是一个典型的变负载过程，不满足 FFT 对信号稳态负载的假设条件。

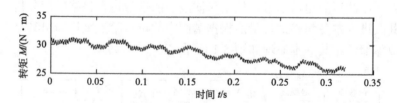

图 8-3　滚动轴承内圈裂纹故障时齿轮箱的输入轴转矩图

图 8-4 是滚动轴承内圈裂纹故障时齿轮箱的输入轴转速信号。由图中能够看出，其转速在 0.32 s 的时间里，由 24.2 Hz 逐渐增大至 24.4 Hz 左右，是一个加速过程。

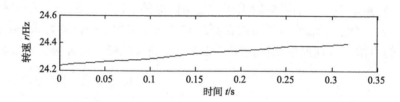

图 8-4　滚动轴承内圈裂纹故障时齿轮箱的输入轴转速信号

图 8-5 是滚动轴承内圈裂纹故障时时域里的振动信号。其中包含许多和转速无关的振动信息，需要对其进行角域重采样以消除背景噪声的影响。

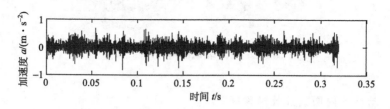

图 8-5　滚动轴承内圈裂纹故障时时域振动信号

图 8-6 是滚动轴承内圈裂纹故障时角域里的振动信号。由于角域信号按照等角度采样，故与转速无关的信息已经消除，与时域振动信号（图 8-5）相比，其幅值有所减小，已经由时域里的非平稳信号转换为角域里的伪稳态信号，能够满足 FFT 对信号平稳性要求。

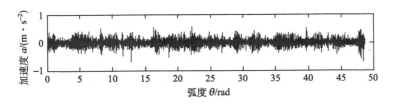

图 8-6　滚动轴承内圈裂纹故障时角域振动信号

图 8-7 是滚动轴承内圈裂纹故障时角域振动信号的阶次包络谱。图中在 5.42 rad^{-1} 处有一个明显的峰值，对应着滚动轴承内圈裂纹故障阶次，在 1 rad^{-1}、2 rad^{-1}、3 rad^{-1} 处也有明显的峰值，对应着输入轴 1～3 倍的旋转阶次，同时在低频处还存在一些比较杂乱的峰值，下面对其进行改进卡尔曼滤波处理。

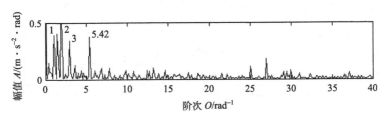

图 8-7　滚动轴承内圈裂纹故障时角域振动信号的阶次包络谱

图 8-8 是滚动轴承内圈裂纹故障时滤波后的角域振动信号。该信号与角域原始信号(图 8-6)相比，其幅值有所减小，下面对其进行阶次包络谱分析。

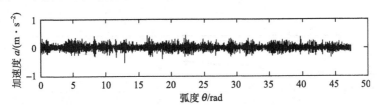

图 8-8　滚动轴承内圈裂纹故障时滤波后的角域振动信号

图 8-9 是滚动轴承内圈裂纹故障时滤波后角域振动信号的阶次包络谱。该谱图与滤波前角域信号的阶次包络谱(图 8-7)相比，图中低阶次处的峰值明显减少，其中 2 rad^{-1} 对应着输入轴 2 倍的旋转阶次，5.42 rad^{-1} 对应着滚动轴承内圈裂纹故障阶次，说明该方法能够准确地诊断出滚动轴承内圈裂纹故障。

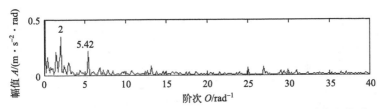

图 8-9　滚动轴承内圈裂纹故障时滤波后角域振动信号的阶次包络谱

2. 滚动轴承外圈裂纹故障诊断

对滚动轴承外圈故障进行验证：对振动信号和转速信号在时域里进行等时间间隔的异步采样，采样带宽为 6.4 kHz，采样频率为 12800 Hz，采样时间为 0.32 s。经计算可得

滚动轴承外圈故障频率为 $f_{outer} = \dfrac{z}{2} f_r \left(1 - \dfrac{d}{D} \cos \alpha \right) = 3.58 f_r$；

滚动轴承外圈故障阶次为 $O_{outer} = 3.58 \ \mathrm{rad}^{-1}$。

图 8-10 是滚动轴承外圈裂纹故障时齿轮箱的输入轴转矩图，由图中能够看出：齿轮箱的输入轴转矩由 29 N·m 逐渐减小到 22 N·m 左右，是一个典型的变负载过程，不满足 FFT 对信号稳态负载的假设条件。

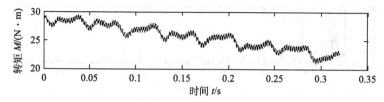

图 8-10　滚动轴承外圈裂纹故障时齿轮箱的输入轴转矩图

图 8-11 是滚动轴承外圈裂纹故障时齿轮箱的输入轴转速信号。由图中能够看出，其转速在 0.32 s 的时间里，由 24.2 Hz 逐渐增大至 24.4 Hz 左右，是一个加速过程。

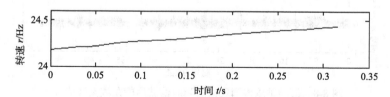

图 8-11　滚动轴承外圈裂纹故障时齿轮箱的输入轴转速信号

图 8-12 是滚动轴承外圈裂纹故障时滤波后角域振动信号的阶次包络谱。该谱图中 1 rad^{-1} 对应着输入轴 1 倍的旋转阶次，3.58 rad^{-1} 对应着滚动轴承外圈裂纹故障阶次，说明该方法能够准确地诊断出滚动轴承外圈裂纹故障。

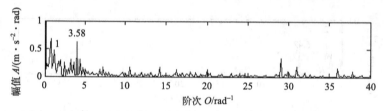

图 8-12　滚动轴承外圈裂纹故障时滤波后角域振动信号的阶次包络谱

8.1.4　齿轮故障诊断

　　对齿轮磨损故障进行试验验证，磨损齿轮如图 8-13 所示，对振动信号和转速信号在时域里进行等时间间隔采样，采样带宽为 6.4 kHz，采样频率为 12800 Hz，采样时间为 0.32 s。

　　图 8-14 是齿轮磨损时齿轮箱的输入轴转矩图，由图中能够看出，齿轮箱的输入轴转矩由 25 N·m 减小到 18 N·m 左右，是一个典型变负载过程，不满足 FFT 对信号稳态负载的假设条件。

图 8-13　齿轮齿面磨损故障

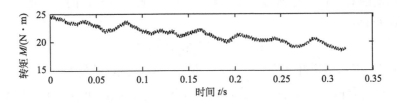

图 8-14　齿轮磨损时齿轮箱的输入轴转矩图

　　图 8-15 是齿轮磨损时齿轮箱的输入轴转速信号。由图 8-15 能够看出，其转速在 0.32 s 的时间里，由 24.4 Hz 逐渐增大至 24.7 Hz 左右，是一个变速过程。

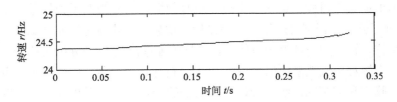

图 8-15　齿轮磨损时齿轮箱的输入轴转速信号

　　图 8-16 是齿轮磨损时滤波后角域振动信号的阶次包络谱。图 8-16 在 1 rad^{-1} 处有一个明显的峰值，对应着齿轮箱输入轴的旋转阶次；在 30 rad^{-1} 处有一个明显的峰值，对应着齿轮磨损的故障阶次，在 29 rad^{-1} 处也存在一个峰值，恰好是一个以啮合阶次为中心、以输入轴的旋转阶次等间隔分布的边阶带，说明该方法在齿轮磨损中是行之有效的。

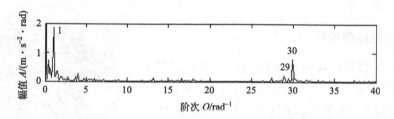

图 8-16　齿轮磨损时滤波后角域振动信号的阶次包络谱

8.2　角域伪稳态信号的改进卡尔曼倒谱分析

功率谱的对数值的逆傅里叶变换称为倒谱。设信号 $x(t)$ 的功率谱为 $S_x(f)$，则倒谱 $C_x(\tau)$ 为

$$C_x(\tau) = F^{-1}[\log S_x(f)] \tag{8-7}$$

式中，$F^{-1}[\ ]$ 表示傅里叶逆变换；τ 表示倒谱时间变量，称倒频率。

倒频谱将频谱上成簇的边频带谱线简化为单根谱线，可以检测出功率谱中难以辨识的周期性。当机械故障产生某种周期性信号变化时，倒频谱上将出现相应的峰值，倒频谱脉冲指标反映了这一变化的程度，便于识别所关心的信号成分。

8.2.1　改进卡尔曼倒谱的基本原理

由前面的分析可知，齿轮箱变速变载时的振动信号为非平稳信号，不能直接用 FFT 进行分析，否则会产生"频率模糊"现象，需要将时域非平稳信号进行等角度重采样，转化为角域伪稳态信号，这样就能够满足 FFT 分析对信号平稳性的要求，但直接对角域重采样信号进行 FFT 分析(阶次分析)，由于等角度重采样信号同样受噪声和调制的影响，难以产生较好的分析效果，需进行进一步的处理。而倒谱具有解卷积的作用，将角域重采样信号进行倒谱分析(倒阶次谱)，不仅可以有效抑制噪声的影响，而且可以将功率谱上的周期分量简化成单根谱线，容易识别故障的类型。由于阶次分析是将时域信号重采样为角域信号，信号只发生了表达形式的变化，其本质没有改变，所以与传统频谱分析相类似，当故障信号与系统正常信号相调制时，在阶次谱中必然产生相应的边阶带。将倒谱分析算法引入阶次分析中，以便将阶次边带简化为单根谱线，来辨识机械故障。改进卡尔曼倒谱(improved Kalman cepstrum，IKC)基本原理如图 8-17 所示。

图 8-17　改进卡尔曼倒谱的基本原理

8.2.2　齿根裂纹故障诊断

以齿根裂纹为例进行试验验证，故障齿轮如图 8-18 所示。

图 8-18　齿轮齿根裂纹故障

在不影响齿轮箱正常运转的前提下，在输入轴齿轮的一个轮齿根部用线切割加工一道宽为 0.5 mm、深为 1.5 mm 的小槽，模拟一个轮齿根部发生裂纹故障，对齿轮箱变负载工况下测得的信号进行分析，负载由 40 N·m 逐步减小为 27 N·m，首先对振动信号和转速信号在时域里进行等时间间隔的同步采样，采样带宽为 6.4 kHz，采样频率为 12800 Hz，采样时间为 0.32 s。经计算可得

啮合频率：$f_m = 30 f_{r1}$

齿根裂纹特征频率：$f_{\text{crack}} = f_{r1}$

啮合阶次：$O_g = 30 \text{ rad}^{-1}$

齿根裂纹故障特征阶次：$O_{\text{crack}} = 1 \text{ rad}^{-1}$

啮频倒频率：$\hat{f}_m = \dfrac{1}{f_m}$

齿根裂纹故障的倒频率：$\hat{f}_{\text{crack}} = \dfrac{1}{f_{r1}}$

啮合倒阶次：$\hat{O}_g = \dfrac{360°}{O_g} = 12°$

齿根裂纹故障的倒阶次：$\hat{O}_{\text{crack}} = \dfrac{360°}{O_{\text{crack}}} = 360°$

式中，f_{r1} 为输入轴的转频。

图 8-19 是齿根裂纹时齿轮箱的输入轴转矩图，由图中能够看出，齿轮箱的输入轴转矩由 40 N·m 逐渐减小到 27 N·m 左右，是一个典型的变负载过程，不满足

FFT 对信号稳态负载的假设条件。

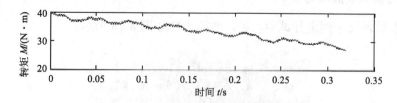

图 8-19　齿根裂纹时齿轮箱的输入轴转矩图

图 8-20 是齿根裂纹时齿轮箱的输入轴转速信号。由图 8-20 能够看出，其转速在 0.32 s 的时间里，由 24 Hz 逐渐增大至 24.4 Hz 左右，是一个变速过程。

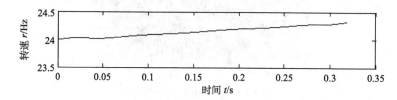

图 8-20　齿根裂纹时齿轮箱的输入轴转速信号

图 8-21 是齿根裂纹时时域振动信号。其中包含许多和转速无关的振动信息，需要对其进行角域重采样以消除背景噪声的影响。

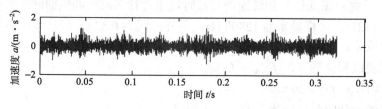

图 8-21　齿根裂纹时时域振动信号

图 8-22 是齿根裂纹时角域振动信号。由于角域信号按照等角度采样，故与转速无关的信息已经消除，与时域振动信号(图 8-21)相比，其幅值有所减小，已经由时域非平稳信号转换为角域伪稳态信号，能够满足 FFT 对信号平稳性要求。

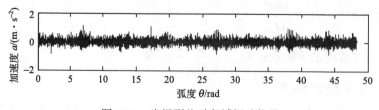

图 8-22　齿根裂纹时角域振动信号

图 8-23 是齿根裂纹时角域振动信号的倒阶次谱图。图 8-23 的横坐标是角度，纵坐标是幅值。在 1、2、3、4 处有明显的峰值，分别对应着横坐标的 12°、24°、36°、48°，恰好对应着齿轮 1 倍、2 倍、3 倍、4 倍的啮合倒阶次；在 5 处也存在一个较小的峰值，对应着横坐标的 360°，正好是齿根裂纹故障的倒阶次，但其分辨率不高。下面对其进行滤波处理。

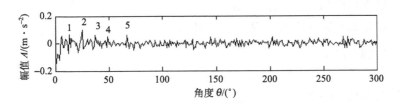

图 8-23　齿根裂纹时角域振动信号的倒阶次谱图

图 8-24 是齿根裂纹时滤波后的角域振动信号。该信号与角域原始信号（图8-22）相比，其幅值有所减小，下面对其进行倒阶次谱分析。

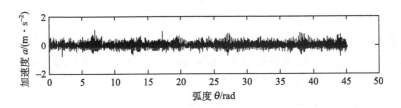

图 8-24　齿根裂纹时滤波后的角域振动信号

图 8-25 是齿根裂纹时滤波后角域振动信号的倒阶次谱图。与滤波前的倒阶次谱（图 8-23）相比，5 处的峰值有所增大，该处对应的是 360°，正好是齿根裂纹故障的倒阶次，即滤波后的效果比滤波前有明显改善，说明该方法在齿根裂纹故障中是行之有效的。

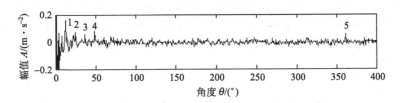

图 8-25　齿根裂纹时滤波后角域振动信号的倒阶次谱图

8.2.3　齿轮磨损故障诊断

在齿轮磨损中进行试验验证。在不影响齿轮箱正常运转的前提下，在输入轴齿轮的一个轮齿顶部进行深度打磨，模拟一个轮齿发生了严重点蚀故障，对齿轮箱变负载工况下测得的信号进行分析，负载由 22 N·m 逐步减小为 16 N·m，首先对振动信号和转速信号在时域里进行等时间间隔的异步采样，采样带宽为 6.4 kHz，采样频率为 12800 Hz，采样时间为 0.32 s。因此系统的各特征参数如下。

啮合频率：$f_m = 30 f_{r1}$

齿轮磨损特征频率：$f_{\text{wear}} = f_{r1}$

齿轮磨损故障特征阶次：$O_{\text{wear}} = 1 \text{ rad}^{-1}$

啮频倒频率：$\hat{f}_m = \dfrac{1}{f_m}$

齿轮磨损故障的倒频率：$\hat{f}_{\text{wear}} = \dfrac{1}{f_{r1}}$

啮合倒阶次：$\hat{O}_g = \dfrac{360°}{O_g} = 12°$

齿轮磨损故障的倒阶次：$\hat{O}_{\text{wear}} = \dfrac{360°}{O_{\text{wear}}} = 360°$

式中，f_{r1} 为输入轴的转频。

图 8-26 是齿轮磨损时齿轮箱的输入轴转矩图。由图 8-26 能够看出，齿轮箱的输入轴转矩由 22 N·m 逐渐减小到 16 N·m 左右，是一个典型的变负载过程，不满足 FFT 对信号稳态负载的假设条件。

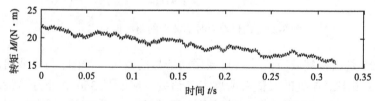

图 8-26　齿轮磨损时齿轮箱的输入轴转矩图

图 8-27 是齿轮磨损时齿轮箱的输入轴转速信号。由图 8-27 能够看出，其转速在 0.32 s 的时间里，由 24.4 Hz 逐渐增大至 24.7 Hz 左右，是一个变速过程。

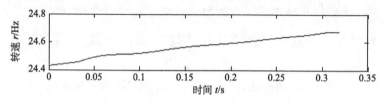

图 8-27　齿轮磨损时齿轮箱的输入轴转速信号

图 8-28 是齿轮磨损时角域振动信号的倒阶次谱图。图 8-28 在 1、2、3 处存在明显的峰值，分别对应着横坐标的 24°、36° 和 360°，其中，24° 和 36° 对应着齿

轮2倍和3倍的啮合倒阶次；360°对应着齿面磨损故障的倒阶次，其分辨率不高。下面对其进行滤波处理。

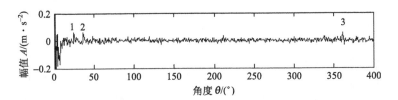

图 8-28 齿轮磨损时角域振动信号的倒阶次谱图

图8-29是齿轮磨损时滤波后角域振动信号的倒阶次谱图。与滤波前的谱图（图8-28）相比，3处的峰值明显增大，该处对应的是360°，正好是齿面磨损故障的倒阶次，即滤波后的效果比滤波前有明显改善，说明该方法在齿面磨损故障诊断中是有效的。

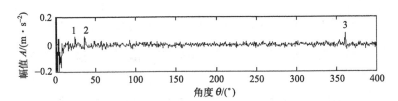

图 8-29 齿轮磨损时滤波后角域振动信号的倒阶次谱图

8.2.4 轴承内圈裂纹故障诊断

以滚动轴承内圈裂纹故障进行试验验证，负载由 22 N·m 逐步减小为 16 N·m，首先对振动信号和转速信号在时域里进行等时间间隔的异步采样，采样带宽为 6.4 kHz，采样频率为 12800 Hz，采样时间为 0.32 s。

滚动轴承内圈故障的倒阶次：$\hat{O}_{inner} = \dfrac{360°}{O_{inner}} = \dfrac{360°}{5.42} = 66.4°$。

图 8-30 是滚动轴承内圈裂纹故障时齿轮箱的输入轴转矩图。由图 8-30 能够看出，齿轮箱的输入轴转矩最大由 26 N·m 逐渐减小到 22 N·m 左右，中间的波动比较大，是一个典型的变负载过程，不满足 FFT 对信号稳态负载的假设条件。

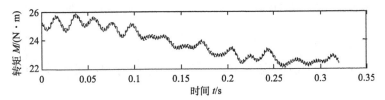

图 8-30 滚动轴承内圈裂纹故障时齿轮箱的输入轴转矩图

图 8-31 是滚动轴承内圈裂纹故障时齿轮箱的输入轴转速信号。由图 8-31 能够看出，其转速在 0.32 s 的时间里，由 9 Hz 逐渐增大至 16 Hz 左右，是一个变速过程。

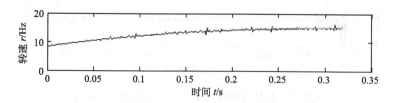

图 8-31　滚动轴承内圈裂纹故障时齿轮箱的输入轴转速信号

图 8-32 是滚动轴承内圈裂纹故障时角域振动信号的倒阶次谱图。图 8-32 中没有特别明显的峰值，下面对其进行滤波处理。

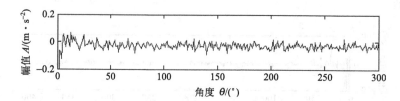

图 8-32　滚动轴承内圈裂纹故障时角域振动信号的倒阶次谱图

图 8-33 是滚动轴承内圈裂纹故障时滤波后角域振动信号的倒阶次谱图。图 8-33 在 1、2、3、4、5 处存在明显的峰值，其中，1、2、3、4 对应着横坐标上的 12°、24°、36°、48°，正好对应着齿轮 1 倍、2 倍、3 倍、4 倍的啮合倒阶次；5 对应着横坐标的 67°，正好对应着滚动轴承内圈裂纹故障的倒阶次，其效果与滤波前(图 8-32)相比有明显的改善，说明改进卡尔曼倒谱在滚动轴承故障中是行之有效的。

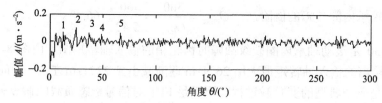

图 8-33　滚动轴承内圈裂纹故障时滤波后角域振动信号的倒阶次谱图

8.3　角域伪稳态信号的改进卡尔曼双谱分析

高阶谱是分析非平稳、非高斯信号的有力工具，对高斯噪声在理论上有完全的抑制能力，并且包含信号的相位信息，可用于解决传统谱分析方法所不能解决的问题。功率谱定义为自相关函数的离散傅里叶变换，仿照这个定义，可以定义随机信号的高阶谱。

设累积量 $c_{kx}(\tau_1, \cdots, \tau_{k-1})$ 是绝对可和的，则定义 k 阶谱为 k 阶累积量的 $k-1$ 维离散傅里叶变换，即

$$S_{kx}(\omega_1, \cdots, \omega_{k-1}) = \sum_{\tau_1 = -\infty}^{\infty} \cdots \sum_{\tau_{k-1} = -\infty}^{\infty} c_{kx}(\tau_1, \cdots, \tau_{k-1}) \exp\left(-j\sum_{i=1}^{k-1} \omega_i \tau_i\right) \qquad (8\text{-}8)$$

8.3.1 双谱分析

双谱分析是近年来在信号处理领域内迅速发展的一个前沿课题之一，已在工程应用方面取得了很多成果。工程领域的振动信号大多为非线性、非高斯信号，若应用传统的功率谱(power spectrum)进行分析，由于受噪声的影响，往往达不到满意的效果。而双谱是分析非线性、非高斯信号的强有力工具，它从更高阶概率结构表征随机信号，弥补了功率谱中不包含相位的缺陷，能有效地抑制噪声的影响，提高信噪比，定量描述非线性相位耦合。设实平稳随机信号 $\{x(n)\}$ 的均值为零，则其三阶累积量可表示为

$$R(\tau_1, \tau_2) = E\left[x(n)x(n+\tau_1)x(n+\tau_2)\right] \qquad (8\text{-}9)$$

双谱定义为三阶累积量的二维傅里叶变换为

$$B_{xx}(\omega_1, \omega_2) = \sum_{\tau_1 = -\infty}^{+\infty} \sum_{\tau_2 = -\infty}^{+\infty} R_{xx}(\tau_1, \tau_2) e^{-j(\omega_1\tau_1 + \omega_2\tau_2)} \qquad (8\text{-}10)$$

由双谱的定义和累积量的性质可知，高斯过程的双谱恒为零，因此双谱描述了信号的高斯性和对称性。然而，由于双谱估计采用一定的时间窗，并假设时间窗内的信号是平稳的，所以它和功率谱一样只适合于恒定转速的信号，如果直接用双谱对变速变载信号进行分析，会引起频率成分的混叠，频率分量变得模糊，因此引入了角域双谱的概念。

8.3.2 角域双谱

若 $\{x(n)\}$ 是一个周期性信号，且其周期为 N，则它在角域中的傅里叶变换为

$$X(O) = \sum_{n=1}^{N} x(n\Delta\theta) e^{-j2\pi O_m n\Delta\theta} \qquad (8\text{-}11)$$

式中，$\Delta\theta$ 是等角度重采样间隔；O_m 是被分析的阶次。

根据式(8-9)和式(8-10)，角域双谱可定义为

$$B(O_1, O_2) = \frac{1}{N} X(O_1) X(O_2) X^*(O_1 + O_2) \qquad (8\text{-}12)$$

角域双谱具有双谱所有良好的性质，双谱估计有直接法和间接法两种，本书采用直接法双谱估计。

8.3.3 角域双谱切片分析

由于角域双谱是一个二维量，对其之间进行分析处理比较复杂，且故障轴承振动信号解调后是包括故障特征阶次的一簇谐波，这些谐波是周期信号的傅里叶分量，它们的相位是互相关联的，即局部损伤的滚动轴承信号存在二次相位耦合，若设 O_i 为滚动轴承的故障特征阶次，则在角域双谱 (O_i, O_i) 处必然出现相位耦合现象，即角域双谱在 (O_i, O_i) 处有明显的谱峰存在。

使用角域双谱切片诊断滚动轴承故障的方法，在此取 $O = O_1 = O_2$，将角域双谱中的图形变为对角切片来对其进行分析，即

$$B(O_1, O_2)\big|_{O_1=O_2} = \frac{1}{N} X^2(O) X^*(2O) \tag{8-13}$$

改进卡尔曼双谱（improved Kalman bispectrum，IKB）的基本原理是：首先对测得的变速变载工况下齿轮箱的转速和振动信号进行等时间间隔的时域采样，然后利用非线性拟合阶次分析法对测得的时域非平稳信号进行角域重采样，将其转换为角域伪稳态信号，接着对角域伪稳态信号进行改进卡尔曼滤波处理，得到滤波后的角域信号，该信号中已经减少了背景噪声和调制的影响，然后对角域滤波后的信号进行双谱处理，最后利用切片谱分析方法诊断出齿轮箱中部件故障类型和部位。其基本原理如图 8-34 所示。

图 8-34　改进卡尔曼双谱的基本原理

8.3.4 轴承内圈裂纹故障诊断

对前面分析的滚动轴承内圈裂纹故障角域振动信号和滤波后的角域振动信号进行双谱分析，其结果如图 8-35 所示。

在图 8-35 中能够清晰地看出其滚动轴承内圈裂纹故障点：在 $(5.42, 5.42)$、$(-5.42, 10.84)$、$(-10.84, 5.42)$、$(-5.42, -5.42)$、$(5.42, -10.84)$、$(10.84, -5.42)$ 等位置有明显的能量点，正好对应着滚动轴承的内圈裂纹故障阶次。滤波后与滤波前相比，其中啮合阶次对应的振动点的能量值明显减小，说明改进卡尔曼滤波的效果比较明显，下面对滤波后的角域信号进行切片谱分析。

图 8-36 是滚动轴承内圈裂纹故障时滤波后角域振动信号的双谱切片图。由图

8-36 能够明显地看出，在±5.42 rad^{-1}和±10.84 rad^{-1}处有明显的峰值，分别对应着滚动轴承内圈裂纹 1 倍和 2 倍的故障阶次，说明该方法在滚动轴承故障诊断中是行之有效的，能够准确地诊断出轴承的故障部位和类型。

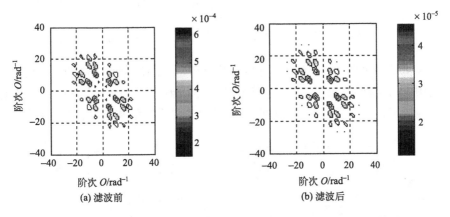

(a) 滤波前　　　　　　　　　　(b) 滤波后

图 8-35　滚动轴承内圈裂纹故障时滤波前后角域振动信号的双谱图

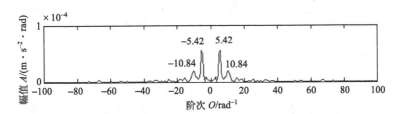

图 8-36　滚动轴承内圈裂纹故障时滤波后角域振动信号的双谱切片图

8.3.5　齿轮齿根裂纹故障诊断

图 8-37 是齿轮齿根裂纹故障时齿轮箱的输入轴转矩图。由图 8-37 能够看出：齿轮箱的输入轴转矩最大由 26 N·m 逐渐减小到 22 N·m 左右，中间的波动比较大，是一个典型的变负载过程，不满足 FFT 对信号稳态负载的假设条件。

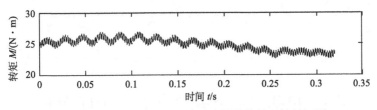

图 8-37　齿轮齿根裂纹故障时齿轮箱的输入轴转矩图

图 8-38 是齿轮齿根裂纹故障时齿轮箱的输入轴转速信号。由图 8-38 能够看出，其转速在 0.32 s 的时间里，由 7 Hz 逐渐增大至 16 Hz 左右，是一个变速过程。

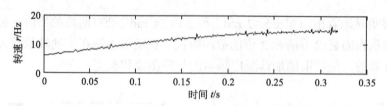

图 8-38　齿轮齿根裂纹故障时齿轮箱的输入轴转速信号

图 8-39 是齿轮齿根裂纹故障时滤波前后角域振动信号的双谱图。与滤波前相比，其中啮合阶次对应的振动点的能量值明显减小，说明改进卡尔曼滤波的滤波效果比较明显，其分辨率也有所增强，下面对滤波后的角域信号进行切片谱分析。

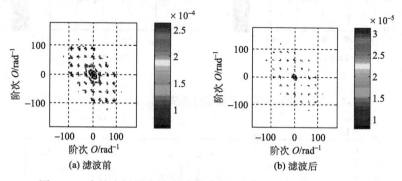

图 8-39　齿轮齿根裂纹故障时滤波前后角域振动信号的双谱图

图 8-40 是齿轮齿根裂纹故障时滤波后角域振动信号的双谱切片图。由图 8-40 能够看出，在 $\pm 30\ \mathrm{rad}^{-1}$、$\pm 60\ \mathrm{rad}^{-1}$ 和 $\pm 90\ \mathrm{rad}^{-1}$ 处有明显的峰值，分别对应着齿轮 1 倍、2 倍和 3 倍的啮合阶次；在 $\pm 1\ \mathrm{rad}^{-1}$ 处也能看出存在峰值，正好对应着齿根裂纹故障阶次，说明输入轴齿轮存在故障，与试验前提相符，该方法在齿轮故障诊断中是行之有效的，能够准确地诊断出齿轮故障的部位。

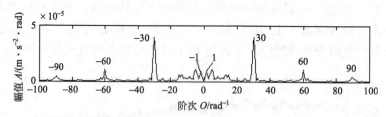

图 8-40　齿轮齿根裂纹故障时滤波后角域振动信号的双谱切片图

8.4　角域伪稳态信号的修正 HHT 分析

8.4.1　修正 HHT 分析方法

在对变速变载齿轮箱非平稳信号进行时域等时间间隔采样的基础上，利用非线性拟合阶次分析法对得到的采样数据进行角域重采样，得到角域伪稳态信号，接着对角域伪稳态信号进行 EMD，得到一系列的 IMF 分量，最后对包含部件故障信息的 IMF 分量进行分析处理，从中找出齿轮箱内部部件的故障特征阶次，进而能够对故障部件进行准确的定位。修正 HHT 分析方法的基本原理如图 8-41 所示。

图 8-41　修正 HHT 分析方法的基本原理

8.4.2　工程信号验证

下面以试验台上实测的一组正常信号为例来进行验证，分两种情况来进行处理：第一种情况是直接利用 HHT 方法对变速变载齿轮箱的振动信号进行 EMD，并对分解后的各个 IMF 分量进行谱分析；第二种情况是先对该振动信号进行非线性拟合阶次分析，得到角域伪稳态信号，再利用修正 HHT 分析方法对角域信号进行 EMD，最后对分解后的各个 IMF 分量进行谱分析，并比较两种方法谱分析的结果。

图 8-42 是正常工况时齿轮箱输入轴的转速信号。其转速在约 1.3 s 的时间里，由 2 Hz 逐渐增大至 19 Hz 左右，是一个典型的非匀加速过程。

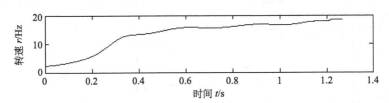

图 8-42　正常工况时齿轮箱输入轴的转速信号

图 8-43 是正常工况时齿轮箱输入轴的转矩图。齿轮箱的输入轴转矩在 26～23 N·m 波动，是一个典型的变负载过程，不满足 FFT 对信号稳态负载的假设条件。

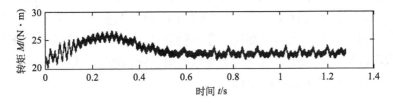

图 8-43　正常工况时齿轮箱输入轴的转矩图

图 8-44 是正常工况时时域振动信号。从图中能够看出，振动信号的幅值随着输入轴转速的增加而逐渐增大，其中包含许多和转速无关的振动信息，下面对该信号进行 EMD。

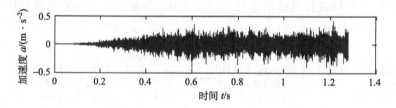

图 8-44　正常工况时时域振动信号

图 8-45 是正常工况时时域 EMD 后的振动信号。由图 8-45 能够看出，该时域信号被分解为 14 个 IMF 分量，并且都是非平稳信号。

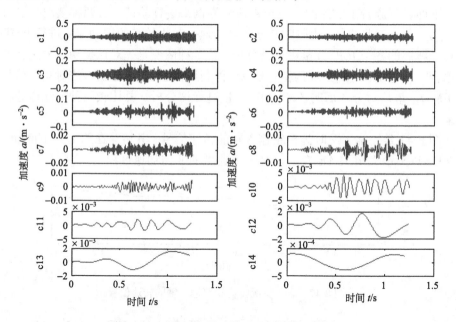

图 8-45　正常工况时时域 EMD 后的振动信号

图 8-46 是正常工况时时域各 IMF 的频谱图。图 8-46 中，各个 IMF 的频谱图按照由高频到低频的顺序排列，符合 EMD 的规律，虽然在 c1～c6 的谱图中存在一些峰值，但是由于这些信号都属于非平稳信号，直接对其进行频谱分析不能反映出其振动信息，因此通过这些谱图难以说明齿轮箱的啮合情况。下面对时域非平稳信号进行非线性拟合阶次分析。

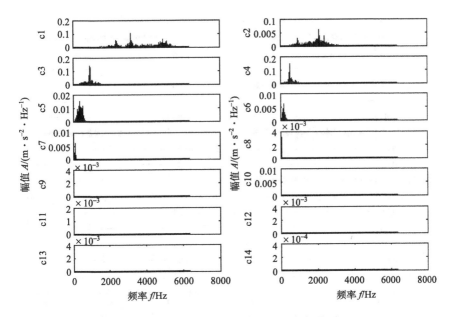

图 8-46　正常工况时时域各 IMF 的频谱图

图 8-47 是正常工况时非线性拟合阶次分析后的角域振动信号。与时域振动信号(图 8-44)相比，其稳定性有所改善，已经由时域非平稳信号转换为角域伪稳态信号，能够满足 FFT 对信号平稳性要求。下面对角域振动信号进行 EMD。

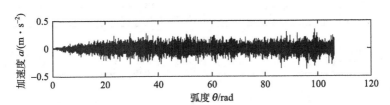

图 8-47　正常工况时角域振动信号

图 8-48 是正常工况时角域 EMD 后的振动信号。该信号被分解为 12 个 IMF 分量，比时域信号直接进行 EMD 的 IMF 个数有所减少(时域分解后为 14 个 IMF 分量)，验证了角域重采样过程中会滤掉一些与转速无关的噪声的结论。

图 8-49 是正常工况时各 IMF 的阶次谱图。图 8-49 中各个 IMF 的谱图按照由高阶到低阶的顺序排列，符合 EMD 的规律。其中，c_2 中的两个峰值横坐标分别是 60 rad^{-1} 和 90 rad^{-1}，对应着齿轮箱中齿轮 2 倍和 3 倍的啮合阶次；c_4 中的峰值的横坐标是 30 rad^{-1}，对应着齿轮箱中齿轮 1 倍的啮合阶次，说明该谱图能够反映出齿轮箱的啮合情况。

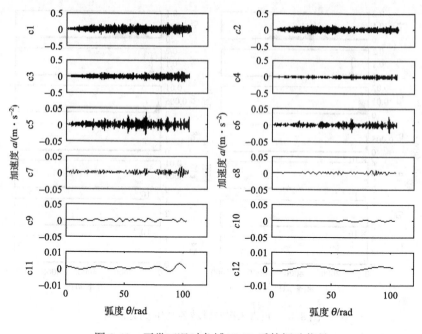

图 8-48　正常工况时角域 EMD 后的振动信号

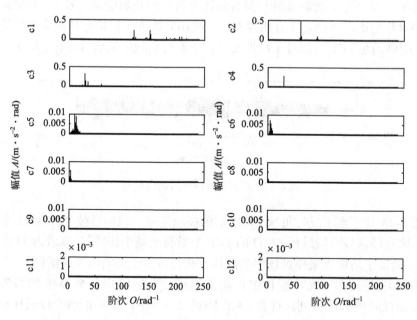

图 8-49　正常工况时各 IMF 的阶次谱图

　　通过上面的分析，可以得出结论，在对所研究的变速变载齿轮箱振动信号进行分析时，直接对非平稳信号进行 EMD，并对得到的各个 IMF 分量进行谱分析，结果难以反映出齿轮箱的实际工况。而利用提出的修正 HHT 分析方法，首先对该非平稳信号进行角域重采样，得到角域伪稳态信号，然后对角域伪稳态信号进行 EMD，最后对得到的各个 IMF 分量进行谱分析，结果能准确地对变速变载工况下的齿轮箱进行诊断。同时，经过角域重采样，角域伪稳态信号的成分比时域非平稳信号有所减少，更有利于对信号的后期处理。因此，后续工作利用修正 HHT 分析方法对变速变载齿轮箱振动信号进行诊断。

8.5 角域伪稳态信号的修正 HHT 包络谱分析

8.5.1 轴承内圈裂纹故障诊断

采用输入轴轴承 6206 内圈裂纹故障进行分析，输入轴转速由 1200 r/min 减小至 400 r/min，负载由 22 N·m 逐步减小为 18 N·m，首先对振动信号和转速信号在时域里进行等时间间隔的异步采样，采样带宽为 6.4 kHz，采样频率为 12800 Hz，采样时间约为 1.3 s。

图 8-50 是轴承内圈裂纹故障时齿轮箱输入轴的转速信号。其转速在 1.3 s 的时间里，由 20 Hz 逐渐减小到 6 Hz 左右，是一个典型的减速过程。

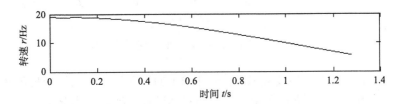

图 8-50 轴承内圈裂纹故障时齿轮箱输入轴的转速信号

图 8-51 是轴承内圈裂纹故障时齿轮箱输入轴的转矩图。齿轮箱的输入轴转矩由 22 N·m 减小到 18 N·m 左右，是一个典型的变负载过程，不满足 FFT 对信号稳态负载的假设条件。

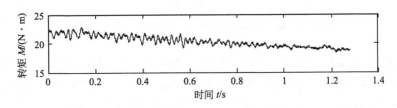

图 8-51 轴承内圈裂纹故障时齿轮箱输入轴的转矩图

图 8-52 是轴承内圈裂纹故障时时域振动信号。振动信号的幅值随着输入轴转速的降低而逐渐减小，其中包含许多和转速无关的振动信息，需要对其进行角域重采样以消除背景噪声的影响。

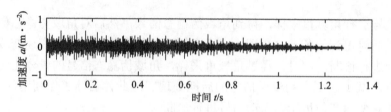

图 8-52　轴承内圈裂纹故障时时域振动信号

　　图 8-53 是轴承内圈裂纹故障时角域振动信号。由于角域信号按照等角度采样，故与转速无关的信息已经消除，与时域振动信号（图 8-52）相比，其幅值有所减小，已经由时域非平稳信号转换为角域伪稳态信号，能够满足 FFT 对信号平稳性要求。由于角域信号同样包含许多背景噪声及其齿轮的低频啮合信息，对角域信号进行EMD，并提取其包含轴承故障信息的高频分量 IMF1。

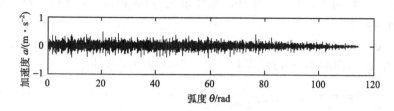

图 8-53　轴承内圈裂纹故障时角域振动信号

　　图 8-54 是轴承内圈裂纹故障时角域 IMF1 的振动信号。该信号与角域原始信号（图 8-53）相比，其幅值有所减小，下面对其进行阶次包络谱分析。

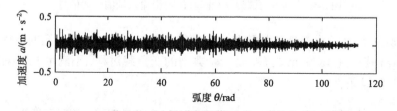

图 8-54　轴承内圈裂纹故障时角域 IMF1 的振动信号

　　图 8-55 是轴承内圈裂纹故障时角域 IMF1 的阶次包络谱图。图中有一系列的峰值，其中 2 rad^{-1} 对应着输入轴 2 倍的旋转阶次，5.42 rad^{-1}、10.84 rad^{-1}、16.26 rad^{-1}、21.68 rad^{-1}、27.1 rad^{-1} 和 32.52 rad^{-1} 分别对应着滚动轴承内圈裂纹 1～6 倍的故障阶次，6.42 rad^{-1} 对应着滚动轴承内圈裂纹 1 倍故障阶次的边阶带，该谱图反映的是滚动轴承内圈裂纹故障信号，与试验前提相符，说明该方法能够准确地诊断出滚动轴承内圈裂纹故障。

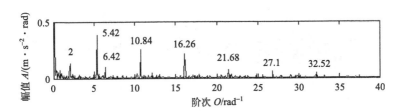

图 8-55　轴承内圈裂纹故障时角域 IMF1 的阶次包络谱图

8.5.2　轴承外圈裂纹故障诊断

采用输入轴轴承 6206 外圈裂纹故障进行分析，输入轴转速由 1100 r/min 减小至 60 r/min，负载由 21 N·m 逐步减小为 17 N·m，首先对振动信号和转速信号在时域里进行等时间间隔的异步采样，采样带宽为 6.4 kHz，采样频率为 12800 Hz，采样时间约为 1.3 s。

图 8-56 是轴承外圈裂纹故障时齿轮箱输入轴的转速信号。其转速在约 1.3 s 的时间里，由 20 Hz 逐渐减小至 2 Hz 左右，是一个典型的减速过程。

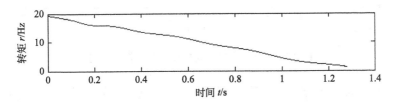

图 8-56　轴承外圈裂纹故障时齿轮箱输入轴的转速信号

图 8-57 是轴承外圈裂纹故障时齿轮箱输入轴的转矩图，由图中可知，齿轮箱的输入轴转矩由 21 N·m 逐渐减小到 17 N·m 左右，是一个典型的变负载过程，不满足 FFT 对信号稳态负载的假设条件。

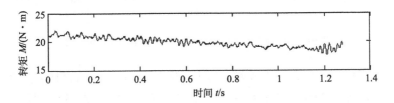

图 8-57　轴承外圈裂纹故障时齿轮箱输入轴的转矩图

图 8-58 是轴承外圈裂纹故障时时域振动信号。从图 8-58 能够看出，振动信号的幅值随着输入轴转速的降低而逐渐减小，其中包含许多和转速无关的振动信息，需要对其进行角域重采样以消除背景噪声的影响。

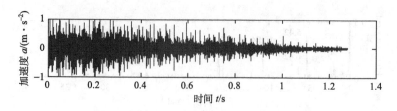

图 8-58　轴承外圈裂纹故障时时域振动信号

图 8-59 是轴承外圈裂纹故障时角域振动信号。由于角域信号按照等角度采样，故与转速无关的信息已经消除，与时域振动信号(图 8-58)相比，其幅值有所减小，已经由时域非平稳信号转换为角域伪稳态信号，能够满足 FFT 对信号平稳性要求。由于角域信号同样包含许多背景噪声及其齿轮的低频啮合信息，对角域信号进行 EMD，并提取其包含轴承故障信息的高频分量 IMF1。

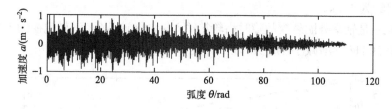

图 8-59　轴承外圈裂纹故障时角域振动信号

图 8-60 是轴承外圈裂纹故障时角域 IMF1 的振动信号。该信号与角域原始信号(图 8-59)相比，其幅值有所减小，下面对其进行阶次包络谱分析。

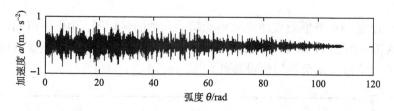

图 8-60　轴承外圈裂纹故障时角域 IMF1 的振动信号

图 8-61 是轴承外圈裂纹故障时角域 IMF1 的阶次包络谱图。图 8-61 有一系列的峰值：其中 2 rad^{-1} 对应着输入轴 2 倍的旋转阶次，3.58 rad^{-1}、7.16 rad^{-1}、11.74 rad^{-1}、14.32 rad^{-1} 和 17.9 rad^{-1} 分别对应着滚动轴承外圈裂纹 1～5 倍的故障阶次，30 rad^{-1} 对应着齿轮的啮合阶次，该谱图反映的是滚动轴承外圈裂纹故障信号，与试验前提相符，说明该方法能够准确地诊断出滚动轴承外圈裂纹故障。

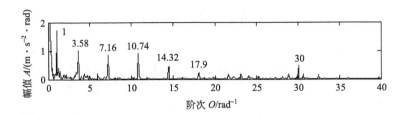

图 8-61　轴承外圈裂纹故障时角域 IMF1 的阶次包络谱图

8.6　角域伪稳态信号的修正 HHT 倒谱分析

8.6.1　轴承内圈裂纹故障诊断

采用输入轴轴承 6206 内圈裂纹故障进行分析，输入轴转速由 15 r/min 加速至约 1100 r/min，负载在 20～25 N·m 波动，对振动信号和转速信号在时域里进行等时间间隔的异步采样，采样带宽为 6.4 kHz，采样频率为 12800 Hz，采样时间约为 1.3 s。

图 8-62 是轴承内圈裂纹故障时齿轮箱输入轴的转速信号。其转速在 1.3 s 的时间里，由 2 Hz 逐渐增大至 19 Hz 左右，是一个典型的加速过程。

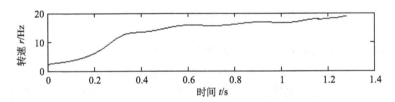

图 8-62　轴承内圈裂纹故障时齿轮箱输入轴的转速信号

图 8-63 是轴承内圈裂纹故障时齿轮箱输入轴的转矩图，由图可知，齿轮箱的输入轴转矩在 20～25 N·m 波动，是一个典型的变负载过程，不满足 FFT 对信号稳态负载的假设条件。

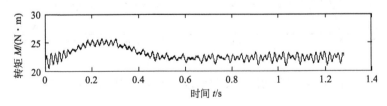

图 8-63　轴承内圈裂纹故障时齿轮箱输入轴的转矩图

图 8-64 是轴承内圈裂纹故障时时域振动信号。从图 8-64 能够看出，振动信号的幅值随着输入轴转速的增加而逐渐增大，其中包含许多和转速无关的振动信

息，需要对其进行角域重采样以消除背景噪声的影响。

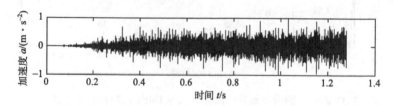

图 8-64　轴承内圈裂纹故障时时域振动信号

图 8-65 是轴承内圈裂纹故障时角域振动信号。由于角域信号按照等角度采样，故与转速无关的信息已经消除，与时域振动信号（图 8-64）相比，其幅值有所减小，已经由时域里的非平稳信号转换为角域里的伪稳态信号，能够满足 FFT 对信号平稳性要求，下面对其进行倒阶次谱分析。

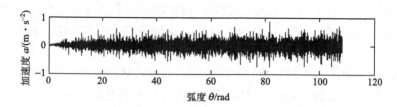

图 8-65　轴承内圈裂纹故障时角域振动信号

图 8-66 是轴承内圈裂纹故障时角域振动信号的倒阶次谱图。图 8-66 在 1、2、3、4、5、6 处有明显的峰值，分别对应着横坐标上的 6°、12°、24°、36°、48°、66°，其中 1 对应着齿轮箱输入轴 6 倍的旋转阶次，2～5 对应着齿轮箱中 1～4 倍的齿轮啮合倒阶次；6 对应着滚动轴承内圈裂纹故障的倒阶次。这说明该谱图也能反映出齿根裂纹故障的振动信息，但在 6 处的峰值比较杂乱，分辨率不高，下面提取角域信号的高频分量再进行分析。

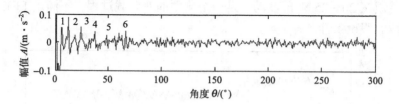

图 8-66　轴承内圈裂纹故障时角域振动信号的倒阶次谱图

对角域信号进行 EMD 后，提取其高频分量 IMF1，如图 8-67 所示。该信号与角域原始信号（图 8-65）相比，其幅值略有减小，下面对其进行倒阶次谱分析。

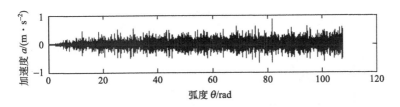

图 8-67　轴承内圈裂纹故障时角域 IMF1 的振动信号

图 8-68 是轴承内圈裂纹故障时角域 IMF1 的倒阶次谱图。图 8-68 在 1、2、3、4、5 处有明显的峰值，分别对应着横坐标上的 6°、12°、24°、36°、66°，与角域原始信号的倒阶次谱图（图 8-66）相比，66° 处的分辨率相对提高，能够明显地反映出滚动轴承内圈裂纹故障的倒阶次。这说明该谱图能够反映出齿根裂纹故障的振动信息，与试验前提相符，该方法在轴承内圈故障中是行之有效的。

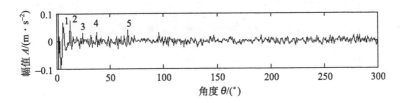

图 8-68　轴承内圈裂纹故障时角域 IMF1 的倒阶次谱图

8.6.2　轴承外圈裂纹故障诊断

采用输入轴轴承 6206 外圈裂纹故障进行分析，输入轴转速由 120 r/min 加速至 1100 r/min，负载在 21～25 N·m 波动，首先对振动信号和转速信号在时域里进行等时间间隔的异步采样，采样带宽为 6.4 kHz，采样频率为 12800 Hz，采样时间约为 1.3 s。

图 8-69 是轴承外圈裂纹故障时齿轮箱输入轴的转速信号。其转速在 1.3 s 的时间里，由 2 Hz 逐渐增大至 18 Hz 左右，是一个典型的加速过程。

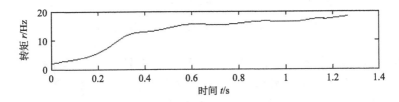

图 8-69　轴承外圈裂纹故障时齿轮箱输入轴的转速信号

图 8-70 是轴承外圈裂纹故障时齿轮箱输入轴的转矩图，齿轮箱的输入轴转矩在 21～25 N·m 波动，是一个典型的变负载过程，不满足 FFT 对信号稳态负载的

假设条件。

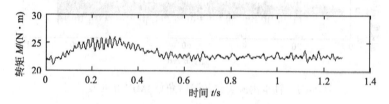

图 8-70　轴承外圈裂纹故障时齿轮箱输入轴的转矩图

图 8-71 是轴承外圈裂纹故障时时域振动信号。从图 8-71 可知，振动信号的幅值随着输入轴转速的增加而逐渐增大，其中包含许多和转速无关的振动信息，需要对其进行角域重采样以消除背景噪声的影响。

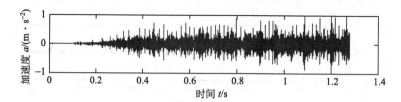

图 8-71　轴承外圈裂纹故障时时域振动信号

图 8-72 是轴承外圈裂纹故障时角域振动信号。由于角域信号按照等角度采样，故与转速无关的信息已经消除，与时域振动信号(图 8-71)相比，其幅值有所减小，已经由时域非平稳信号转换为角域伪稳态信号,能够满足 FFT 对信号平稳性要求,下面对其进行倒阶次谱分析。

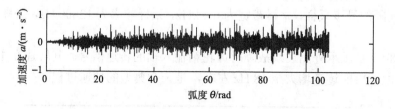

图 8-72　轴承外圈裂纹故障时角域振动信号

图 8-73 是轴承外圈裂纹故障时角域振动信号的倒阶次谱图。图 8-73 在 1、2、3、4、5、6、7 处有明显的峰值，分别对应着横坐标上的 12°、24°、36°、48°、60°、72°、100°，其中 1~6 对应着齿轮箱中 1~6 倍的齿轮啮合倒阶次；7 对应着滚动轴承外圈裂纹故障的倒阶次。这说明该谱图也能反映出齿根裂纹故障的振动信息，但在该谱图中的峰值比较杂乱，分辨率不高，下面提取角域信号的高频分量再进行分析。

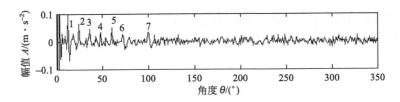

图 8-73　轴承外圈裂纹故障时角域振动信号的倒阶次谱图

对角域信号进行 EMD，提取其高频分量 IMF1，如图 8-74 所示。该信号与角域原始信号(图 8-72)相比，其幅值略有减小，下面对其进行倒阶次谱分析。

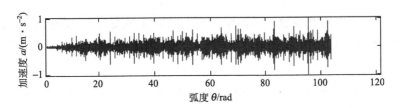

图 8-74　轴承外圈裂纹故障时角域 IMF1 的振动信号

图 8-75 是轴承外圈裂纹故障时角域 IMF1 的倒阶次谱图。图 8-75 在 1、2、3、4、5、6、7、8、9 处都有明显的峰值，分别对应着横坐标上的 12°、24°、36°、48°、60°、72°、100°、200°、300°，与角域原始信号的倒阶次谱(图 8-73)相比，该谱图的分辨率明显提高，且滚动轴承外圈裂纹的 2 倍和 3 倍的故障阶次也能够辨别出来，说明该谱图能够反映出齿根裂纹故障的振动信息，与试验前提相符，验证了该方法在轴承外圈故障中是行之有效的。

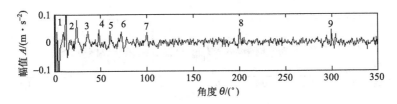

图 8-75　轴承外圈裂纹故障时角域 IMF1 的倒阶次谱图

8.6.3　齿轮磨损故障诊断

本组试验中输入轴齿轮采用齿面磨损齿轮进行分析，输入轴转速由 120 r/min 加速至 1100 r/min，负载在 20～25 N·m 波动，将由 B&K4508 振动加速度传感器测得的振动信号及 JN338 型转矩转速测量仪测得的速度信号传给 LMS 信号分析仪进行数据处理，对振动信号和转速信号在时域里进行等时间间隔的异步采样，采样带宽为 6.4 kHz，采样频率为 12800 Hz，采样时间约为 1.3 s。

图 8-76 是齿轮磨损故障时齿轮箱输入轴的转速信号。其转速在 1.3 s 的时间里，由 2 Hz 逐渐加速至 19 Hz 左右，是一个典型的加速过程。

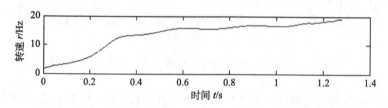

图 8-76　齿轮磨损故障时齿轮箱输入轴的转速信号

图 8-77 是齿轮磨损故障时齿轮箱输入轴的转矩图，齿轮箱的输入轴转矩在 20～25 N·m 波动，是一个典型的变负载过程，不满足 FFT 对信号稳态负载的假设条件。

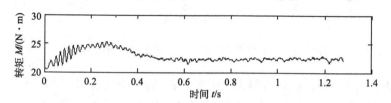

图 8-77　齿轮磨损故障时齿轮箱输入轴的转矩图

图 8-78 是齿轮磨损故障时时域振动信号。振动信号的幅值随着输入轴转速的升高而逐渐增大，其中包含许多和转速无关的振动信息，需要对其进行角域重采样以消除背景噪声的影响。

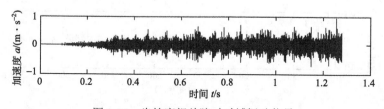

图 8-78　齿轮磨损故障时时域振动信号

图 8-79 是齿轮磨损故障时角域振动信号。由于角域信号按照等角度采样，故与转速无关的信息已经消除，与时域振动信号(图 8-78)相比，其幅值有所减小，已经由时域非平稳信号转换为角域伪稳态信号，能够满足 FFT 对信号平稳性要求。角域信号同样包含许多背景噪声，因此对角域信号进行 EMD，并提取其包含齿轮啮合信息的 IMF 分量。

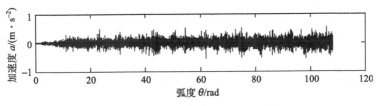

图 8-79　齿轮磨损故障时角域振动信号

图 8-80 是齿轮磨损故障时角域 IMF3＋IMF4 的振动信号。该信号与角域原始信号(图 8-79)相比,其幅值已明显减小,下面对其进行阶次谱分析。

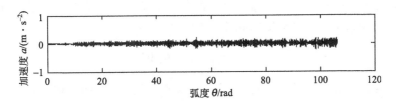

图 8-80　齿轮磨损故障时角域 IMF3＋IMF4 的振动信号

图 8-81 是齿轮磨损故障时角域 IMF3＋IMF4 的阶次谱图。图 8-81 中有两个明显的峰值:其中 30 rad^{-1} 对应着齿轮 1 倍的啮合阶次,60 rad^{-1} 对应着齿轮 2 倍的啮合阶次,该谱图反映的是齿轮箱中齿轮的啮合信号,但是从中反映不出齿轮齿面磨损故障特征,下面对其进行倒阶次谱分析。

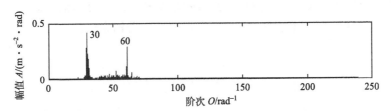

图 8-81　齿轮磨损故障时角域 IMF3＋IMF4 的阶次谱图

图 8-82 是齿轮磨损故障时角域里 IMF3＋IMF4 的倒阶次谱图。图 8-82 在 1、2、3、4、5、6、7 处有明显的峰值,分别对应着横坐标上的 12°、24°、36°、48°、60°、72°、360°,其中 1～6 分别对应着齿轮 1～6 倍的啮合倒阶次;7 对应着齿面

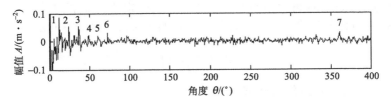

图 8-82　齿轮磨损故障时角域 IMF3＋IMF4 的倒阶次谱图

磨损故障的倒阶次。这说明该谱图反映的是齿面磨损故障的振动信息，与试验前提相符，验证了阶次 HHT 方法在齿轮故障诊断中的有效性。

8.7 角域伪稳态信号的修正边际谱分析

8.7.1 角域边际谱

仿照对 HHT 边际谱基本概念进行的讨论，继续讨论基于角域信号的边际谱的一些基本性质。

对于角域信号 $x(\theta)$，用 HHT 时频谱图的定义，还可以进一步定义角域边际谱（Marginal Spectrum in Angle Domain，MSAD）

$$h(o) = \int_0^\beta H(o,\theta)\mathrm{d}\theta \qquad (8\text{-}14)$$

式中，β 是信号 $x(\theta)$ 的整个采样角度；$H(o,\theta)$ 是信号 $x(\theta)$ 的 Hilbert 谱。

由式（8-14）可知，角域边际谱 $h(o)$ 是 Hilbert 谱对角度轴的积分，它是对信号中各个阶次成分的幅值（或能量）的整体测度，它表示了信号在概率意义上的累积幅值，反映了信号的幅值在整个阶次段上随阶次的变化情况。$H(o,\theta)$ 精确地描述了信号的幅值在整个阶次段上随角度和阶次的变化规律，而 $h(o)$ 则反映了信号的幅值在整个阶次段上随阶次的变化情况。

从 HHT 的整个过程来分析，每一个 IMF 分量的阶次和幅值都是角度的函数，因此 Hilbert 谱 $H(o,\theta)$ 描述了信号的幅值随角度和阶次的分布情况。

把只取部分 IMF 进行分析得到的 Hilbert 阶次谱称为局部 Hilbert 阶次谱，记为 $H_l(o,\theta)$：

$$H_l(o,\theta) = \mathrm{Re}\sum_{i=1}^k a_i(\theta)\exp\left[\mathrm{j}\int o_i(\theta)\mathrm{d}\theta\right] \qquad (8\text{-}15)$$

局部 Hilbert 角域边际谱

$$h_l(o) = \int_0^T H_l(o,\theta)\mathrm{d}\theta \qquad (8\text{-}16)$$

$H_l(o,\theta)$ 描述了感兴趣的信号成分的幅值随角度和阶次的变化规律；而 $h_l(o)$ 只反映了信号的幅值在感兴趣的阶次上随阶次的变化情况。

获得了信号的 Hilbert 阶次谱，便可以通过定义数据的平稳度（degree of stationary）来衡量数据的平稳性。首先求信号的角域边际谱平均 $n(o)$：

$$n(o) = \frac{1}{\beta}h(o) \qquad (8\text{-}17)$$

式中，$h(o)$ 是信号 $x(\theta)$ 的边际谱。

信号 $x(\theta)$ 的平稳度可定义为

$$DS(o) = \frac{1}{\beta} \int_0^\beta \left[1 - \frac{H(o,\theta)}{n(o)} \right]^2 d\theta \qquad (8\text{-}18)$$

对于稳态过程，Hilbert 角阶谱不是角度的函数，或阶次随角度的变化是恒定值，这样，在谱图上只有一些水平的直线，平稳度 $DS(o)$ 只能是零，只有在这个条件下，角域边际谱才和傅里叶谱是等价的，也只有在这个条件下，傅里叶谱才有物理意义。若 Hilbert 阶次谱的幅值和阶次是角度的函数，则平稳度就不是零，这样，傅里叶谱的物理意义就要减少。平稳度越高，过程的非平稳性就越大。角域边际谱的基本原理如图 8-83 所示。

图 8-83　角域边际谱的基本原理

8.7.2　角域边际谱计算方法的改进

目前，计算速度慢是修正 HHT 分析的一大瓶颈。由于中间步骤数据量大，占用 CPU 资源多，所以往往只能分析较短的数据，当数据量增大时计算工作量几乎呈指数上升，并导致计算机的计算速度急剧下降。特别是求角域边际谱时，该现象尤为严重。因此对传统的边际谱的计算方法进行了分析改进，如图 8-84 所示。

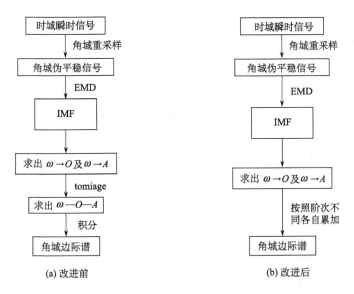

图 8-84　角域边际谱的计算流程

经分析，在整个角域边际谱的计算过程中主要有两个步骤占用了系统资源：数据的 EMD 过程和利用 Matlab 工具函数 toimage.m 求瞬时频率矩阵过程。特别是后一过程中，由于涉及诸多三维矩阵，更是对内存占用较高。因此对这一算法进行改进，利用瞬时频率直接求角域边际谱。这样，不但在计算相同数据量时明显节省了计算时间，而且可以计算更大的数据量，提高了计算能力。

基于角域边际谱的故障诊断方法包括以下步骤：

(1)对原始振动信号进行时域采样，得到等时间间隔分布的采样点 $x(t)$；

(2)对时域振动信号进行角域重采样，得到等角度分布的采样点 $x(\theta)$；

(3)对 $x(\theta)$ 进行 Hilbert 变换，得到 $H[x(\theta)]$，进而求出包络信号 $y(\theta)$；

(4)对包络信号 $y(\theta)$ 进行 EMD，得到其各个 IMF 分量 $c_1, c_2, \cdots, c_n$；

(5)求出各个 IMF 分量 $c_1, c_2, \cdots, c_n$ 的 Hilbert 阶次谱；

(6)求出各个 IMF 分量 $c_1, c_2, \cdots, c_n$ 角域边际谱 $h_i(o)$，根据各个 IMF 分量的角域边际谱 $h_i(o)$ 判断轴承的故障阶次。

8.7.3 轴承内圈裂纹故障诊断

采用输入轴轴承 6206 内圈裂纹故障进行分析，输入轴转速由静止加速至 1400 r/min，负载在 $0 \sim 5\,\text{N} \cdot \text{m}$ 波动，首先对振动信号和转速信号在时域里进行等时间间隔的异步采样，采样带宽为 6.4 kHz，采样频率为 16384 Hz，采样时间为 1 s。

图 8-85 是轴承内圈裂纹故障时齿轮箱输入轴的转速信号。其转速在 1 s 的时间里，由 2 Hz 逐渐加速至 26 Hz 左右，是一个典型的加速过程。

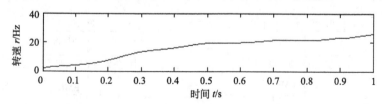

图 8-85　轴承内圈裂纹故障时齿轮箱输入轴的转速信号

图 8-86 是轴承内圈裂纹故障时齿轮箱输入轴的转矩图，齿轮箱的输入轴转矩在 $0 \sim 5\,\text{N} \cdot \text{m}$ 波动，是一个典型的变负载过程，不满足 FFT 对信号稳态负载的假设条件。

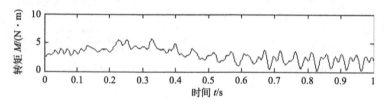

图 8-86　轴承内圈裂纹故障时齿轮箱输入轴的转矩图

图 8-87 是轴承内圈裂纹故障时时域振动信号。振动信号的幅值随着输入轴转速的升高而逐渐增大，其中包含许多和转速无关的振动信息，需要对其进行角域重采样以消除背景噪声的影响。

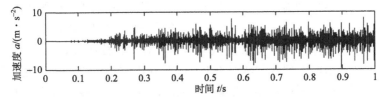

图 8-87　轴承内圈裂纹故障时时域振动信号

图 8-88 是轴承内圈裂纹故障时角域振动信号。由于角域信号按照等角度采样，故与转速无关的信息已经消除，与时域振动信号(图 8-87)相比，其幅值有所减小，已经由时域非平稳信号转换为角域伪稳态信号，能够满足 FFT 对信号平稳性要求。下面对角域信号进行 EMD。

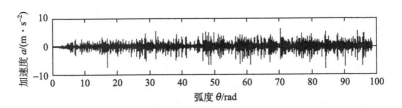

图 8-88　轴承内圈裂纹故障时角域振动信号

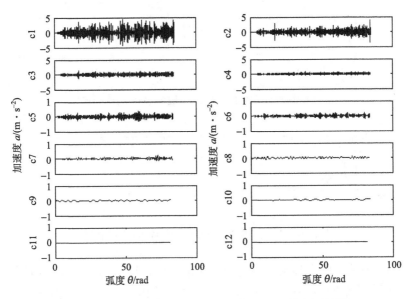

图 8-89　轴承内圈裂纹故障时角域 EMD 后的振动信号

图 8-89 是轴承内圈裂纹故障时角域 EMD 后的振动信号。图 8-89 是前 12 个 IMF 分量，各个 IMF 分量的振动信号的幅值逐渐减小，下面对其进行角域边际谱分析。

图 8-90 是轴承内圈裂纹故障时角域各 IMF 的边际谱图。各个 IMF 分量边际谱的阶次逐渐减小，符合 EMD 由高阶向低阶的顺序排列规则，图 8-90 中的 h6 和 h9 能够反映出滚动轴承内圈裂纹故障信息，对其进行放大处理。

图 8-91 是轴承内圈裂纹故障时 IMF6 的边际谱图。在 5.42 rad^{-1} 处存在一个明显的峰值，恰好对应着滚动轴承内圈裂纹故障阶次，说明该信号反映的是滚动轴承内圈裂纹故障。

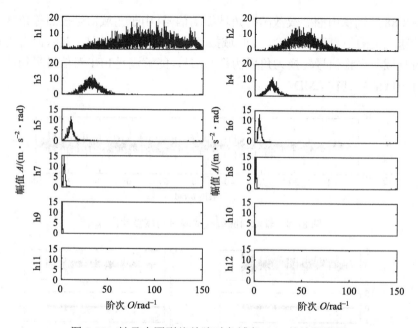

图 8-90　轴承内圈裂纹故障时角域各 IMF 的边际谱图

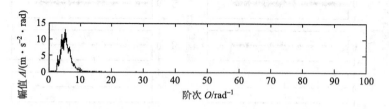

图 8-91　轴承内圈裂纹故障时 IMF6 的边际谱图

图 8-92 是轴承内圈裂纹故障时 IMF9 的边际谱图。由图 8-92 能够看出，在 1 rad^{-1} 处存在一个明显的峰值，恰好对应着齿轮箱输入轴的旋转阶次，说明该故障信号反映的是齿轮箱输入轴上零部件的振动信息。综合 IMF6 和 IMF9 的边际谱

谱图信息，最终能够得出结论：齿轮箱输入轴上的滚动轴承出现内圈裂纹故障，与试验前提相符，说明该方法在滚动轴承内圈裂纹故障诊断中是行之有效的。

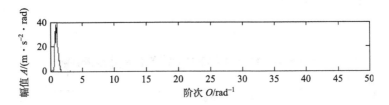

图 8-92　轴承内圈裂纹故障时 IMF9 的边际谱图

8.7.4　轴承外圈裂纹故障诊断

采用输入轴轴承 6206 外圈裂纹故障进行分析，输入轴转速由静止加速至 1100 r/min，负载在 20～25 N·m 波动，将由 B&K4508 振动加速度传感器测得的振动信号及 JN338 型转矩转速测量仪测得的速度信号传给 LMS 信号分析仪进行数据处理，首先对振动信号和转速信号在时域里进行等时间间隔的异步采样，采样带宽为 6.4 kHz，采样频率为 16384 Hz，采样时间约为 1.3 s。

图 8-93 是轴承外圈裂纹故障时齿轮箱输入轴的转速信号。其转速在 1.3 s 的时间里，由 2 Hz 逐渐加速至 20 Hz 左右，是一个典型的加速过程。

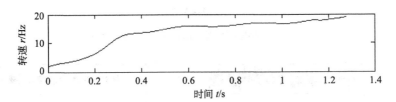

图 8-93　轴承外圈裂纹故障时齿轮箱输入轴的转速信号

图 8-94 是轴承外圈裂纹故障时齿轮箱输入轴的转矩图，由图 8-94 可知，齿轮箱的输入轴转矩在 20～25 N·m 波动，是一个典型的变负载过程，不满足 FFT 对信号稳态负载的假设条件。

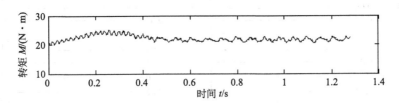

图 8-94　轴承外圈裂纹故障时齿轮箱输入轴的转矩图

图 8-95 是轴承外圈裂纹故障时时域振动信号。振动信号的幅值随着输入轴转速的升高而逐渐增大，其中包含许多和转速无关的振动信息，需要对其进行角域重采样以消除背景噪声的影响。

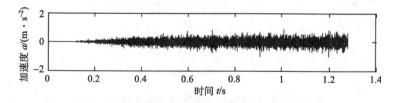

图 8-95　轴承外圈裂纹故障时时域振动信号

　　图 8-96 是轴承外圈裂纹故障时角域振动信号。由于角域信号按照等角度采样，故与转速无关的信息已经消除，与时域振动信号(图 8-95)相比，其幅值有所减小，已经由时域非平稳信号转换为角域伪稳态信号，能够满足 FFT 对信号平稳性要求。下面对角域信号进行 EMD。

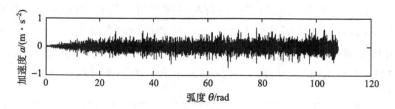

图 8-96　轴承外圈裂纹故障时角域振动信号

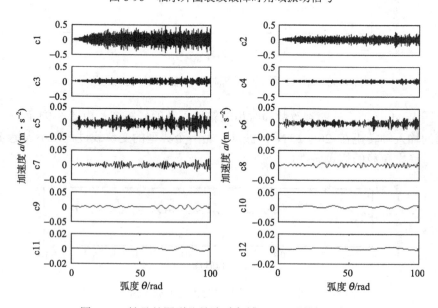

图 8-97　轴承外圈裂纹故障时角域 EMD 后的振动信号

图 8-97 是轴承外圈裂纹故障时角域 EMD 后的振动信号。图 8-97 是前 12 个 IMF 分量,各个 IMF 分量振动信号的幅值逐渐减小,下面对其进行角域边际谱分析。

图 8-98 是轴承外圈裂纹故障时角域各 IMF 的边际谱图。各个 IMF 分量边际谱的阶次逐渐减小,符合 EMD 由高频向低频的顺序排列规则,图 8-98 中的 h6 和 h8 能够反映出滚动轴承内圈裂纹故障信息,对其进行放大处理。

图 8-99 是轴承外圈裂纹故障时 IMF6 的边际谱图。由图 8-99 能够看出,在 3.6 rad^{-1} 处存在一个明显的峰值,恰好对应着滚动轴承外圈裂纹故障阶次 3.58 rad^{-1},说明该信号反映的是滚动轴承外圈裂纹故障。

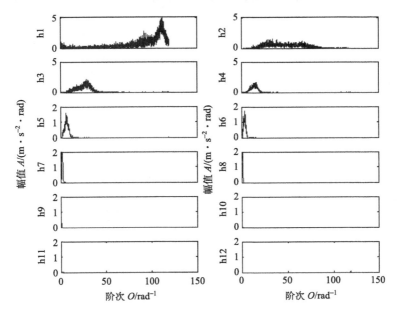

图 8-98　轴承外圈裂纹故障时角域各 IMF 的边际谱图

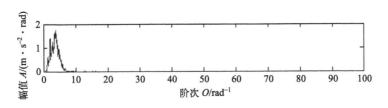

图 8-99　轴承外圈裂纹故障时 IMF6 的边际谱图

图 8-100 是轴承外圈裂纹故障时 IMF8 的边际谱图。由图 8-100 可知,在 3.58 rad^{-1} 处存在一个明显的峰值,恰好对应着齿轮箱输入轴的旋转阶次,说明该故障信号反映的是齿轮箱输入轴上零部件的振动信息。综合 IMF6 和 IMF8 的阶次 HHT 边

际谱谱图信息，最终能够得出如下结论：齿轮箱输入轴上的滚动轴承出现外圈裂纹故障，与试验前提相符，说明该方法在滚动轴承外圈裂纹故障诊断中是行之有效的。

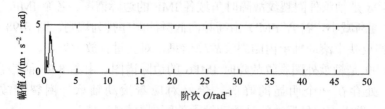

图 8-100　轴承外圈裂纹故障时 IMF8 的边际谱图

第9章 特征参量提取与模式识别

齿轮箱故障诊断的最终目的是要判断出其零部件是否存在故障,以及识别出故障的类型。其中,特征参量的选择和提取以及采用何种模式识别算法是故障诊断技术中的一个关键问题,选择合适的特征参量集不仅能够有效地对不同的故障进行准确的识别,而且能够节约时间,提高效率。模式识别方法选择的恰当与否,将直接影响最终识别结果。目前,智能诊断已经成为机械故障诊断领域的一个重要分支。神经网络方法具有良好的非线性映射特征和自学习功能,作为解决复杂非线性问题的有效方式得到广泛应用,但早期的神经网络也存在一些如收敛速度慢、局部极小点、过学习与欠学习等不足,并且应用于智能故障诊断时需要大量的故障样本数据,这在实际中有时是很困难的。SVM方法是专门针对小样本事件提出来的,目前已得到了广泛的应用。

本章根据变速变载齿轮箱的工作特点及测试环境,通过对角域数据进行阶次域分析,提取有效的特征参量,建立基于变速变载的齿轮箱故障诊断特征参量集;对传统的SVM中的一对多方法进行加以改进,分别建立基于改进SVM和神经网络的非平稳齿轮箱故障诊断模型,并通过试验进行验证。

9.1 齿轮箱故障诊断特征参量提取

9.1.1 幅域特征参量提取

当变速箱的零部件出现故障时,箱体振动信号的幅值将发生改变。由于各种幅域参量计算简单,对故障有一定的敏感性,因此在变速箱故障诊断中得到了广泛的应用。本节研究基于阶次分析的齿轮箱幅域特征参量在振动信号分析中的应用。

有量纲幅域特征参量主要有均方根值、方根幅值等。由于有量纲特征参量受负载、转速等条件的影响,实际中很难加以区分,有必要引入无量纲特征参量,它们对信号的幅值和阶次的变化不敏感,即和设备工作条件关系不大,而对故障足够敏感。无量纲特征参量主要有峭度指标、峰值因子、脉冲指标、波形指标、裕度指标等。其中峭度指标、裕度指标和脉冲指标对冲击类故障比较敏感,特别是当故障早期发生时,它们有明显增加;但上升到一定程度后,随着故障的逐渐发展,反而会下降,表明它们对早期故障有较高的敏感性,但稳定性不好。而波形指标稳定性较好,但是对早期故障信号不敏感。

各种幅域特征参量本质上取决于信号的概率密度函数，反映了信号概率密度函数形状发生的变化。在故障诊断研究中，通常采用多个幅域特征参量进行故障检测，以兼顾各特征参量的敏感性与稳定性。

有量纲幅域特征参量选择均方根值：

$$RMS = \sqrt{\frac{1}{N}\sum_{i=1}^{N}x_i^2} \tag{9-1}$$

无量纲幅域特征参量具体表示如下。

(1)偏态指标(skewness factor)：

$$SKE = \frac{\frac{1}{N}\sum_{i=1}^{N}(x_i - \overline{x})^3}{RMS^3} \tag{9-2}$$

偏态指标反映了信号幅值概率密度函数的不对称性。一般来说，高斯分布的偏态指标为零，当偏态指标偏离零值较大时，预示着机械系统的某种失效。

(2)峭度指标(kurtosis value)：

$$KUR = \frac{\frac{1}{N}\sum_{i=1}^{N}(x_i - \overline{x})^4}{RMS^4} \tag{9-3}$$

峭度指标是反映信号偏离高斯分布程度的另一个指标。高斯分布信号的峭度指标为 3。峭度指标对大幅值非常敏感，当其概率增加时，将迅速增大，有利于探测信号中含有脉冲的故障。

(3)峰值指标(crest factor)：

$$CRE = \frac{Peak}{RMS} \tag{9-4}$$

式中，Peak 为峰值。

峰值指标反映了峰值变化的程度，过大的峰值指标通常对应着局部缺陷。

(4)脉冲指标(impulse factor)：

$$I_f = \frac{Peak}{\frac{1}{N}\sum_{i=1}^{N}|x_i|} \tag{9-5}$$

脉冲指标的敏感性较好，但稳定性一般。

(5)波形指标(shape factor)：

$$SHA = \frac{RMS}{\frac{1}{N}\sum_{i=1}^{N}|x_i|} \tag{9-6}$$

波形指标稳定性好，敏感性差。

(6) 裕度指标(clearance factor)：

$$CLE = \frac{Peak}{\left[\dfrac{1}{N} \displaystyle\sum_{i=1}^{N} \sqrt{|x_i|} \right]^2}$$　　　　　　(9-7)

裕度指标敏感性好，稳定性一般。

9.1.2 阶次域特征参量提取

阶次谱分析的目的是把复杂的角域振动信号波形，经傅里叶变换分解为若干单一的谐波分量，以获得信号中与转速有关的阶次结构以及各谐波幅值和相位信息。从齿轮箱箱体上测得的振动信号中通常包含以下周期成分：各轴的旋转阶次、各齿轮的啮合阶次、各滚动轴承的特征阶次，以及上述阶次的倍数。通常加工误差、齿面磨损、在载荷作用下轮齿变形都会使轮齿齿廓偏离理想状态，从而在振动信号中出现啮合阶次的周期成分。在阶次谱图中啮合阶次附近出现峰值，产生峰值和相位的调制现象。理论上讲，特定的失效形式如轴不平衡、不对中、齿轮磨损、滚动轴承破裂等，都会产生阶次谱的明显变化。

工程中倒阶次谱的应用之一是分离边带信号和谐波，这在齿轮和滚动轴承发生故障、信号中出现调制现象时，对于检测故障和分析信号是十分有效的。在齿轮箱中有多个轴承和齿轮，因此在齿轮箱运转时，存在多个转轴的旋转阶次，而每一个转轴的旋转阶次都有可能在每一阶啮合阶次的周围调制一簇边带信号，因此齿轮箱振动信号的功率谱中就有可能有很多大小和周期都不同的周期成分混杂在一起，难以分离，不能直观地看出其特点，使用倒阶次谱分析能够清楚地检测和分离出这些周期信号。当机械故障产生某种周期信号变化时，倒阶次谱上将出现相应的峰值，倒阶次谱脉冲指标反映了这一变化的程度。

在阶次域信号和倒阶次域信号中提取如下无量纲参量作为特征参量。

(1) 非线性拟合阶次谱波形指标：

$$O_{Pw} = \frac{P_{RMS}}{\overline{P}}$$　　　　　　(9-8)

式中，P_{RMS} 为非线性拟合阶次谱均方根；$\overline{P}$ 为非线性拟合阶次谱平均幅值，$\overline{P} = \dfrac{1}{N_a} \displaystyle\sum_{i=1}^{N_a} P_i$，$P_i$ 为 i 时刻非线性拟合阶次谱幅值；N_a 为分析阶次内阶次谱线数目，一般 $N_a = N/2$。

当采样点数足够多时，正常工作的齿轮箱振动信号的阶次谱图波形是基本确定的。当某种故障发生时，某些阶次的振动幅值将发生变化，会影响阶次谱波形的变化。非线性拟合阶次谱波形指标将反映这一变形的程度。

（2）非线性拟合阶次谱重心指标：

$$O_{cg} = \frac{P_c}{P_a} \tag{9-9}$$

式中，P_c 为非线性拟合阶次谱重心阶次；P_a 为分析阶次。

非线性拟合阶次谱重心指标反映了非线性拟合阶次谱重心位置的变化程度。当故障出现时，某些阶次的振动幅值将发生变化，会在很大程度上影响非线性拟合阶次谱重心位置。

（3）非线性拟合阶次倒谱脉冲指标：

$$O_{\text{pulse}} = \frac{C_m}{\overline{C}} \tag{9-10}$$

式中，C_m 为非线性拟合阶次倒谱峰值；$\overline{C}$ 为非线性拟合阶次倒谱平均幅值，$\overline{C} = \frac{1}{N_c} \sum_{i=1}^{N_c} |C_i|$，$C_i$ 为 i 个倒阶次点非线性拟合阶次倒谱幅值，N_c 为分析倒阶次内非线性拟合阶次倒谱谱线数目。

由于非线性拟合阶次谱波形指标和非线性拟合阶次谱重心指标变化较小，在阶次域的特征参量中提取非线性拟合阶次倒谱脉冲指标。

9.1.3　能量域特征参量提取

如果在测得的振动信号中包含故障信息，其能量会有明显的变化，表现在能量的数值上，通过比较不同工况下，可以初步判定齿轮箱是否存在故障。

（1）非线性拟合阶次卡尔曼谱功率带：

$$\text{PBA}_K = E_K / E \tag{9-11}$$

式中，E_K 为非线性拟合阶次域内卡尔曼滤波后信号的能量；E 为总能量。

非线性拟合阶次卡尔曼谱功率带反映了某角域信号经过卡尔曼滤波后的能量占角域里的原始信号能量的比例。

（2）非线性拟合阶次边际谱一阶功率带：

$$\text{PBA}_M = E_M / E \tag{9-12}$$

式中，E_M 为非线性拟合阶次域内能够反映故障的边际谱信号的能量；E 为总能量。

非线性拟合阶次边际谱一阶功率带反映了角域信号中包含故障信息的 IMF 分量的边际谱能量占角域里的原始信号能量的比例。

（3）非线性拟合阶次 IMF 功率带：

$$\text{PBA}_{\text{IMF}i} = E_{\text{IMF}i} \tag{9-13}$$

式中，$E_{\text{IMF}i}$ 为角域信号经 EMD 后第 i 个 IMF 分量的能量值。

非线性拟合阶次 IMF 功率带反映了角域信号经 EMD 后的各个 IMF 分量的能

量值。

在能量参量中，提取非线性拟合阶次卡尔曼谱功率带、非线性拟合阶次边际谱一阶功率带和前 3 个非线性拟合阶次 IMF 功率带作为能量特征参量。

综合上述特征参量的特点，共提取 8 个特征参量构成齿轮箱故障诊断特征参量集。它们是：①幅域偏态指标；②幅域裕度指标；③非线性拟合阶次倒谱脉冲指标；④非线性拟合阶次卡尔曼谱功率带；⑤非线性拟合阶次边际谱一阶功率带；⑥非线性拟合阶次 IMF1 功率带；⑦非线性拟合阶次 IMF2 功率带；⑧非线性拟合阶次 IMF3 功率带；

对下列 8 种工况进行特征参量提取，它们分别是：齿轮箱正常、齿根裂纹、齿面磨损、断齿、轴承内圈裂纹、轴承外圈裂纹、滚动体故障和轴承内外圈裂纹。

表 9-1 是齿轮箱故障诊断特征参量集。由表 9-1 可以看出，不同的特征参量在量纲和数量级上都不同，直接利用原始数据进行训练，就可能突出某些数量级特别大的特性指标对分类的作用，而降低甚至排斥某些数量级较小的特性的作用，导致一个指标只要改变单位，就会改变分类结果。因此，如果直接应用这几种指标，那么在模式识别中，权重大的指标稍有变化，就会影响识别结果，而权重小的指标基本上不起作用。由此可见，必须对原始数据进行无量纲化处理，使每一指标值统一于某种共同的数据特性范围。采用归一化公式把数据区间压缩到 $(0,1)$。

表 9-1　齿轮箱故障诊断特征参量集

状态类型	SKE	CLE	O_{IM}	PBA_K	PBA_M	IMF1	IMF2	IMF3
正常	−0.1502	8.1618	178.8651	0.1305	0.0775	20.7693	12.8256	9.2290
齿根裂纹	−0.4502	11.7672	218.0233	0.2782	0.0962	44.0217	15.1145	9.1243
齿面磨损	−0.1805	8.8603	226.7047	0.3593	0.0566	56.6577	22.7632	12.5333
断齿	−0.5631	25.1591	397.6956	0.7781	0.0579	328.4148	142.6210	37.7295
轴承内圈裂纹	0.0344	11.4666	280.8169	0.5552	0.0476	124.0927	55.4588	15.2999
轴承外圈裂纹	0.1203	10.6737	245.3406	0.4121	0.0255	139.7937	20.2308	9.6289
滚动体故障	−0.5570	12.4889	255.4961	0.2940	0.0425	46.5684	37.1633	35.3206
轴承内外圈裂纹	0.0794	10.0054	282.9506	0.5861	0.0536	200.0055	26.4136	15.8839

$$x_i' = \frac{x_i}{\sqrt{\sum_{i=1}^{n} x_i^2}} \tag{9-14}$$

式中，x_i 为特征参量的原始数据；x_i' 为归一化后的特征参量数据。

表 9-2 是归一化后的齿轮箱故障诊断特征参量集。由表 9-2 中数值能够看出：

归一化后的特征参量集都在(0,1)，有利于故障特征的识别。

表 9-2　归一化后的齿轮箱故障诊断特征参量集

状态类型	SKE	CLE	O_{IM}	PBA_K	PBA_M	IMF1	IMF2	IMF3
正常	−0.0636	0.0904	0.1085	0.0431	0.2087	0.0213	0.0465	0.0835
齿根裂纹	−0.1906	0.1304	0.1322	0.0918	0.2590	0.0452	0.0547	0.0826
齿面磨损	−0.0764	0.0982	0.1375	0.1186	0.1524	0.0581	0.0825	0.1134
断齿	−0.2385	0.2788	0.2412	0.2568	0.1559	0.3369	0.5166	0.3415
轴承内圈裂纹	0.0146	0.1271	0.1703	0.1832	0.1282	0.1273	0.2009	0.1385
轴承外圈裂纹	0.0509	0.1183	0.1488	0.1360	0.0687	0.1434	0.0733	0.0871
滚动体故障	−0.2359	0.1384	0.1549	0.0970	0.1144	0.0478	0.1346	0.3197
轴承内外圈裂纹	0.0336	0.1109	0.1716	0.1934	0.1443	0.2052	0.0957	0.1438

9.2　SVM 方法

变速变载齿轮箱故障诊断研究最终的目的是根据所提取的特征参量的变化来判断故障的种类和程度，即对其进行模式识别。对于变速变载工况下齿轮箱这样复杂的机械传动装置来说，很难直接由某一特征参量的变化来判断故障零部件的准确位置，同一故障状态也会对某几个特征参量有不同程度的影响。这种耦合现象增加了故障诊断工作的复杂性，一个重要的解决手段是基于多特征参量的故障模式识别技术。

现有的基于数据的机器学习，包括神经网络在内，共同的重要理论基础之一是统计学。统计学习理论(statistical learning theory，SLT)是一种专门研究小样本情况下机器学习规律的理论。贝尔实验室以 Vapnik 教授为首的研究小组从 20 世纪六七十年代开始致力于此方面的研究，到 90 年代中期，SLT 开始受到越来越广泛的重视。支持向量机(support vector machine，SVM)是建立在 SLT 的 VC 维(Vapnik Chervonenkis dimension)理论和结构风险最小原则基础上的，相比较神经网络而言，在解决小样本数据集及非线性问题上有独特的优势，特别适用于建立故障诊断模型。一些学者认为，SLT 和 SVM 正在成为继神经网络研究之后新的研究热点，并将有力地推动机器学习理论和技术的发展。传统的统计方法所研究的是一种渐近理论，即当样本数据趋向无穷大时的极限特性，然而实际中要获得大量的样本是比较困难的，或者说要付出较大的代价。SLT 是针对小样本情况下的机器学习理论。SVM 建立了一套完整的、规范的基于统计的机器学习理论和方法。

9.2.1　一般机器学习方法存在的问题

对于二类模式识别问题，设存在 n 个学习样本如下：

$$(x_1, y_1), (x_2, y_2), \cdots, (x_n, y_n) \tag{9-15}$$

式中，$y_i \in \{-1, 1\}$，学习的目的是从一组函数 $\{f(x, w)\}$ 中求出一个最优函数 $f(x, w_0)$，使在对未知样本进行估计时，期望风险最小。

$$R(w) = \int L[y, f(x, w)] \mathrm{d}F(x, y) \tag{9-16}$$

式中，$F(x, y)$ 是联合概率；$L[y, f(x, w)]$ 是用 $f(x, w)$ 对 y 进行预测而造成的损失，称为损失函数。

对于两类模式识别问题，可定义

$$L[y, f(x, w)] = \begin{cases} 0, & y = f(x, w) \\ 1, & y \neq f(x, w) \end{cases} \tag{9-17}$$

在传统的学习方法中，学习的目标是使经验风险 R_{emp} 最小，即采用所谓的经验风险最小化(empirical risk minimization，ERM)原则：

$$\min R_{\text{emp}}(w) = \frac{1}{n} \sum_{i=1}^{n} L[y_i, f(x_i, w)] \tag{9-18}$$

事实上，早在 1971 年 Vapnik 就证明了经验风险最小值未必收敛于期望风险最小值，即 ERM 原则不成立。所以在学习过程中用 ERM 原则代替期望风险最小化这一学习目的并没有充分的理论依据，而只是直观上合理的想当然做法。神经网络的过学习问题就充分说明了这一现象，即训练误差小并不总能导致好的预测结果，有些情况下，误差小反而导致网络泛化能力的下降。

9.2.2　统计学习理论

统计学习理论定义了一个重要的概念，即 VC 维，模式识别方法中 VC 维的直观定义是：对于一个指示函数集，如果存在 h 个样本能够被函数集中的函数按所有可能的 2^h 种形式分开，则称函数集能够把 h 个样本打散；函数集的 VC 维就是它能打散的最大样本数目 h。若对任意数目的样本都有函数能将它们打散，则函数的 VC 维是无穷大。例如，n 维实数空间中线性分类器的 VC 维是 $n+1$，而 $\sin(ax)$ 的 VC 维是无穷大。

统计学习理论指出，在最坏的分布情况下，经验风险和实际风险之间至少以概率 $1 - \eta$ 满足关系：

$$R(w) \leqslant R_{\text{emp}}(w) + \sqrt{\frac{h\left(\ln\frac{2n}{h}+1\right)-\ln\frac{\eta}{4}}{n}} \qquad (9\text{-}19)$$

简记为

$$R(w) \leqslant R_{\text{emp}}(w) + \Phi \qquad (9\text{-}20)$$

式(9-20)表明,实际风险由两部分组成:经验风险和置信范围(也称 VC 信任)。置信范围不仅受置信水平 $1-\eta$ 的影响,而且是函数集 VC 维 h 和训练样本数目 n 的函数。h 增大或 n 减小会导致 Φ 的增大。

通常,对于一个实际的分类问题,样本数 n 是固定的,此时分类器的 VC 维越大,则置信范围越大,导致真实风险与经验风险之间可能的差距也就越大。因此,在设计分类器时,不但要使经验风险最小化,还要使 VC 维尽量小,从而缩小置信范围,使期望风险最小,这种思想为结构风险最小化(structural risk minimization,SRM)原则。

SRM 原则定义了在对给定数据逼近的精度和逼近函数的复杂性之间的一种折中,如图 9-1 所示。这也说明了神经网络训练中出现的过学习问题:神经网络学习过程中选择的模型具有太高的 VC 维。

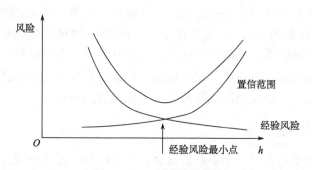

图 9-1　SRM 原则示意图

在 SRM 原则下,一个分类器的设计过程分为两步:

(1)选择分类器的模型,使其 VC 维较小,即置信范围小;

(2)对模型进行参数估计,使其经验风险最小。

9.2.3　最优分类面

SVM 的研究最初是针对模式识别中的两类线性可分问题,如图 9-2 所示。

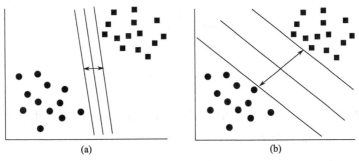

图 9-2 SVM 分类模型

在图 9-2(a)和(b)中都能正确地将两类样本分开，即都能保证使经验风险最小。这样的线有无限多个，但图 9-2(b)的分割线离两类样本的间隙最大，称为最优分类线。最优分类线的置信范围最小。

记线性可分样本集为 (x_i, y_i)（$i = 1, 2, \cdots, n, x \in R^d, y \in \{-1, 1\}$ 是类别标号）。d 维空间中线性判别函数的一般形式为 $g(x) = w \cdot x + b$，分类面方程为

$$w \cdot x + b = 0 \tag{9-21}$$

将判别函数归一化，使两类所有样本都满足 $|g(x)| \geq 1$，这很容易实现，只需等比例调节 w 和 b 即可，显然这样的变化对分类没有影响。这样，分类间隔就等于 $2 / \|w\|$，因此求间隔最大变为求 $\|w\|$ 最小。

满足 $|g(x)| = 1$ 的样本点离分类线距离最小，它们决定了最优分类线，称为支持向量（support vector，SV）。

可见，求最优分类面的问题转化为优化问题：

$$\begin{cases} \min \phi(w) = \dfrac{1}{2} \| w \|^2 = \dfrac{1}{2}(w \cdot w) \\ y_i[(w \cdot x_i) + b] - 1 \geq 0, i = 1, 2, \cdots, n \end{cases} \tag{9-22}$$

本优化问题可以转化为对偶优化问题。

$$\begin{cases} \min Q(\alpha) = \dfrac{1}{2} \displaystyle\sum_{i, j = 1}^{n} \alpha_i \alpha_j y_i y_j (x_i \cdot x_j) - \sum_{i = 1}^{n} \alpha_i \\ \alpha_i \geq 0, i = 1, 2, \cdots, n \\ \displaystyle\sum_{i = 1}^{n} y_i \alpha_i = 0 \end{cases} \tag{9-23}$$

将式(9-23)改写成矩阵形式：

$$\begin{cases} \min Q(\alpha) = \dfrac{1}{2}\alpha^{\mathrm{T}}A\alpha - b^{\mathrm{T}}\alpha \\ \alpha_i \geqslant 0 \\ y^{\mathrm{T}}\alpha = 0 \end{cases} \tag{9-24}$$

式中，$a = (\alpha_1, \alpha_2, \cdots, \alpha_n)^{\mathrm{T}}$；$b = (1,1,\cdots,1)^{\mathrm{T}}$；$y = (y_1, y_2, \cdots, y_n)$；$A_{ij} = y_i y_j (x_i \cdot x_j)$。

由此可得到最优分类函数为

$$f(x) = \mathrm{sgn}\left\{ \sum_{i=1}^{n} \alpha_i^* y_i (x_i \cdot x_j) + b^* \right\} \tag{9-25}$$

对于非支持向量满足 $\alpha_i = 0$，式(9-25)只需对支持向量进行计算，b^* 可任选一个支持向量，由式(9-22)的约束条件取等号求出。

9.2.4 SVM 模型

对于线性不可分问题，有两种解决途径，一是一般线性优化方法，引入松弛变量，此时的优化问题为

$$\begin{cases} \min \phi(w) = \dfrac{1}{2}(w \cdot w) + C \sum_{i=1}^{n} \xi_i \\ y_i[(w \cdot x_i) + b] - 1 + \xi_i \geqslant 0, \quad i = 1, 2, \cdots, n \end{cases} \tag{9-26}$$

二是引入核空间理论，将低维输入空间中的数据通过非线性函数映射到高维属性空间 H（也称为特征空间），将分类问题转化到属性空间进行。可以证明，如果选用适当的映射函数，输入空间线性不可分问题在属性空间将转化为线性可分问题。属性空间中向量的点积运算与输入空间的核函数（kernel function，KF）对应。从理论上讲，满足 Mercer 条件的对称函数 $K(x, x')$ 都可以作为核函数。

核方法具有以下优点：输入空间的核函数实际上是特征空间内积的等价，因此在实际计算中，不必关心非线性映射的具体形式，只需要选定核函数 $K(x, x')$ 就行。核函数比较简单，而映射函数可能很复杂，且维数很高。因此，引入核方法才能克服"维数空难"问题。

目前所使用的核函数主要有以下四种：线性核函数、p 阶多项式核函数、多层感知器核函数和径向基（RBF）核函数。下面是这四种核函数的数学表达式。

（1）线性核函数：

$$K(x, x_i) = x \cdot x_i \tag{9-27}$$

（2）p 阶多项式核函数：

$$k(x, x_i) = [(x \cdot x_i) + 1]^p \tag{9-28}$$

（3）多层感知器核函数：

$$k(x, x_i) = \tanh[\upsilon(x \cdot x_i) + c] \tag{9-29}$$

(4) RBF 核函数:

$$k(x, x_i) = \exp\left(-\frac{\|x - x_i\|^2}{\sigma^2}\right) \tag{9-30}$$

引入核函数后, 则向量的内积都用核函数来代替, 式(9-23)可改为

$$\begin{cases} \min Q(\alpha) = \dfrac{1}{2} \sum_{i,j=1}^{n} \alpha_i \alpha_j y_i y_j K(x_i, x_j) - \sum_{i=1}^{n} \alpha_i \\ \alpha_i \geqslant 0 \\ \sum_{i=1}^{n} y_i \alpha_i = 0 \end{cases} \tag{9-31}$$

分类函数式(9-25)改为

$$f(x) = \operatorname{sgn}\left\{ \sum_{i=1}^{n} \alpha_i^* y_i k(x_i, x) + b^* \right\} \tag{9-32}$$

任选一支持向量 x_j, 式(9-32)的 b^* 由式(9-33)给出:

$$y_j \left[\sum_{i=1}^{n} \alpha_i^* y_i k(x_i, x) + b^* \right] = 1 \tag{9-33}$$

从上面的讨论可以看出, 在模式识别领域具体应用 SVM 的步骤如下:

(1) 选择适当的核函数;

(2) 求解优化方程, 获得支持向量及相应的 Lagrange 算子;

(3) 写出最优界面方程。

9.2.5 算例分析

对于线性可分情况, 设已知两类样本集合:

$$x_1 = \{(2,7),(3,6),(2,2),(8,1),(6,4)\}$$
$$x_2 = \{(4,8),(9,5),(9,9),(9,4),(6,9),(7,4)\}$$

经学习得到最优分类曲线, 分类曲线不仅准确地将两类样本分开, 还保证了间隔最大, 如图 9-3 所示。

对于线性不可分情况, 设已知两类样本集合:

$$x_1 = \{(1,1),(1,5),(4,1),(4,5)\}$$
$$x_2 = \{(2,2),(2,4),(2.5,2.5),(3,2),(3,4)\}$$

从样本点的分布看, 可简单地选择二阶多项式核函数 $k(x, x_i) = [1 + (x \cdot x_i)]^2$, 此时分类函数为

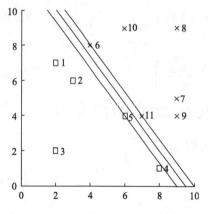 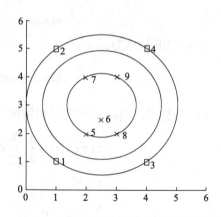

图 9-3 线性可分时的最优分类曲线图　　　图 9-4 线性不可分时的最优分类曲线图

$$f(x) = \sum_{i=1}^{n} \alpha_i^* y_i [(x_i \cdot x) + 1]^2 + b^* = 0 \tag{9-34}$$

任选一支持向量 x_i，由式 $y_j \left\{ \sum_{i=1}^{n} \alpha_i^* y_i [(x_i \cdot x) + 1]^2 + b^* \right\} = 1$ 可得。经学习，最优分类曲线如图 9-4 所示。

使用 SVM 方法，可以从很高维的空间里构造好的分类规则。SVM 方法提供了一种分类算法统一的理论框架，这是理论上的一个重要贡献。相比之下，最原始的神经网络——感知机，只能解决线性分类问题。通过添加隐含层，形成的神经网络可处理线性不可分问题。已经证明，当隐含层神经元数目可以任意设置时，三层的 BP 神经网络能够以任意精度逼近任一连续函数，但隐含层神经元的理论意义并不清楚。

SVM 方法的出现从理论上解释了隐含层的作用，即它是将输入样本集合变换到高维空间，从而使样本可分性得到改善，即神经网络的学习算法实际上是一种特殊的核技巧。与神经网络实现的一个可能分类面(图 9-5)相比较，SVM 所构造

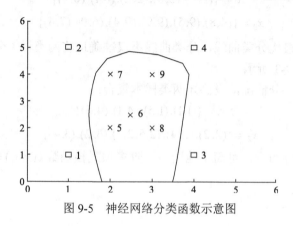

图 9-5 神经网络分类函数示意图

的分类面更简单、更具有合理性，并且不受权值初值和网络结构选取的影响，因而具有更好的稳定性。SVM所得的分类结果仅与所选择的核函数形式和学习样本相关，一旦选定了核函数的类型，对于一批学习样本仅存在一种分类方式，且这种分类方式在某种意义上是最优的。

9.2.6 SVM 多分类算法

SVM最初是针对二分类提出的，那么如何将其推广到多类分类问题上呢？多元 SVM 的基本思想就是将多类问题转化为两类问题，因此处理二分类问题的单个 SVM 是多元 SVM 的基础。目前出现的 SVM 多分类算法主要有一对多法、一对一法、决策导向非循环图、k 类 SVM 方法与球结构分类算法（康海英，2008），下面简要介绍前两种方法。

1. 一对多法

一对多法的原理是把某一种类别的样本当作一个类别，剩余其他类别的样本当作另一个类别，这样就变成了一个二分类问题。然后，在剩余的样本中重复上面的步骤。这种方法需要构造 k 个 SVM 模型，其中，k 是待分类的个数。在对测试数据样本的分类中，采用比较法。将测试样本 x 分别输入给 k 个两类分类器，比较这 k 个分类器的输出值，输出值最大的分类器的序号即测试样本 x 所属的类别号。该方案的优点是只需要训练 k 个 SVM，故其所得到的分类函数的个数较少，其分类速度较快。缺点是每个 SVM 的训练都是将全部的样本作为训练样本，随着训练样本数量的增加，训练和测试速度会急剧下降。当测试样本不属于 k 个中的任何一样，而属于其他类别时，会出现分类错误。因为按照比较法，k 个分类中总有某一个输出最大，这样就会将不属于 k 类中的任何一类的测试样本误判为输出最大的分类器所对应的类别。由于 SVM 是在二值分类算法的基础上发展起来的，要解决多故障分类问题，必须对 SVM 算法进行改进。

2. 一对一法

一对一法的原理是在多类分类中，每次只考虑两类样本，即对每两类样本设计一个 SVM 模型，因此，总共需要设计 $k(k-1)/2$ 个 SVM 模型。组合这些两类分类器很自然地用到投票法，得票最多的类为新点所属的类。

此方法的优点是较一对多法训练速度快。缺点是：如果单个两类分类器不规范化，则整个 k 类分类器将趋向于过学习；推广误差无界；分类器的数目 $k(k-1)/2$ 随分类数 k 急剧增加，导致在决策时速度很慢。

目前，SVM 多分类算法层出不穷，并且各有千秋，但都没有脱离 SVM 的最优超平面，形象地说，SVM 在多分类问题上相当于多个超平面将数据空间分割，每一类数据都被若干个超平面围在一个区域里。

9.2.7 基于 SVM 的多故障分类器的改进

鉴于齿轮箱常见故障类别数一般都在 10 以下，而且故障特征参量也不多，在此采用一对多的多分类算法构造多故障分类器。9.2.6 节已经分析了一对多法存在的不足，在此对一对多法进行一些改进。

构造 k 个 SVM，在构造 k 个 SVM 中的第 i 个 SVM 时，将第 i 类的训练样本的类别标号为 1，除 i 类以外的其余所有类别的训练样本视为一类，其类别标号为 -1，而后对组合分类器进行训练。

在对测试数据样本进行分类时，先将测试数据样本 x 输入 SVM1，若输出为 1，则判定测试数据为类别 1，测试结束；否则输入给 SVM2，若输出为 1，则判定测试数据为类别 2，测试结束，否则输入给 SVM3，依次类推，直到第 k 个 SVM，若输出为 1，则测试数据为类别 k，若输出为 -1，则说明所测试样本不在 k 个类别之内，判定为其他类别。图 9-6 为 SVM 多故障分类器流程图。

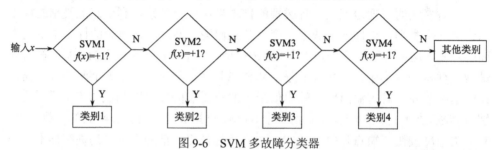

图 9-6 SVM 多故障分类器

可见改进型的一对多的多分类算法相对标准一对多法有以下优点：①不再需要计算所有 SVM，计算速度快；②当测试样本不属于 k 类内的任何一类时可判为其他类别，避免因应用比较法出现误判的状况。

9.3 基于改进 SVM 与 BP 神经网络的故障模式识别

9.3.1 基于改进 SVM 的齿轮箱故障模式识别

构造八个 SVM1、SVM2、SVM3、SVM4、SVM5、SVM6、SVM7、SVM8，并分别对应齿轮箱的正常、齿根裂纹、齿面磨损、断齿、轴承内圈裂纹、轴承外圈裂纹、滚动体故障和轴承内外圈裂纹等八种工况。其流程图如图 9-7 所示。

首先判定齿轮箱工作是否正常，如果正常，则结束；如果出现故障则按照齿根裂纹、齿面磨损、断齿、轴承内圈裂纹、轴承外圈裂纹、滚动体故障和轴承内外圈裂纹的顺序依次进行故障诊断，如果不属于这些故障类型，则判断为其他故障。在训练和诊断过程中，选用 RBF 核函数，SVM 多故障分类器训练完毕，此时每个 SVM 计算出最优分类面，训练用时 0.033 s。训练样本的类别标号如表 9-3 所示。

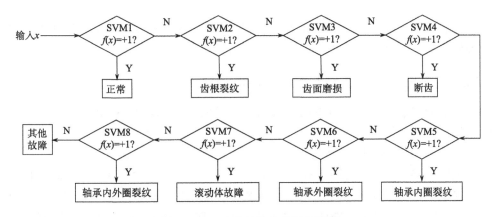

图 9-7　SVM 多故障分类器流程图

表 9-3　SVM 样本类别标号

状态	SVM1	SVM2	SVM3	SVM4	SVM5	SVM6	SVM7	SVM8
正常	1	−1	−1	−1	−1	−1	−1	−1
齿根裂纹	−1	1	−1	−1	−1	−1	−1	−1
齿面磨损	−1	−1	1	−1	−1	−1	−1	−1
断齿	−1	−1	−1	1	−1	−1	−1	−1
轴承内圈裂纹	−1	−1	−1	−1	1	−1	−1	−1
轴承外圈裂纹	−1	−1	−1	−1	−1	1	−1	−1
滚动体故障	−1	−1	−1	−1	−1	−1	1	−1
轴承内外圈裂纹	−1	−1	−1	−1	−1	−1	−1	1

　　同样选取 80 组信号作为检验样本以检验训练后的 SVM 多故障分类器的识别能力，其识别效果如表 9-4 所示。

表 9-4　SVM 识别效果

状态	正判次数	误判次数	识别率/%
正常	10	0	100
齿根裂纹	10	0	100
齿面磨损	10	0	100
断齿	10	0	100
轴承内圈裂纹	10	0	100
轴承外圈裂纹	10	0	100
滚动体故障	10	0	100
轴承内外圈裂纹	10	0	100

由表 9-4 可见：改进的 SVM 方法在变速变载工况下齿轮箱的故障模式识别中的准确率达到 100%，说明了该方法的有效性。

9.3.2　基于 BP 神经网络的齿轮箱故障模式识别

将前面提取的特征参量集代入 BP 神经网络，经训练好的 BP 神经网络输出诊断结果，具体实现过程如下。

(1)确定 BP 神经网络结构。

采用三层 BP 神经网络，网络参数设置为：输入层 8 个神经元用于输入 8 个特征参量，输出层 8 个神经元用于判断 8 种工况，根据特征参量个数确定 BP 神经网络的输入层个数 N，根据故障类型个数确定 BP 神经网络的输出层个数 M，通过经验公式 $\sqrt{N+M}+L$ 确定隐层节点数，其中 L 为 1～10 的整数，在此选取神经网络隐层节点数为 9，学习率 0.001，最大训练步数 5000，误差指标 0.01，训练 828 步。

(2)BP 神经网络的训练。

BP 神经网络对故障类型识别的基础是得到较好的训练，以典型故障信号的特征向量为网络样本输入向量，设备故障类型为网络的样本输出向量。例如，设备故障有 M 种类型，分别为 $\{F_1,F_2,\cdots,F_j,\cdots,F_M\}$，若设备具有故障 F_j，则网络的样本输出向量为 $\{0,0,\cdots,1,\cdots,0\}$，即设备具有何种故障，在其故障类型向量中的数值为 1，不具有的数值为 0。利用大量试验所得样本进行网络训练，使总体误差达到最小。

(3)故障类型识别。

利用训练好的 BP 神经网络，把采集的数据进行特征提取后输入 BP 神经网络，经网络计算后便可得到故障类型。

采用动量-自适应学习率调整算法，选择 Sigmoid 函数 $f(x)=1/(1+e^{-x})$ 作为神经网络的作用函数，学习率为 0.01。表 9-5 与表 9-6 分别对应训练样本的理想输出与实际输出结果。

表 9-5　BP 神经网络的理想输出结果

状态	训练样本的理想输出							
正常	1	0	0	0	0	0	0	0
齿根裂纹	0	1	0	0	0	0	0	0
齿面磨损	0	0	1	0	0	0	0	0
断齿	0	0	0	1	0	0	0	0
轴承内圈裂纹	0	0	0	0	1	0	0	0
轴承外圈裂纹	0	0	0	0	0	1	0	0
滚动体故障	0	0	0	0	0	0	1	0
轴承内外圈裂纹	0	0	0	0	0	0	0	1

表 9-6　BP 神经网络的实际输出结果

状态	训练样本的实际输出							
正常	0.9976	0.0016	0.0015	0.0000	0.0000	0.0015	0.0000	0.0000
齿根裂纹	0.0017	0.9982	0.0003	0.0007	0.0000	0.0000	0.0007	0.0000
齿面磨损	0.0019	0.0016	0.9965	0.0000	0.0016	0.0015	0.0012	0.0000
断齿	0.0000	0.0000	0.0000	0.9985	0.0013	0.0000	0.0010	0.0006
轴承内圈裂纹	0.0000	0.0000	0.0015	0.0012	0.9975	0.0003	0.0000	0.0018
轴承外圈裂纹	0.0016	0.0000	0.0003	0.0000	0.0000	0.9975	0.0000	0.0021
滚动体故障	0.0000	0.0008	0.0017	0.0011	0.0000	0.0000	0.9980	0.0003
轴承内外圈裂纹	0.0000	0.0000	0.0000	0.0009	0.0015	0.0016	0.0000	0.9976

在网络训练过程中，循环输入 20 组信号用于 BP 神经网络的训练，使网络达到收敛状态，训练用时 13.203 s；并用 80 组信号作为检验样本以检验训练后的 BP 神经网络的识别能力，其检验结果如表 9-7 所示。

表 9-7　BP 神经网络识别效果

状态	正判次数	误判次数	识别率/%
正常	10	0	100
齿根裂纹	8	2	80
齿面磨损	9	1	90
断齿	10	0	100
轴承内圈裂纹	10	0	100
轴承外圈裂纹	10	0	100
滚动体故障	8	2	80
轴承内外圈裂纹	10	0	100

由表 9-7 可以看出：在齿根裂纹和齿面磨损以及滚动体故障中出现误判，其余几种工况的识别能力较强，没有出现误判，综合考虑还是能够达到工程实际应用可接受的程度。

9.3.3　两种识别方法的性能比较

由试验结果可知，基于改进的 SVM 的变速变载齿轮箱故障诊断相对于基于 BP 神经网络的变速变载齿轮箱故障诊断有以下优点。

（1）故障识别率高。

对于齿轮箱的八种工况，基于改进的 SVM 故障诊断方法的识别率达到 100%，而基于 BP 神经网络故障诊断方法对齿根裂纹和齿面磨损的识别率分别为 80% 和 90%。这说明改进的 SVM 具有很强的泛化能力。

(2)训练和诊断用时少。

BP 神经网络训练用时 13.203 s，而改进的 SVM 训练用时仅为 0.033 s，效率明显提高。

(3)稳定性好。

BP 神经网络在训练时受网络初始值的影响，有时出现局部最小值，训练过程很不稳定，诊断结果时好时坏。而改进的 SVM 就十分稳定，改进的 SVM 所得的分类结果仅与所选择的核函数形式和学习样本相关，一旦选定了核函数的类型，对于一批学习样本仅存在一种分类方式，且这种分类方式在某种意义上是最优的。

参 考 文 献

安娟, 潘宏侠. 2011. 基于 ANSYS 的金属齿轮与塑料齿轮固有特性对比分析[J]. 机械传动, 11(8): 313-318.

程春芳. 1995. 最大熵谱法在齿轮故障诊断中的应用[J]. 动态分析与测试技术, (2): 21-25.

丁康. 1993. 三维功率谱阵及其应用. 振动工程学报, 6(3): 191-196.

丁启全, 冯长建, 李志农, 等. 2003. 旋转机械启动全过程DHMM故障诊断方法研究[J]. 振动工程学报, 16(1): 41-45.

丁玉兰. 1994. 机械设备故障诊断技术[M]. 上海: 上海科学技术文献出版社.

冯长建, 丁启全, 吴昭同. 2002a. 混合 SOM 和 HMM 方法在旋转机械升速全过程故障诊断中的应用[J]. 中国机械工程, 13(20): 1711-1714.

冯长建, 丁启全, 吴昭同. 2002b. 线性 AR-HMM 在旋转机械故障诊断中的应用[J]. 汽轮机技术, 44(5): 301-303.

冯长建, 丁启全, 吴昭同, 等. 2001. SOFM 和 HMM 在旋转机械升降速全过程故障诊断中的应用[J]. 上海海运学院学报, 22(3): 98-100, 104.

冯志鹏, 褚福磊. 2013. 行星齿轮箱故障诊断的频率解调分析方法[J]. 中国电机工程学报, 33(11): 112-117.

冯志鹏, 赵镭镭, 褚福磊. 2013. 行星齿轮箱故障诊断的幅值解调分析方法[J]. 中国电机工程学报, 33(8): 107-111.

傅勤毅, 熊施园. 2013. 基于小波分析的齿轮箱故障诊断[J]. 铁道科学与工程学报, 10(1): 112-116.

盖强. 2001. 局域波时频分析方法的理论研究与应用[D]. 大连: 大连理工大学.

郜立焕, 张利娜, 朱建国, 等. 2010. 基于小波分析的齿轮箱振动信号消噪处理[J]. 机械传动, 34(3): 50-52.

韩捷, 王宏超, 陈宏, 等. 2011. 滚动轴承故障的全矢小波分析[J]. 轴承, (3): 45-47.

韩捷, 张琳娜. 1997. 齿轮故障的频谱机理研究[J]. 机械传动, (2): 21-24.

韩振南. 2003. 齿轮传动系统的故障诊断方法的研究[D]. 太原: 太原理工大学.

侯者非. 2010. 强噪声背景下滚动轴承故障诊断的关键技术研究[D]. 武汉: 武汉理工大学.

胡军明. 2011. 小波分析在齿轮箱故障诊断中的应用[D]. 太原: 中北大学.

胡易平, 安钢, 牛跃听, 等. 2009. 小波分析和神经网络结合的变速箱状态识别[J]. 装甲兵工程学院学报, 23(4): 36-39, 44.

黄秀珍, 韩捷, 关惠玲. 2000. 变速非平稳信号的变尺度预处理方法[J]. 振动工程学报, 增刊: 63-66.

姜丽. 2011. 基于 Labview 的旋转机械故障诊断系统的研究[D]. 武汉: 武汉科技大学.

康海英. 2008. 基于变负载非稳态过程分析的齿轮箱故障诊断研究[D]. 石家庄: 军械工程学院.

冷军发, 荆双喜, 陈东海. 2011. 基于 EMD 与同态滤波解调的矿用齿轮箱故障诊断[J]. 振动、测试与诊断, 31(4): 435-438.

冷军发, 荆双喜, 禹建功. 2010. 基于小波双谱的矿用齿轮箱故障诊断[J]. 煤炭学报, (7): 136-139.

李宝年. 1997. 齿轮箱故障诊断研究[J]. 煤矿机械, (1): 41-42.

李贵三. 2001. 三维谱图的自动识别与瞬态过程诊断策略[J]. 机械科学与技术, (1): 110-112.

李浩, 董辛旻, 陈宏, 等. 2013. 基于小波变换的齿轮箱振动信号降噪处理[J]. 机械设计与制造, (3): 81-83.

李辉. 2005. 基于瞬态过程分析的齿轮箱故障诊断研究[D]. 石家庄: 军械工程学院.

李辉, 张立臣, 郑海起, 等. 2005. Hilbert-Huang 变换能量谱在轴承故障诊断中的应用[J]. 军械工程学院学报, 17(4): 37-40.

李辉, 郑海起, 唐力伟. 2005a. 基于 EMD 和包络谱分析的轴承故障诊断研究[J]. 河北工业大学学报, 34(1): 11-15.

李辉, 郑海起, 唐力伟. 2005b. 基于 EMD 和 Wigner 分布的轴承故障诊断研究[J]. 石家庄铁道学院学报, 18(2): 10-14.

李辉, 郑海起, 唐力伟. 2007. 齿轮箱升降速过程阶次倒谱故障诊断方法研究[J]. 湖南科技大学学报(自然科学版), 22(1): 30-33.

李会臣. 2010. 基于时频分析的齿轮故障机理及诊断研究[D]. 郑州: 郑州大学.

李俊卿. 2010. 滚动轴承故障诊断技术及其工业应用[D]. 郑州: 郑州大学.

李卫鹏. 2010. 正交小波变换支持向量数据描述方法在故障诊断中的应用研究[D]. 郑州: 郑州大学.

李文斌. 2011. 基于多小波分析的滚动轴承故障诊断方法研究[D]. 北京: 北京工业大学.

李志农, 丁启全, 吴昭同, 等. 2003. 旋转机械升降速过程的双谱-FHMM 识别方法[J]. 振动工程学报, 16(2): 171-174.

林敏, 陈希武, 周兆经. 2000. 基于正交小波包的瞬时频率检测[J]. 计量学报, (7): 227-231.

刘春光, 谭继文, 张驰. 2012. 基于小波分析的滚动轴承的故障特征提取技术[J]. 机械工程与自动化, (4): 127-128, 131.

刘观青. 2011. 滚动轴承故障诊断系统开发[D]. 西安: 长安大学.

刘华, 蔡正敏, 王跃社, 等. 1999. 小波包算法在滚动轴承在线故障诊断中的应用[J]. 机械科学与技术, (3): 301-303.

刘景浩. 2008. 齿轮传动故障诊断专家系统的研究与应用[D]. 重庆: 重庆大学.

刘文艺, 韩继光. 2013. 基于混合时频分析方法的风电机组故障诊断[J]. 机械科学与技术, 32(1): 96-99.

刘小峰, 彭永金, 李慧. 2011. 谐波小波解调法在齿轮箱故障诊断中的应用[J]. 重庆大学学报, 34(1): 15-20.

刘永斌. 2011. 基于非线性信号分析的滚动轴承状态监测诊断研究[D]. 合肥: 中国科学技术大学.

柳亦兵, 杨昆. 2000. 大型发电机组启动停机的振动特性测量分析[J]. 振动工程学报, 增刊: 404-410.

卢剑伟, 刘梦军, 陈磊, 等. 2009. 随机参数下齿轮非线性动力学行为[J]. 中国机械工程, 10(3): 330-333.

栾军英. 1999. 基于激励分析的齿轮箱故障诊断研究[D]. 石家庄: 军械工程学院.

骆军. 1991. 频差相关谱与齿轮故障边频识别[J]. 上海交通大学学报, 25(2): 7-15.

吕路勇, 田秀芳, 娄源元. 2010. 基于虚拟仪器的滚动轴承故障诊断系统的设计[J]. 机械与电子, (7): 74-77.

孟鸿鹰. 1998. 联合时频分析的若干理论及应用问题研究[D]. 西安: 西安交通大学.

彭富强, 于德介, 武春燕. 2012. 基于自适应时变滤波阶比跟踪的齿轮箱故障诊断[J]. 机械工程学报, 48(7): 77-85.

秦毅, 秦树人, 毛永芳. 2008. 小波变换中经验模态分解的基波检测及其在机械系统中的应用[J]. 机械工程学报, 44(3): 135-142.

屈梁生. 2009. 机械故障诊断理论与方法[M]. 西安: 西安交通大学出版社.

任国全. 2003. 基于瞬态过程分析的自行火炮变速箱故障诊断研究[D]. 石家庄: 军械工程学院.

任国全, 张培林, 张英堂. 2006. 装备油液智能监控原理[M]. 北京: 国防工业出版社.

申永军. 2005. 齿轮系统的非线性动力学与故障诊断研究[D]. 北京: 北京交通大学.

沈其旺. 1997. 非平稳故障信号时-频分析的研究[D]. 郑州: 郑州工业大学.

沈松, 应怀樵, 刘进明. 1999. 用小波变换识别机械故障中的通过振动[J]. 振动与噪声, (2): 1-4.

绳晓玲, 钟勇超. 2011. 基于倒谱和包络解调的齿轮箱故障诊断[J]. 故障与诊断, (6): 70-73.

舒浩华, 于德介. 2009. 广义解调时频分析方法在变速器齿轮故障诊断中的应用[J]. 汽车工程, (3), 23-27.

宋晓美. 2012. 滚动轴承在线监测故障诊断系统的研究与开发[D]. 北京: 华北电力大学.

谭善文. 2001. 多分辨希尔波特-黄(Hilbert-Huang)变换方法的研究[D]. 重庆: 重庆大学.

唐力伟. 1998. 自行火炮变速箱状态检测与故障诊断[D]. 石家庄: 军械工程学院.

童进, 吴昭同, 严拱标. 1999a. 大型旋转机械升降速过程故障诊断 HMM-AR 方法研究[J]. 振动与冲击, 18(2): 79-80.

童进, 吴昭同, 严拱标. 1999b. 大型旋转机械升降速过程故障诊断研究[J]. 振动、测试与诊断, 19(3): 193-195.

王聪. 2011. 基于 Hilbert 解调及倒谱的齿轮箱点蚀故障诊断研究[J]. 电力科学与工程, 27(3): 36-40.

王聪. 2012. 基于振动信号的齿轮箱故障诊断系统的研究与开发[D]. 北京: 华北电力大学.

王宏禹. 1999. 非平稳随机信号分析与处理[M]. 北京: 国防工业出版社.

王杰, 王晓换. 2010. 滚动轴承故障诊断虚拟系统的实现[J]. 郑州大学学报(工学版), 31(2): 117-120.

王平. 2005. 基于连续小波变换的齿轮箱非平稳信号处理[D]. 石家庄: 军械工程学院.

王新晴. 1998. 齿轮箱不解体诊断技术研究[D]. 天津: 天津大学.

王衍学, 何正嘉, 訾艳阳, 等. 2012. 基于 LMD 的时频分析方法及其机械故障诊断应用研究[J]. 振动与冲击, 31(9): 9-12.

王子玉, 孔凡让. 2012. 基于共振解调和小波分析方法的轴承故障特征提取研究[J]. 现代制造工程, (1): 117-121.

闻邦椿. 1999. 高等转子动力学——理论、技术与应用[M]. 北京: 机械工业出版社.

吴亚辉, 陈东海, 冷军发. 2009. 基于小波包与 Hilbert 解调谱的矿用齿轮箱故障诊断[J]. 机械传动, (2): 30-36.

肖文斌. 2011. 基于耦合隐马尔可夫模型的滚动轴承故障诊断与性能退化评估研究[D]. 上海: 上海交通大学.

徐科, 杨德斌, 徐金梧. 1999. 小波变换在齿轮局部缺陷诊断中的应用[J]. 机械工程学报, 35(3): 105-107.

徐敏. 1999. 设备故障诊断手册[M]. 西安: 西安交通大学出版社

许海伦, 潘宏侠. 2013. 基于时频和频谱识别齿轮箱故障[J]. 机械管理开发, (1): 113-114.

薛松. 2008. 时频分析方法在齿轮箱故障特征提取中的研究应用[D]. 太原: 太原理工大学.

严保康, 周凤星. 2012. 齿轮箱故障识别系统的研究与应用[J]. 现代电子技术, 35(2): 77-80.

杨铁梅. 2009. 基于混合智能的齿轮传动系统集成故障诊断方法研究[D]. 太原: 太原理工大学.

杨通强. 2011. 基于声测法的齿轮箱故障诊断研究[D]. 石家庄: 军械工程学院.

杨通强, 郑海起, 龚烈航, 等. 2011. 计算阶次分析中的采样率设置准则[J]. 中国工程机械学报, 9(1): 14-18.

余泊. 1998. 自适应时频分析方法及其在故障诊断中的应用[D]. 大连: 大连理工大学.

虞和济. 1989. 故障诊断的理论基础[M]. 北京: 冶金工业出版社.

袁淑芳, 张金亮. 1998. 滚动轴承的故障检测[J]. 计量技术, (6): 4-6.

曾凡灵. 2010. 考虑随机装配间隙的变速器齿轮副非线性动力学研究[D] 合肥: 合肥工业大学.

臧玉萍, 张德江, 王维正. 2009. 基于小波变换技术的发动机异响故障诊断[J]. 机械工程学报, 45(16): 239-245.

张海勇. 2001. 基于局域波法的非平稳随机信号分析中若干问题的研究[D]. 大连: 大连理工大学.

张金敏, 翟玉千, 王思明. 2011. 小波分解和最小二乘支持向量机的风机齿轮箱故障诊断[J]. 传感器与微系统, (1): 16-22.

张敏. 1987. 时间序列分析与机械故障诊断[J]. 沈阳航空工业学院学报, 22(6): 48-57.

张贤达, 保铮. 1998. 非平稳信号分析与处理[M]. 北京: 国防工业出版社.

张中民. 1997. 自行火炮变速箱和发动机故障诊断方法研究[D]. 武汉: 华中科技大学.

赵飞鹏, 吴晚云, 郝保国. 1999. 低速重载轴承的故障诊断[J]. 冶金设备, (6): 40-42.

钟秉林, 黄仁. 2007. 机械故障诊断学[M]. 北京: 机械工业出版社.

钟发祥, 罗海运. 1996. 用瞬态频率波动法诊断齿轮故障[J]. 振动与冲击, (1): 49-53.

钟佑明, 秦树人, 汤宝平. 2002a. Hilbert-Huang 变换中的理论研究[J]. 振动与冲击, 21(4): 13-17.

钟佑明, 秦树人, 汤宝平. 2002b. 一种振动信号新变换法的研究[J]. 振动工程学报, 15(2): 233-238.

周亮. 2009. 基于小波分析的齿轮箱故障诊断技术的分析与研究[D]. 武汉: 武汉科技大学.

朱继梅. 2001. 非稳态振动信号分析(连载)[J]. 振动与冲击, 19(1): 86-87.

朱利民, 钟秉林, 熊有伦. 2001. 变速机械弱时变信号幅值谱校正的多点平均法[J]. 振动工程学报, (1): 47-51.

祝儒德. 2009. 风机齿轮箱监测诊断系统的研究与实现[D]. 哈尔滨: 哈尔滨工业大学.

Agrawal O P. 2008. Application of wavelets in modeling stochastic dynamic system[J]. Journal of Vibration and Acoustics, (120): 763-769.

Amin M G, Chrani A B, Zhang Y. 2000. The spatial ambiguity function and its application[C]. IEEE Signal Processing Letter, 7(6): 138-140.

Angeby A. 2000. Estimation Signal Parameter Using the Nonlinear Instantaneous Least Squares Approach[C]. IEEE Transaction on Signal Processing, 48(10): 2721-2732.

Azar R C, Crossley F R E. 1977. Digital simulation of impact phenomenon in spur gear systems[J]. Journal of Manufacturing Science & Engineering, 99(3): 792.

Brie D. 2008. Modelling of the spalled rolling element bearing vibration signal: An overview and some new results[J]. Mechanical Systems and Signal Processing, 14(3): 353-369.

Chin H, Danai K. 1991. Fault Diagnosis of Helicopter Power Trans Proc. of the 17th Annual National Science Foundation Grantees Conference in Design and Manufacturing Systems Research[C]. Dearborn: Society of Manufacturing Engineers: 787-790.

Choy F K, Braun M J, Polyshchuk V, et al. 1994. Analytical and experimental vibration analysis of a faulty gear system[J]. American Physical Society, 131(12): 574-590.

Choy F K, Polyshchuk V, Zakrajsek J J, et al. 2014. Analysis of the effects of surface pitting and wear on the vibration of a gear transmission system[J]. Traffic, 15(9): 895-914.

Dalpiaz G, Rivola A, Rubini R. 1996. Dynamic modelling of gear systems for condition monitoring and diagnostics[C]//Congress of Technical Diagnostics, Kdt'96, Gdansk, Poland: 185-192.

de Waele S, Broersen P M T. 2000. The burg algorithm for segments[C]. IEEE Transaction on Signal Processing, 48(10): 2876-2880.

Diamantaras O I, Petropulu P, Chen B. 2000. Blind two-input-two-output FIR channel identification based on frequency domain second-order statistics[C]. IEEE Transaction on Signal Processing, 48(2): 534-542.

Djurovic I, Stankovic L. 2010. Influence of high noise on the instantaneous frequency estimation using quadratic time-frequency distribution[C]. IEEE Signal Processing Letter, 7(11): 317-319.

Doebling S W, Farrar C R. 1998. A summary review of vibration-based damage identification methods[J]. The Shock and Vibration Digest, 30(2): 91-105.

Edwards S, Lees A W, Friswell M I. 1998. Fault diagnosis of rotating machinery[J]. The Shock and Vibration Digest, 30(1): 4-13.

Geng Z, Qu L. 1994. Vibration diagnosis of machine parts using the wavelet packet technique[J]. British Journal of NDT, 36(1): 11-15.

Harting D R. 1977. Incipient failure detection by demodulated resonance analysis[J]. Instrumentation Technology, (9): 59-63.

Howard I, Jia S X, Wang J D. 2001. The dynamic modeling of a spur gear in mesh including friction and a crack [J]. Mechanical Systems and Signal Processing, 15(5): 831-853.

Huang K. 1998-12-14. US Patent Application: US, 09-Z10693[p].

Huang N E, Shen Z, Long S R. 1999. A new view of nonlinear water waves: The Hilbert spectrum[J]. J. Annu. Rev. Fluid Mech., 31: 417-457.

Huang N E, Shen Z, Long S R, et al. 1998. The empirical mode decomposition and the Hilbert spectrum for nonlinear and non-stationary time series analysis[J]. Proceeding of Royal Society London A, 454(1971): 903-995.

Huang N E, Shin H H, Long S R. 2000. The ages of large amplitude coastal seiches on the caribbean coast of puerto rice[J]. Phy. Oceanograhy, 30(8): 2001-2012.

Huang W, Shen Z, Huang N E, et al. 1998. Engineering analysis of biological variables: An example of blood pressure over 1 day[C]. Proc. Natl. Acad. Sci. USA, 95: 4816-4821.

Huang W, Shen Z, Huang N E, et al. 1999. Nonlinear indicial response of complex nonstationary oscillations as pulmonary pretension responding to step hypoxia[C]. Proc. Natl. Acad. Sci. , USA, (96): 1834-1839.

Jammu V B. 1996. Structure-Based Connectionist Network for Fault Diagnosis of Helicopter Gearboxes[D]. Amherst: University of Massachusetts Amherst.

Jammu V B. 2006. Structure-Based Connectionist Network for Fault Diagnosis of Helicopter Fearboxes[D]. Amherst: University of Massachusetts Amherst.

Kahraman A, Singh R. 1990. Non-linear dynamics of a spur gear pair [J]. Journal of Sound and Vibration, 142(1): 49-75.

Kahraman A, Singh R. 1991a. Interactions between time-varying mesh stiffness and clearance non-linearities in a geared system [J]. Journal of Sound and Vibration, 144(1): 135-156.

Kahraman A, Singh R. 1991b. Non-linear dynamics of a geared rotor-bearing system with multiple clearance [J]. Journal of Sound and Vibration, 144(3): 469-506.

Kuang J H, Lin A D. 2001. The effect of tooth wear on the vibration spectrum of a spur gear pair [J]. ASME Journal of Vibration and Acoustics, 123(2): 311- 317.

Lau S L, Cheng Y K, Wu S Y. 1981. Amplitude incremental variational principle for nonlinear vibration of elastic systems [J]. Journal of Applied Mechanics, Transactions of the Americal Society of Mechanical Engineers, (48): 959-964.

Li H, Zhang Y P, Zheng H Q. 2005a. A method for detecting bearing faults using Hilbert-Huang transform[C]. Proceedings of the International Symposium on Test and Measurement (ISTM/2005). Dalian, 5: 4110-4114.

Li H, Zhang Y Q, Zheng H Q. 2005b. Application of cyclostationary analysis to faults detection of gear crack[C]. Proceedings of the International Symposium on Test and Measurement (ISTM/2005), 5: 4530-4533.

Li H, Zheng H Q, Tang L W. 2005a. Adaptive instantaneous frequency estimation of multicomponent signals using hilbert-huang transform[C]. Proceedings of the International Symposium on Test and Measurement (ISTM/2005), 6: 5049-5052.

Li H, Zheng H Q, Tang L W. 2005b. Faults monitoring and diagnosis of ball bearing based on hilbert-huang transformation[J]. Key Engineering Material, 291-292: 649-654.

Li H, Zheng H Q, Tang L W. 2005c. Hilbert-Huang transform for detecting crack faults in geared system[C]. Proceedings of the International Symposium on Test and Measurement (ISTM/2005), 1: 276-279.

Li H, Zheng H Q, Tang L W. 2010. Hilbert-Huang transform and its application in gear faults diagnosis[J]. Key Engineering Material, 291-292: 655-660.

Lida H, Tamura A, Oonishi M. 1985. Coupled torsional-flexural vibration of a shaft in a geared system [J]. Bull. of JSME, 28(245): 2694-2701.

Lyon R H, Dejonj R G. 1984. Design of s high-level diagnostic system[J]. Jornal of Vibration, Acousties, Stress and Reliability in Design, (106): 17-21.

Manders E J, Barford L A, Barnett R J. 2000. Signal interpretation for monitoring and diagnosis, a cooling system testbed[C]. IEEE Transaction on Instrumentation and Measurement, 49(3): 503-508.

Matz G, Hlawatsch F, Kozek W. 1997. Generalized Evolutionary Spectral Analysis and the Weyl Spectrum of Nonstationary Random Process[C]. IEEE Transaction on Signal Processing, 45(6): 1520-1534.

McFadden P D. 1984. Model for the vibration produced by a single point defect in a rolling element bearing [J]. Journal of Sound and Vibration, (96): 69-82.

McFadden P D. 1994. Window functions for the calculation of the time domain averages of the vibration of the individual planet gears and sun gear in an epicyclic gearbox[J]. Journal of Vibration and Acoustics, (116): 179-187.

McFadden P D. 2012. The vibration produced by multiple point defects in a rolling element bearing [J]. Journal of Sound and Vibration, (98): 263-273.

McFadden P D, Smith J D. 1984. Vibration monitoring of rolling element bearings by the high frequency resonance technique a review[C]. Tribology International, 17(1): 3-10.

Mills G H, Cooper R I, Lewis D C. 1989. Predicting gearbox failure using on-line monitoring of wear debris[J]. The Mining Engineer: 284-288.

Neriya S V. 1988. On the dynamic response of a helical geared system subjected to a static transmission error in the form of deterministic and filtered white noise inputs [J]. ASME Vibration, Acoustics, Stress Reliability, 110(2): 260-268.

Neriya S V, Sankar T S. 1985. Coupled torsional −flexural vibration of a geared shaft system using finite element method [J]. The Shock and Vibration Bulletin, 55(3): 13-25.

O'Neill J C, Flandrin P. 2000. Virtues and vices of quartic time-frequency distribution[C]. IEEE Transaction on Signal Processing, 48(9): 2641-2649.

O'Neill J C, Williams W J. 1999a. On the existence of discrete wigner distribution[C]. IEEE Signal Processing Letter, 6(12): 304-306.

O'Neil J C, Williams W J. 1999b. Shift covariant time-frequency distribution of discrete signals[C]. IEEE Transaction on Signal Processing, 47(1): 133-146.

Padmanabhan C, Singh R. 1995. Analysis of periodically excited non-linear systems by a parametric continuation technique [J]. Journal of Sound and Vibration, 184(1): 35-58.

Padmanabhan C, Singh R. 2011. Analysis of periodically forced nonlinear Hill's oscillator with application to a geared system [J]. Journal of Acoustical Society of America, 99(1): 324-334.

Pan M C, van Brussel H, Sas P. 1998. Fault diagnosis of joint backlash[J]. Journal of Vibration and Acoustics, (120): 13-247.

Prashad H. 1984. Diagnostic monitoring of rolling-element bearings by high-frequency resonance technique[C]. ASLE Transactions, 128(4): 439-448.

Ragbothama A, Narayanan S. 1999. Bifurcation and chaos in geared rotor bearing system by incremental harmonic balance method [J]. Journal of Sound and Vibration, 226(3): 169-192.

Shen Y J, Yang S P, Pan C Z, et al. 2004. Nonlinear dynamics of a spur gear pair with time-varying stiffness and backlash [J]. Journal of Low Frequency Noise, Vibration and Active Control,

23 (3): 178-187.

Staszewski W J, Worden K, Tomlinson G R. 1997. Time-frequency analysis in gearbox fault detection using the Wigner-Ville distribution and pattern recognition[J]. Mechanical System and Signal Processing, 11 (5): 673-692.

Staszewski W J. 1998. Structural and mechanical damage detection using wavelets[J]. The Shock and Vibration Digest, 30 (6): 457-472.

Tabor K, Pinzon J, Brown M, et al. 2000. Relationship between tropical sea surface temperature oscillations and vegetation dynamics in Northeast Brazil during 1981 to 2000[J]. IEEE Transactions on Geoscience and Remote Sensing, 5:1-12.

Theodossiades S, Natsiavas S. 2001. On geared rotor-dynamic systems with oil journal bearings [J]. Journal of Sound and Vibration, 243 (4): 721-745.

Vinayak H, Singh R, Padamanabhan C. 1995. Linear dynamic analysis of multi-mesh transmissions containing external rigid gears[J]. Journal of Sound and Vibration, 185 (1): 1-32.

White G. 1991. Amplitude demodulation a new tool for predictive maintenance[J]. Sound and Vibration, (9): 14-19.

Wu W, Lev-Ari H. 1997. Optimized estimation of moments for non-stationary[C]. IEEE Transaction on Signal Processing, 45 (5): 1210-1221.

Zheng W X. 1998. On a least-squares-based algorithm for identification of stochastic linear system[C]. IEEE Transaction on Signal Processing, 46 (6): 1631-1638.

Zhong Y M, Qin S. 2002. HHT and a New Noise Removal Method[C]// International Symposium on Instrumentation Science and Technology, 3:553-557.

Zhu X, Shen Z, Eckermann S D, et al. 1997. Gravity wave characteristics in the middle atmosphere derived from the empirical mode decomposition method[J]. Geophys. Res., 102: 16545-16561.